分子印迹聚合物功能材料

田大听　著

科学出版社
北京

内 容 简 介

分子印迹聚合物对某一特定目标具有特异选择性识别功能，它具有预定性、识别性和实用性等特点，在固相萃取、色谱分离、传感器、催化剂等领域有广阔的应用前景。本书从介绍分子印迹聚合物功能材料的原料和制备方法入手，探讨分子印迹技术所面临的挑战，介绍智能分子印迹聚合物的发展，详细论述分子印迹功能材料的应用前景。本书旨在全面阐述分子印迹技术的现状、挑战及应用，反映国内外有关研究成果和发展趋向。

本书可供从事分子印迹聚合物功能材料研究、开发和教学的科技人员及研究生、高年级大学生参考阅读。

图书在版编目（CIP）数据

分子印迹聚合物功能材料/田大听著. —北京：科学出版社，2017.2
ISBN 978-7-03-051733-3
Ⅰ. ①分… Ⅱ. ①田… Ⅲ. ①高聚物-功能材料 Ⅳ. ①TB34
中国版本图书馆 CIP 数据核字（2017）第 025617 号

责任编辑：贾 超 高 微/责任校对：杜子昂
责任印制：张 伟/封面设计：华路天然

科学出版社 出版
北京东黄城根北街 16 号
邮政编码：100717
http://www.sciencep.com
北京凌奇印刷有限责任公司 印刷
科学出版社发行 各地新华书店经销
*
2017 年 2 月第 一 版 开本：720 × 1000 1/16
2017 年 2 月第一次印刷 印张：13 1/2
字数：260 000
POD定价： 78.00元
（如有印装质量问题，我社负责调换）

前　言

分子印迹技术(molecular imprinting technology，MIT)是将分子识别和专一性相结合，制备对某一特定的目标分子或模板分子具有特异选择性识别能力的聚合物的过程。分子印迹聚合物(molecular imprinted polymer，MIP)同蛋白质和核酸等生物体系相比，具有抗恶劣环境强、选择性高、稳定性好、机械强度高及储存稳定性好等优点，且其制备简单，合成成本低，在化学传感器、色谱分离、药物手性分离、酶催化及环境检测、食品安全等方面具有广泛的应用前景，因而受到众多研究者的青睐。本书将系统地探讨分子印迹聚合物功能材料的制备、机理及应用。

分子印迹技术具有预定性、识别性和实用性等特点，并在相关领域得到广泛应用，但是，随着研究的不断深入和应用领域的不断扩展，分子印迹技术在具有广阔的前景的同时仍然存在许多问题。首先，分子印迹过程和分子识别过程的机理和表征问题还很模糊；其次，功能单体和交联剂的种类十分有限，不能满足人们的需求；再次，如何将分子印迹和识别从有机相转向水相或极性溶剂仍是一大难题；此外，分子印迹技术对相对分子质量较高的大分子活性成分如核苷酸、糖类、蛋白质等生物大分子的分子印迹聚合物的制备比较困难。随着分子印迹技术方法和理论系统研究不断深入和完善，相信分子印迹技术的应用范围还将不断扩大。这些都是研究者十分关注的热点，当然也是本书重点讨论的内容。

本书作者参阅了最近十多年有关分子印迹聚合物的相关文献，并结合本课题组的研究心得，对分子印迹聚合物识别机理、表征方法和应用现状作了比较全面的评述，并对该领域未来的发展方向作出展望，旨在帮助研究者获得比较系统和全面的分子印迹聚合物功能材料的知识，及时了解学科的发展动态，以推动国内本领域的研究进程，促进分子印迹聚合物的开发与利用。

本书共六章。第一章为绪论；第二章为用于制备分子印迹聚合物的试剂；第三章为分子印迹聚合物的制备方法；第四章为分子印迹技术所面临的挑战；第五章为智能分子印迹聚合物；第六章为分子印迹聚合物功能材料的应用。另外，附录为缩写词的中英文对照表，以便读者查阅。

本书的研究工作先后获得国家自然科学基金项目(51263009)、湖北省自然科学基金项目(2010CDB00903)和湖北省高等学校优秀中青年科技创新团队计划资助项目(T201006)等的资助，特此致谢！对支持和关心作者研究工作的所有单位和个人表示衷心的感谢！作者在撰写本书过程中，参考了大量文献，在此一并感谢！

由于作者学识有限，本书在内容和取材上难免存在不妥之处，恳请读者不吝指正。

田大听

2017 年 1 月

目　　录

第一章　绪　　论

分子印迹技术也称分子模板技术，它是一种能够定制结合位点的技术，通过该技术能够对模板分子的形状、尺寸及官能团产生具有记忆效应。该技术最初源于 20 世纪 40 年代的免疫学，当时鲍林(Pauling)首次提出抗体形成学说[1]，要点是以抗原为模板来合成抗体。虽然后来“克隆选择”理论否定了这一学说，但科学家由此受到启示而发明了分子印迹技术。1972 年，Wulff 和 Sarhan[2]首次成功制备出对糖类和氨基酸衍生物具有选择性吸附的分子印迹聚合物(molecularly imprinted polymer，MIP)，之后该项技术逐渐引起人们关注。特别是 1993 年，Mosbach 等[3]在 *Nature* 上发表有关茶碱 MIP 的报道后，分子印迹技术得到飞速发展。MIP 具有较强抗恶劣环境的能力，表现出高度的稳定性和较长的使用寿命等优点，因此，它在许多领域如分离、传感、催化、药物传输、抗体模拟等都具有广阔的应用前景。目前，分子印迹技术已成为材料、化学、生物等学科间的一个热点交叉研究领域[4,5]。

MIP 一般是在有模板分子存在的条件下，由功能性单体和交联剂共聚反应而得。当模板分子被去除后，在高度交联的聚合物分子体系中，就会形成一个与模板分子在形状、尺寸及化学官能团互补的识别空腔，而这个空腔则可以从具有相似结构的混合物中选择性重新键合出模板分子，其选择性键合过程见图 1-1。

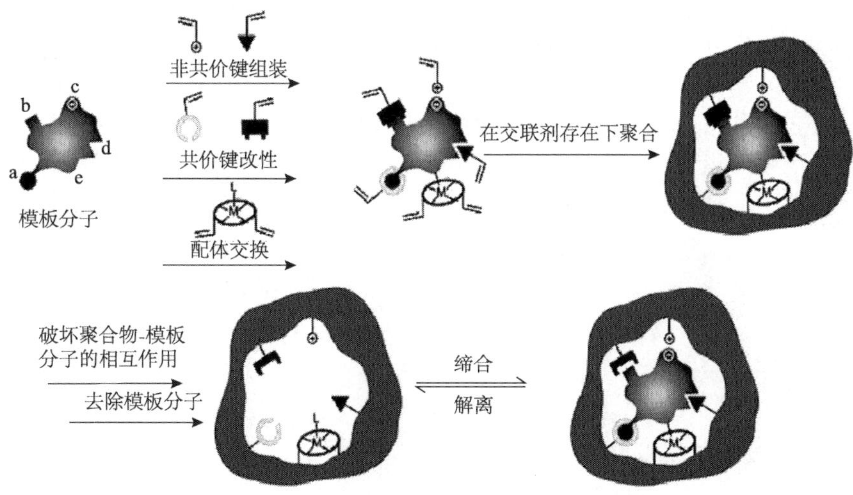

图 1-1　分子印迹过程示意图[5]

在模板分子存在下，功能性单体与交联剂发生聚合反应形成MIP分子；模板分子与功能性单体的作用可以是共价键、非共价作用或配体交换；当模板分子去除后，所得到的MIP 分子能够选择性重新结合模板分子或类似结构的化合物。

与其他识别体系相比，MIP表现出很有前景的特性，如成本低，易合成，对复杂的化学与物理环境具有较高的稳定性，而且具有较好的可重复使用性能。因此，MIP在很多领域如纯化与分离、手型识别、化学与生物传感以及催化等得到广泛应用。

模板与功能性单体之间的分子印迹的方式有两种：一种是基于可逆的共价键作用(发展于 Wulff[6])，另一种是基于非共价键作用(由 Mosbach 提出[7])。对于共价键印迹作用来说，模板分子与相应的单体(如 4-乙烯基苯基硼酸或 4-乙烯基苄胺)通过共价键键合在一起。聚合完成后，共价键被打断，然后将模板分子从聚合物中去除。通过MIP与客体分子的重新键合，在体系中重新形成相同的共价键。由于共价键有很强的稳定性,通过共价键印迹作用体系中键合位点分布更加均匀。但是，由于模板分子与功能单体之间必须有极快的可逆共价键作用才能重新形成相同的键合模式，因此共价键分子印迹法一般认为是一种灵活度较差的方法，故适合用于共价键印迹的模板分子非常有限。另外，由于共价键的强作用特性，体系要达到热力学平衡比较困难，因此键合与解离过程都很慢。与之相反，非共价键印迹则没有上述限制。在一个合适溶剂中，模板-单体通过多种相互作用(如氢键、离子作用、范德华力、π-π作用等)形成复合物。当聚合及模板去除后，功能化的聚合物基体可以通过相同的非共价键作用重新结合目标分子(模板)，因此能够用于印迹的化合物种类大幅度得到拓宽。除了上述优势外，一个更重要的因素是这种方法比较简单，只需要将模板与单体放在合适的溶剂中即可。因此，目前非共价键印迹更加流行，已成为主流分子印迹技术。

有趣的是，当共价键合的模板分子去除后，也能得到非共价键合体系(这种方法被定义为半共价法，它是由 Whitcombe 等提出的[8])。这种方法提供另外一种选择，特别是当模板分子与单体通过共价键结合，但是模板分子重新结合时是基于非共价键。其特征是最初共价键结合较紧密，而非共价键重新结合的操作条件则相对温和。

已经有很多化合物作为印迹模板来考察分子印迹技术实际应用的可行性。例如，药物、氨基酸、碳水化合物、蛋白质、核酸碱基、激素、杀虫剂、辅酶等成功地用作选择性识别的基体。目前分子印迹技术主要用于分离提纯(手性分离、底物选择性分离)、抗体/受体结合模拟物(竞争性配体结合分析、诊断性应用)、酶模拟/催化、生物传感器及位点诱导合成等，预期今后将在制备规模的分离、控制-释放基质以及平衡移动等领域得到广泛应用[9]。

MIP除了具有明显的识别性能外，它们的物理与化学特性也是很吸引人的。

这些材料对外部的降解因素都表现出明显的物理及化学惰性。因此，MIP 在机械应力、高温及高压下都表现出较高的稳定性，而且耐酸、耐碱或耐金属离子，另外，它们能够在很多溶剂中表现出稳定性。聚合物的储存寿命也很长，在环境温度下储存数年，其性能不会明显下降。另外，该类聚合物能够重复使用超过 100 次以上而不会散失其“记忆效应”（memory effect）。与自然界的生物识别体系（通常为蛋白质）相比，这些性能都明显占优。

虽然分子印迹技术有很明显的优势和广泛的应用，但是也伴随着许多问题，如模板容易漏失、在水性介质中相容性差、结合效率较低以及传质速率较慢等。这些都是今后在研究中值得研究者逐步解决的问题。

参考文献

[1] Pauling L. A theory of the structure and process of formation of antibodies. Journal of the American Chemical Society, 1940, 62: 2643-2657.

[2] Wulff G, Sarhan A. The use of polymers with enzyme-analogous structures for the resolution of racemates. Angewandte Chemie International Edition, 1972, 11: 341-342.

[3] Vlatakis G, Andersson L I, Mueller R, et al. Drug assay using antibody mimics made by molecular imprinting. Nature, 1993, 361: 645-647.

[4] Alexander C, Andersson H S, Andersson L I, et al. Molecular imprinting science and technology: A survey of the literature for the years up to and including 2003. Journal of Molecular Recognition, 2006, 19(2):106-180.

[5] Whitcombe M J, Kirsch N, Nicholls I A. Molecular imprinting science and technology: A survey of the literature for the years 2004-2011. Journal of Molecular Recognition, 2014,27(6): 297-401.

[6] Wulff G. Molecular imprinting in cross-linked materials with the aid of molecular templates- A way towards artificial antibodies. Angewandte Chemie International Edition,1995, 34(17): 1812-1832.

[7] Mosbach K. Molecular Imprinting.Trends in Biochemical Sciences, 1994, 19(1): 9-14.

[8] Whitcombe M J, Rodriguez M E, Villar P, et al. New method for the introduction of recognition site functionality into polymers prepared by molecular imprinting: Synthesis and characterization of polymeric receptors for cholesterol. Journal of the American Chemical Society, 1995, 117: 7105-7111.

[9] Ramström O, Ansell R J. Molecular imprinting technology: Challenges and prospects for the future. Chirality,1998,10(3):195-209.

第二章 用于制备分子印迹聚合物的试剂

一个典型的 MIP 分子的制备方案包括模板分子、功能性单体、引发剂、交联剂和溶剂(致孔剂)。由于聚合反应实际上会受到很多因素的影响如单体、交联剂、引发剂及溶剂种类及用量的影响，同时也会受到温度和聚合时间的影响，因此为了得到性能优越的 MIP，研究者尝试了很多方法对其聚合反应进行了优化。但是，选择合适的试剂仍然是分子印迹过程中最关键的一步。本节将对制备 MIP 的一些原料予以讨论。

第一节 模 板 分 子

分子印迹的终极目标是制备出具有像生物受体一样亲和力和特异性的 MIP，以便它们能够在实际应用中替代那些生物受体。模板分子是分子印迹技术中最关键的因素,因为它在分子印迹过程中将其官能团通过组装并悬挂于功能单体上。一般来说，一个理想的模板分子应该满足以下三方面的要求[1]：首先，它所含的官能团应该不会阻止聚合反应；其次，它应该在聚合反应时能够保持化学稳定；更为重要的是，它应该具有能够和单体分子形成复合物的官能团。目前，较小的有机分子(如药物、杀虫剂、氨基酸与多肽、核苷酸碱基、类固醇、碳水化合物)的印迹已经能够很好地实施。在聚合过程中，典型的活性模板分子都能够使用。而且在这些体系中，印迹结构(含结合位点的空腔)能够精准表征。

对于常规的分子印迹技术(molecular imprinting technology，MIT)来说，一般选用较小的有机分子作为模板。但是对于较大的有机化合物如蛋白质、细胞，要实现其分子印迹仍然具有挑战性。最主要的原因是较大的模板分子的刚性较小，因此在印迹过程中很难形成一个明确或稳定的结合空腔。另外，对于类似于蛋白质的物质来说，当分子印迹聚合过程中受到热或光照处理时，它们二级或三级结构会受到影响或被破坏，结果会导致它们的重新结合很困难。到目前为止，MIT 已经能成功用于很多小的有机物的识别和检测。另外，一些离子-印迹聚合物(ion-imprinted polymer，IIP)也已经成功制备并且用于金属离子的选择性识别或富集。

一、有机分子

(一)农药

能够用于识别和分离的农药主要有莠去津、2,4-二氯苯氧乙酸、苯并咪唑类杀菌剂等。

1. 莠去津

莠去津(atrazine)是一种三嗪类除草剂。其化学名称为 2-氯-4-乙氨基-6-异丙氨基-1,3,5-三嗪(2-chloro-4-ethylamino-6-isopropylamino-1,3,5-triazine)，其结构见图 2-1。由于它能够降低作物损失和有效地去除杂草，因此，几十年来，它已广泛地应用于庄稼地、高尔夫球场及草坪中。经常能在井水、地下水和饮用水中检测出莠去津。短期或长期接触莠去津，会导致人的内分泌失调、神经病变以及癌变。因此，必须采取措施去控制这种除草剂，特别是要加强饮用水的监测。对于这类痕量除草剂的检测和分析，除了气/液相色谱外，MIT 是另外一种可供选择的手段，因为 MIT 具有耗时短及低成本的特点。

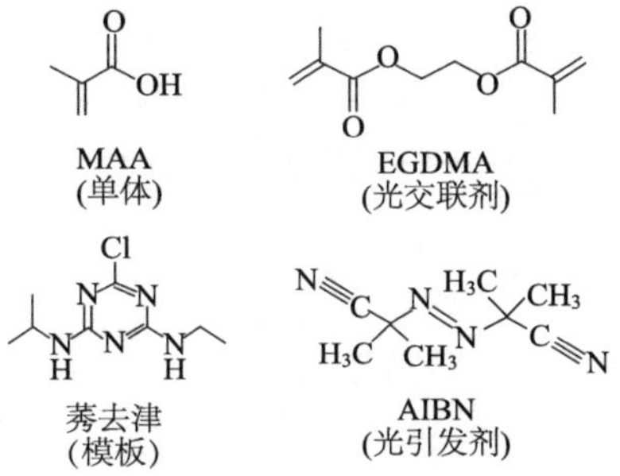

MAA
(单体)

EGDMA
(光交联剂)

莠去津
(模板)

AIBN
(光引发剂)

图 2-1　用于制备莠去津 MIP 的原料[2]

为了制备适于莠去津检测的 MIP，研究者一般用甲基丙烯酸(methacrylic acid，MAA)或甲基丙烯酸甲酯(methyl methacrylate，MMA)，二甲基丙烯酸乙二醇酯(ethylene glycol dimethacrylate，EGDMA)和偶氮二异丁腈[2,2′-azobis(2-isobutyronitrile)，AIBN]作为原料，采用紫外或红外引发、热引发等手段制备 MIP。其中，紫外引发由于相对时间较短因而更广泛地采用。Yang 等[2]采用软光刻(soft lithography)及紫外引发聚合的方法，成功地制备了含有聚(MAA-EGDMA)的 MIP 用于痕量莠去津的检测。

他们将 MAA(4 mmol/L)、莠去津(1 mmol/L)、EGDMA(20 mmol/L)溶解在 100 μL 的 *N,N*-二甲基甲酰胺中，超声处理 15～20 min。加入 AIBN(1 mmol/L)，通 N_2 10 min，然后将混合物放在紫外灯(370 nm，36 W)预固化一小段时间(40～50 s)，得到合适黏度的印迹溶液，然后采用光刻工艺处理得到 MIP。同样不加模板分子则得到非印迹聚合物(non-imprinted polymer，NIP)。其制备原料见图 2-1。

通过软光刻及紫外光引发的聚合过程可以用图 2-2 表示。从图 2-2 中可以看出，模板分子与单体通过氢键结合，当除去模板分子后，则在聚合物网络中形成相应的印迹空腔。

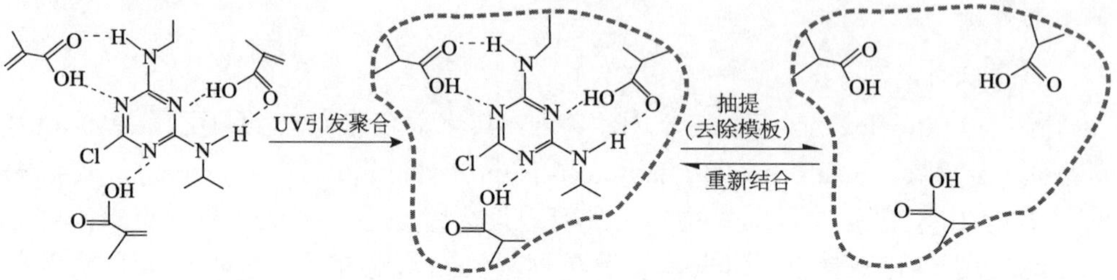

图 2-2　紫外引发制备的用于莠去津分离的 MIP 示意图[2]

Djozan 和 Ebrahimi[3]用类似的原料，采用热聚合的方式制备了一种用于莠去津分离 MIP，并将其制备成一种用于莠去津分离的固相微萃取(solid phase micro extraction，SPME)纤维。他们对其分离行为进行了研究，特别是考察了其 pH 效应。在 SPME 过程中，溶液的 pH、离子强度及萃取时间都会对目标分子的萃取效率有明显影响。他们特别考察了溶液的 pH 对莠去津萃取效率的影响。结果发现，对于 NIP 纤维来说，在所有 pH 条件下，其萃取效率都很低。但是，对于 MIP 纤维来说，随着 pH 的增加，其萃取效率则随之增加，当 pH 为 4～9 时，萃取效率达到一个平台。NIP 纤维与 MIP 纤维的萃取效率具有明显不同的 pH 效应，这表明模板与 MIP 纤维具有特殊的相互作用，而模板分子与 NIP 纤维则没有特殊的相互作用。

莠去津与 MAA 分子之间会形成一个双氢键，这被认为是形成结合位点结构的一个关键且必须的作用。MAA 分子的羧基既作为氢键的受体，也作为氢键的供体。羧基分别与莠去津分子上的氨基中的 H 和莠去津骨架上的 N 相互结合(图 2-3)。

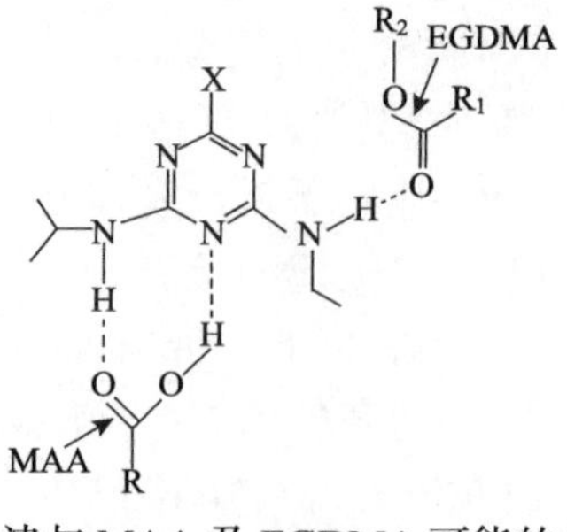

图 2-3　莠去津与 MAA 及 EGDMA 可能的分子间作用[3]

MAA 的羧基同时是氢键的受体与供体

低 pH 时，其萃取效率较低，主要是因为此时聚合物的羧基和莠去津都处于质子化状态，也可解释为莠去津分子或 MAA 的羧基都直接与水合氢离子结合，而没有相互结合。高 pH 时，莠去津和 MAA 的羧基的离子状态更多，同样会导致其萃取效率较低。而 pH 在 4～9 时就会出现一个最优 pH 范围。

2. 2,4-二氯苯氧乙酸

2,4-二氯苯氧乙酸(2,4-dichlorophenoxyacetic acid，2,4-D)是一种在世界范围内广泛使用的除草剂。由于在农业中大量的使用，而且没有适当的停用期，2,4-D 在粮食、蔬菜、水果、土壤及水源不断累积。正是由于持续过度使用，人们逐渐开始关注其对人类所产生的致癌和致畸作用。从健康角度考虑，农药残留联合专家会议(the Joint Meeting of Pesticide Residues，JMMR)批准了在食品中其残留的最大可接受值，如大米为 0.2 mg/kg、柑橘为 2 mg/kg、肉和鸡蛋为 0.05 mg/kg。因此，必须建立对 2,4-D 高灵敏度和高选择性的检测方法，从而保证食品安全。目前，主要检测手段有气相色谱、高效液相色谱、毛细管电泳和液相色谱-质谱联用技术。最近人们逐渐采用 MIT 对 2,4-D 实施检测与分离。

Liu 等[4]以 2,4-D 作模板，用丙烯酰胺作功能单体、二甲基丙烯酸乙二醇酯作交联剂、甲醇作为致孔剂制备了一种检测 2,4-D 的 MIP。该法的线性动态范围为 167～4167 μg/kg，其相关系数为 0.9972，检出限(S/N=3)为 50 μg/kg。该 MIP 的制备过程见图 2-4。

该体系采用单一无机-有机杂化前体作为水解溶液。与此同时，将 2,4-D 溶解在甲醇溶液中，而丙烯酰胺作为单体(便于与模板形成氢键)。首先，在引发剂和模板分子存在下，丙烯酰胺与二甲基丙烯酸乙二醇酯形成一个线型链状预聚物。然后，预聚物与无机-有机物杂化前体液混合，加热至 60℃，最终形成基于 2,4-D 印迹的无机-有机杂化整体柱。将模板分子洗脱后，该柱能够表现出对 2,4-D 具有特异性和亲和力，这是因为所形成的空腔与模板分子在空间上具有互补性，同时与其通过氢键能够形成多位点相互作用。

最近，Wang 等[5]发展了一种可以通过可视化识别和检测 2,4-D 的分子印迹材料。该体系通过在二氧化硅纳米粒子中嵌入绿色硝基苯噁二唑(nitrobenzoxadiazole，NBD)荧光和红色的量子点(quantum dot，QD)作为信号源形成了比率荧光传感器。采用二氧化碳纳米粒子作为支撑材料主要基于以下两点：①它是透明的且有惰性，可以避免红色的 QD 与外界分析物直接接触，进而可以为比率检测提供可靠的参比信号；②其表面可以用烷氧基硅烷通过偶联反应对其表面改性。这样就可以用红色 QD 嵌入的纳米二氧化硅作为核，而印迹的壳则是用 2,4-D 作为模板、3-氨基丙基三乙氧基硅烷(3-aminopropyl triethoxysilane，APTES）作为功能单体、正硅酸乙酯（tetraethoxysilane，TEOS）作为交联剂、NBD 则作为信号单元，通过溶胶-凝胶法制备而得，其制备过程示意图见图 2-5。

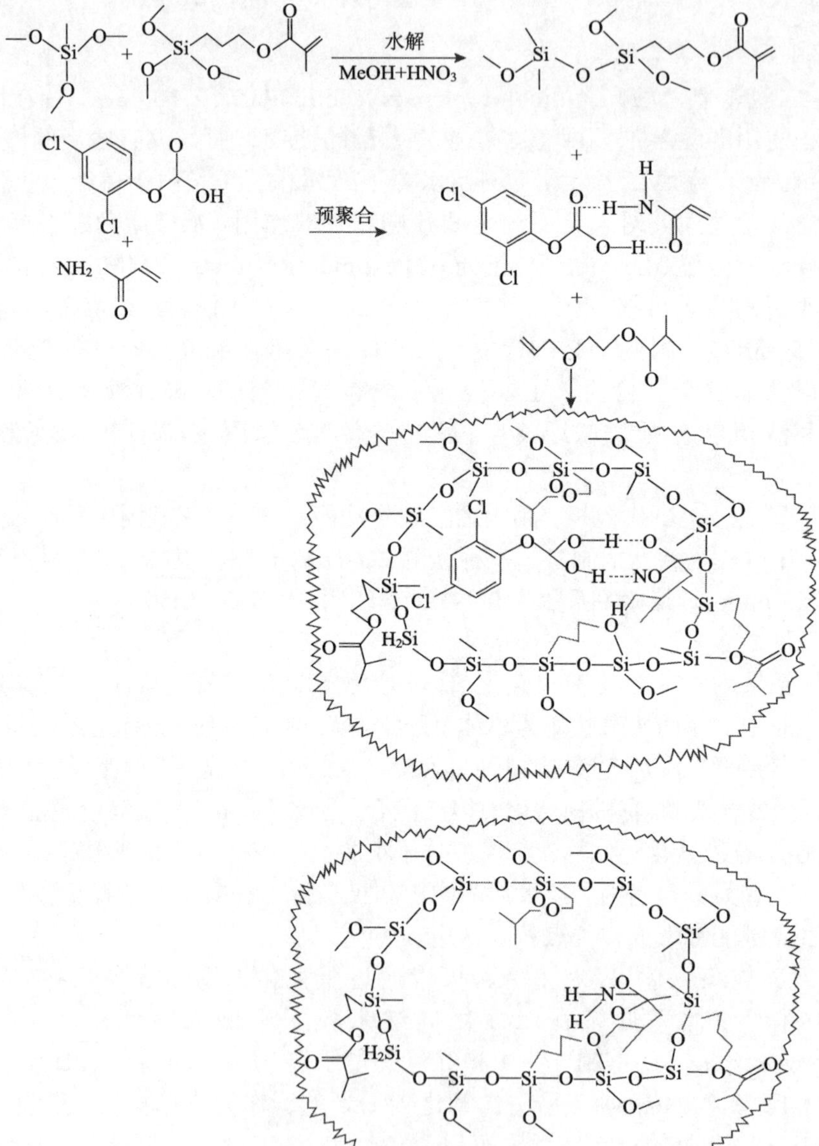

水解
MeOH+HNO$_3$
预聚合

图 2-4　基于 2,4-D 印迹的无机-有机杂化整体柱制备过程[4]

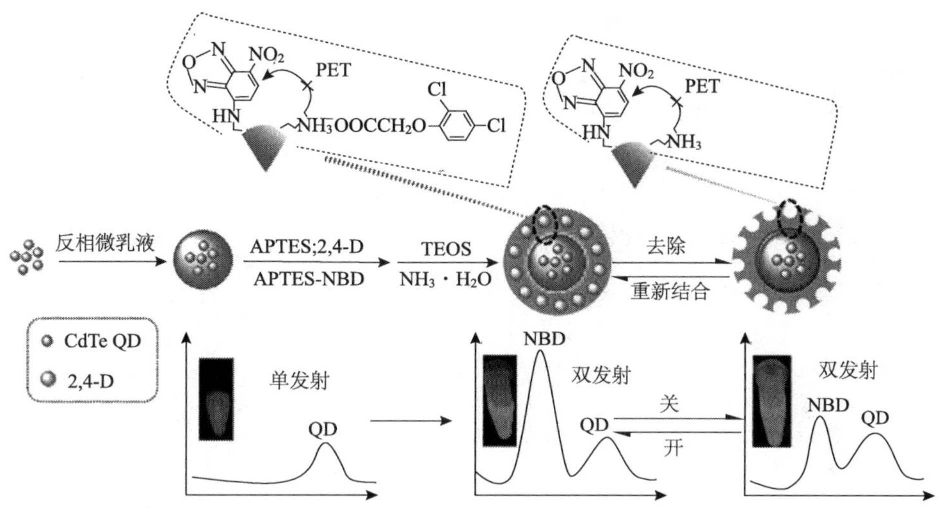

图 2-5 QD@SiO_2@NBD@MIP 的制备过程示意图及可能的检测原理[5]

从图 2-5 可以看出，首先在水相制备了红色 CdTe 的 QD，然后通过反相乳液方法在室温制备了 QD@SiO_2 纳米粒子。所得 QD@SiO_2 纳米粒子在紫外灯下有强烈的荧光效应，而且在约 655 nm 处有一个最大值。红色的 QD 完全被嵌入 SiO_2 纳米粒子中，这样可以避免与外面的 2,4-D 直接接触，从而为比率检测提供一个稳定的参比信号。然后，2,4-D 印迹壳则是通过简单的溶胶-凝胶聚合法制备而得(APTES 作为功能单体、TEOS 作为交联剂、APTES-NBD 共轭体作为信号识别单元)。当 APTES 和 NBD 同时固定在二氧化硅纳米粒子表面时，在 APTES 上富电子的氨基与 NBD 缺电子的芳香环产生电荷转移。通过光诱导电子转移过程，NBD 的荧光被初级胺上的 N 原子部分猝灭。在 2,4-D 存在的情况下，在氨基与羧基之间形成氢键，所形成的正电荷胺(—NH_3)$^+$会有效地降低 N 原子的供电子能力，这样就会关闭光诱导电子转移的通道，从而导致荧光强度大幅度提高且在 535 nm 处观察到极大值(图 2-5)。

随着 2,4-D 的浓度增加，NBD 的绿色荧光增加，但是 OD 的红色荧光效应则不变(能够作为一个稳定的内参比)。因此，QD@SiO_2@NBD@MIP 双发射强度比(I_{535}/I_{655})逐渐增加。这样，随着 2,4-D 的增加，QD@SiO_2@NBD@MIP 传感器的荧光强度比率表现出明显变化，从橘红向绿色呈现清晰而连续变化。因此可以在紫外灯激发下，用肉眼很方便地观察，从而方便用于 2,4-D 的检测。

3. 苯并咪唑类杀菌剂

苯并咪唑类化合物(图2-6)广泛用作驱虫药以防止寄生虫的感染，同时也大量用作杀菌剂防止庄稼在储存与运输中损坏。过去多年的大规模使用导致其在环境中大量积累，进而污染水源。欧盟水框架指令(European Water Framework Directive，EWFD)提出了一个天然水中苯并咪唑类化合物的最大浓度为0.1 μg/L，所有农药的总浓度不超过0.5 μg/L。

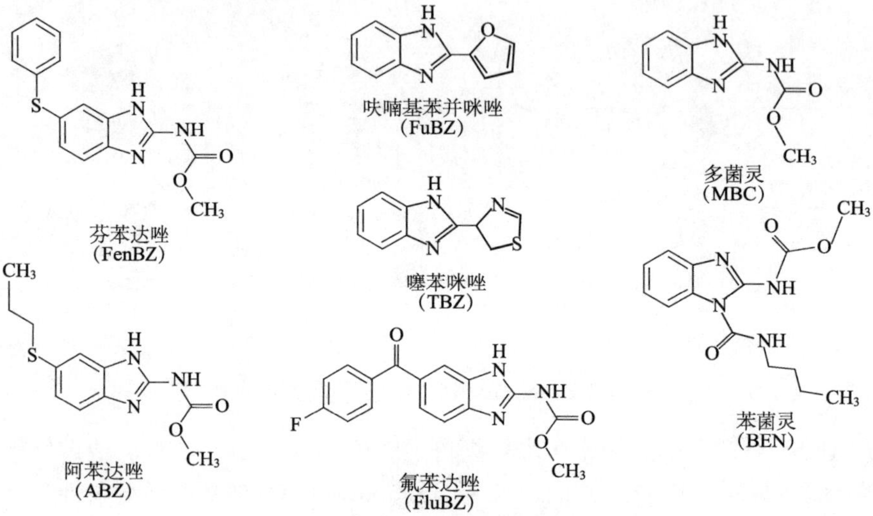

芬苯达唑
(FenBZ)

呋喃基苯并咪唑
(FuBZ)

多菌灵
(MBC)

噻苯咪唑
(TBZ)

苯菌灵
(BEN)

阿苯达唑
(ABZ)

氟苯达唑
(FluBZ)

图 2-6　部分苯并咪唑类化合物的结构式

Turiel 等[6]通过沉淀聚合的方法制备了噻苯咪唑分子印迹聚合物，他们采用噻苯咪唑为模板、甲基丙烯酸为功能单体、二乙烯基苯-80 为交联剂、丙烯腈/甲苯为共溶剂。研究表明，对于分子印迹聚合物来说，沉淀聚合是一种常规方法，而且如果要制备聚合物颗粒(聚合物微球)，沉淀聚合是一种不可多得的方法。早期研究表明，可以得到直径约 1 μm 的聚合物微球。后来，通过控制条件可以得到直径 5 μm 的微球。对于要应用于固相萃取(solid-phase extracton，SPE)和高效液相色谱(high performance liquid chromatography，HPLC)分析来说，这种尺寸是令人心动的。通过调节致孔剂的极性可以得到合适的聚合物尺寸和聚合物网络的孔径尺寸。因此，他们通过使用丙烯腈/甲苯混合物溶剂，可以很方便地得到平均直径约为 5 μm 的微球。图 2-7 为所得 MIP 的扫描电子显微镜照片。可以看出，所得产物为球形，而且尺寸分布比较窄，适合用作 HPLC 的固定相。

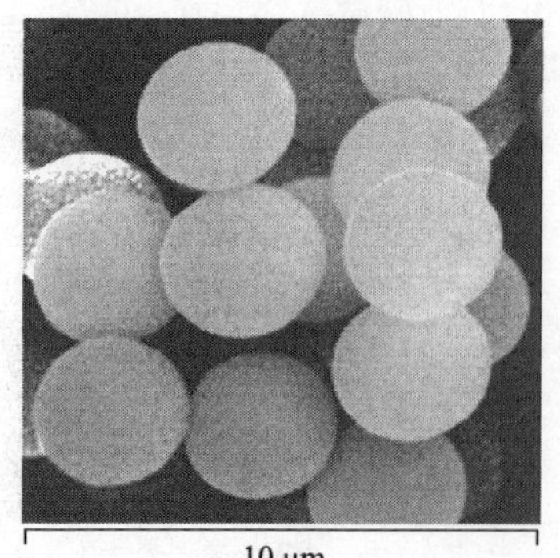

图 2-7　用沉淀聚合制备的噻苯咪唑 MIP 的扫描电子显微镜照片(放大 5000 倍)[6]

Cacho 等[7]通过沉淀聚合的方法制备了两种苯并咪唑类化合物 MIP，他们采用噻苯咪唑作为模板、甲基丙烯酸作为功能单体、二甲基丙烯酸乙二醇酯和二乙烯基苯作为交联剂、丙烯腈和甲苯混合物作为致孔剂。用水样评估了对苯并咪唑类化合物的选择性富集。结果发现用二乙烯基苯作交联剂制备的 MIP 具有更高的穿透容量，所以能够从自来水、河水和井水样品中富集该化合物。研究还发现，该 MIP 不仅能够选择性重新结合模板分子，而且能够对一大类苯并咪唑类化合物(阿苯达唑、苯菌灵、多菌灵、芬苯达唑、氟苯达唑、呋喃基苯并咪唑)具有重新结合的能力。

(二)内分泌干扰物

用于识别和分离的内分泌干扰物主要有双酚 A、多环芳香烃、雌二酮等。

1. 双酚 A(bisphenol，BPA)

BPA 的化学名称为 4,4′-异亚丙基双酚(图 2-8)。它是合成聚碳酸酯和环氧树脂的单体，也作为一种原料用于聚丙烯酸酯、聚砜、不饱和聚酯及阻燃剂的制备中。BPA 是一种在全球的用量和需求都很大的化学品之一。大量的食品储存及包装材料都是用聚碳酸酯制备的，如奶瓶、水桶和水罐、餐具及微波烤箱等。另外，环氧树脂也是用作加工食品的罐和瓶的内漆原料。BPA 作为一种普遍存在的食品包装所导致的迁移物和污染物，随着人们对食品安全意识的提高而受到关注。包装材料在加工中受到热处理，BPA 就会从包装材料中渗入食品中。除了用在食品包装材料外，BPA 在其他很多领域也有应用(如货币、热印刷纸、压缩光盘、黏合剂、粉末涂料等)。总之，它大量存在于食品和其他物品中，并且不断污染生物和非生物环境。据估计，人体每千克身体每天通过食品摄入的量为 0.1～1.5 μg。初步估算，每年大约有 2000 t BPA 和其产品释放到环境中。

BPA 是一种强烈的内分泌干扰化合物(endocrine-disrupting compound，EDC)。由于其结构中都存在有酚基，因此它与内分泌激素即雌二醇和己烯雌酚属同类型化合物(图 2-8)，因此它具有与雌激素受体结合的亲和力。研究表明即使是低剂量如低于纳克水平(0.23 ng/L)也会对人体健康造成影响。接触 BPA 主要影响大脑、甲状腺、卵巢、生殖器官的功能。男性成人小便中 BPA 水平的提高意味着其患性功能障碍的概率增加。BPA 与心血管病、肥胖症、癌症、神经中毒及发育问题都有关。它还可能导致人的气踹、哮喘及行为问题。BPA 对动物的健康也有影响。因此，对 BPA 的分析检测受到人们的重视。很多研究者对不同样品提出了快速、灵敏的方法，其中 MIT 是一种重要的分析方法。

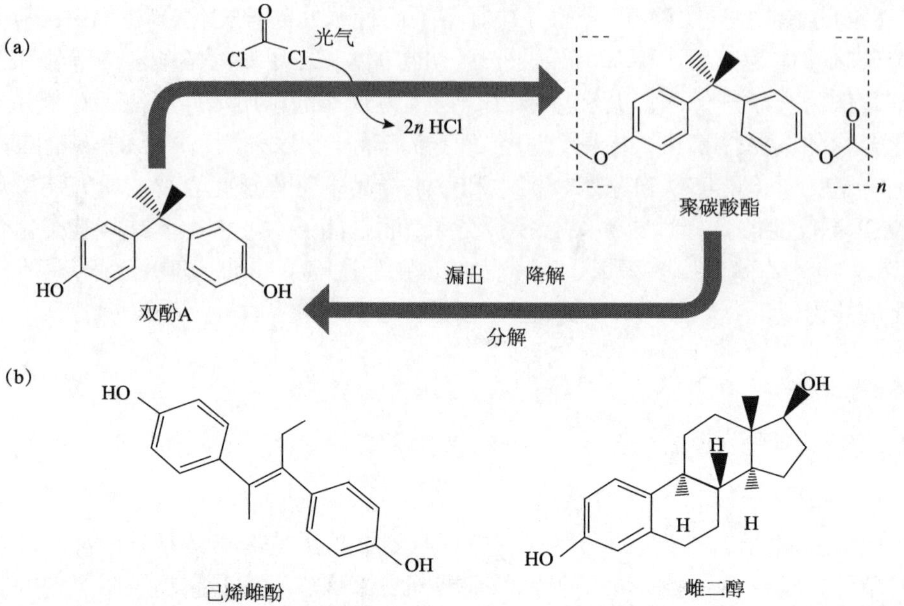

图 2-8　(a)从双酚 A 制备聚碳酸酯及其分解出双酚 A 的过程；(b)与双酚 A 结构类似的激素[8]

MIP 对 BPA 的特异性主要取决于单体的选择以及合成方法。BPA 与 MIP 的结合实际是一种化学吸附现象，即在印迹空腔中，BPA 与单体如 4-乙烯基吡啶分子会形成 2 个氢键。不同种类的 MIP 所结合的 BPA 的量在纳克到微克范围之间，因此导致其对 BPA 的检测具有高灵敏度。

将 MIP 做成纳米粒子可以提高其灵敏度和特异性，这是由于纳米粒子具有较大的表面积。Huang 等[9]用金纳米改性玻碳电极，然后接枝 2-氨基苯硫酚(同时用 BPA 作为模板)，通过其峰值电流分析 BPA 的氧化行为。Apodaca 等[10]发现电聚合得到的 MIP 能够通过电化学阻抗谱检测 BPA。Kou 等[11]用 BPA 分子印迹聚合物制备一种电位传感器涂敷在电极表面，发现其有助于提高其检测的特异性和灵敏度。

壳聚糖能够形成较高黏附力与机械强度的膜，因此可以用于电化学传感器的制备。乙炔黑电极有较大的表面积、高电导率及较好的吸附性能，因此它可以用于 BPA 的检测[12]。Lu 等[13]用 TiO_2 纳米管设计了一种光-电化学传感器(将聚聚吡咯基 MIP 涂敷在电极表面)，该传感器的检测限在纳摩尔范围，因此可以克服传统电极的弊端。

最近，Xue 等[14]用富含胺类的 MIP 覆盖在核-壳型金纳米粒子作为底物，采用表面增强拉曼散射法检测 BPA。该体系结合 MIP 与不结合 MIP 都会给出信号，但是发现其信号与 BPA 的浓度具有线性关系。当 MIP 对 BPA 的特异性提高后，该体系有望用作 BPA 识别的传感器，其制备及检测过程见图 2-9。

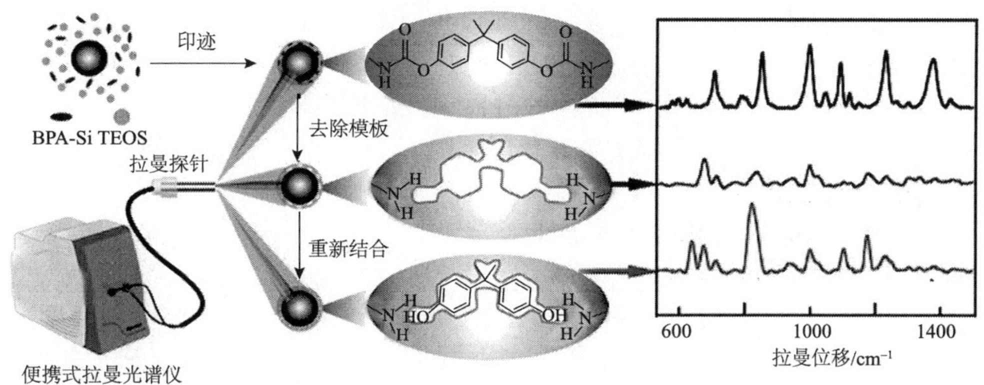

图 2-9　基于 MIP/核壳纳米金传感器选择性检测双酚 A 的过程[14]

2. 多环芳香烃

多环芳香烃(polycylic aromatic hydrocarbon，PAH)一般通过化石燃料燃烧、工业烟囱排放、垃圾焚烧等途径进入环境；也可通过原油泄漏的突发事件进入环境,如墨西哥湾(Gulf of Mexico)的原油泄漏导致向外界排放了660万亿加仑原油。PAH 具有致癌、致畸及毒性，其结构如图 2-10 所示。当一次原油泄漏后，随着时间的推移，由于自然降级所致(光降解、氧化及生物降解等)，最终原油到达海岸或在水中的量会逐渐下降。虽然如此，PAH 仍然趋于持续存在。例如，1989 年，埃克森·瓦尔迪兹号(Exxon Waldez)原油泄漏到现在已有 20 多年，PAH 和其他有毒化合物仍然影响着威廉王子湾(Prince William Sound)的区域。另外，由于 PAH 具有疏水性，因此它们能够很快地聚集在鱼及其他海洋生物中，也可以快速进入悬浮的泥沙中，导致泥沙污染。由于其在环境中持续存在而通过食物链在生物中累积，进而不仅会影响海洋生物，也会影响人类健康。因此对 PAH 必须有针对性地建立日常检测和治理的方法。分子印迹技术被认为是一种检测和分离 PAH 的有效方法。

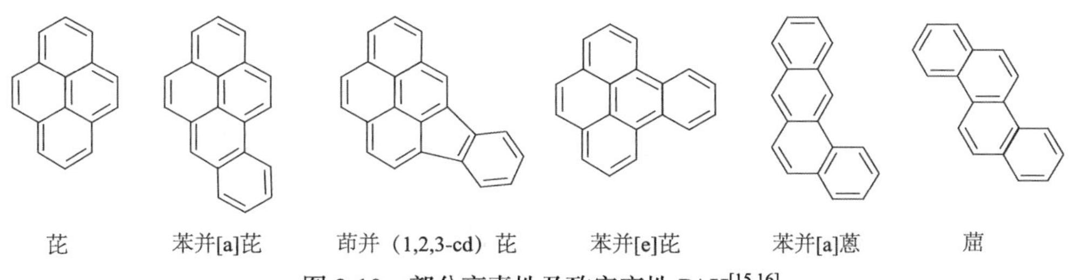

图 2-10　部分高毒性及致突变性 PAH[15,16]

Xie 等[15]用芘作为模板、4-乙烯基吡啶和甲基丙烯酸作为功能单体、二甲基双丙烯酸乙二醇酯作为交联剂制备了一种芘印迹聚合物。由于芘没有明显的官能团，该印迹过程是通过非共价键结合（如疏水作用及π-π相互作用）的方式完成的，而不是通过离子、偶极及氢键作用完成的。为了考察印迹芘的可行性，他们使用4-乙烯基吡啶和甲基丙烯酸作为单体，并通过荧光分析的方法来研究单体与模板的特殊作用力。研究发现，随着4-乙烯基吡啶浓度的增加，芘的荧光强度增加。为了考察其荧光强度的增加是否是由于 4-乙烯基吡啶或者丙烯腈的背景吸收所致，采用纯4-乙烯基吡啶和纯丙烯腈在该范围内扫描。从荧光图谱结果可以看出，即使浓度达到50 mmol/L，也没有观察到荧光信号。这个结果表明荧光强度的提高不是由于4-乙烯基吡啶或丙烯腈的背景吸收所致。另外，如果添加低浓度的4-乙烯基吡啶（2.5 mmol/L），荧光强度会明显增加。当4-乙烯基吡啶与芘的物质的量比固定在10∶1时，荧光强度达到饱和状态。这个结果表明荧光强度的提高主要来源于4-乙烯基吡啶与芘的相互作用。他们考察了芘与甲基丙烯酸物质的量比对荧光强度的影响，结果发现4-乙烯基吡啶的荧光强度增加，但不是很明显。当芘与甲基丙烯酸的物质的量比达到1∶8时，荧光强度不再增加。而当芘、4-乙烯基吡啶与甲基丙烯酸的物质的量比为1∶4∶4时，荧光强度达到饱和。虽然体系存在4-乙烯基吡啶和甲基丙烯酸，但荧光强度则主要受到4-乙烯基吡啶和芘的芳香环之间强烈的π-π相互作用，当然，甲基丙烯酸也会起到一定的作用。

最近，Krupadam等[16]采用一种新的交联剂*N*,*O*-双异丁烯酰乙醇胺（*N*, *O*-bismethacryloyl ethanolamine，NOBE），利用类似的方法制备了一种MIP，用于检测原油泄漏中的PAH。其分子印迹过程如图2-11所示。

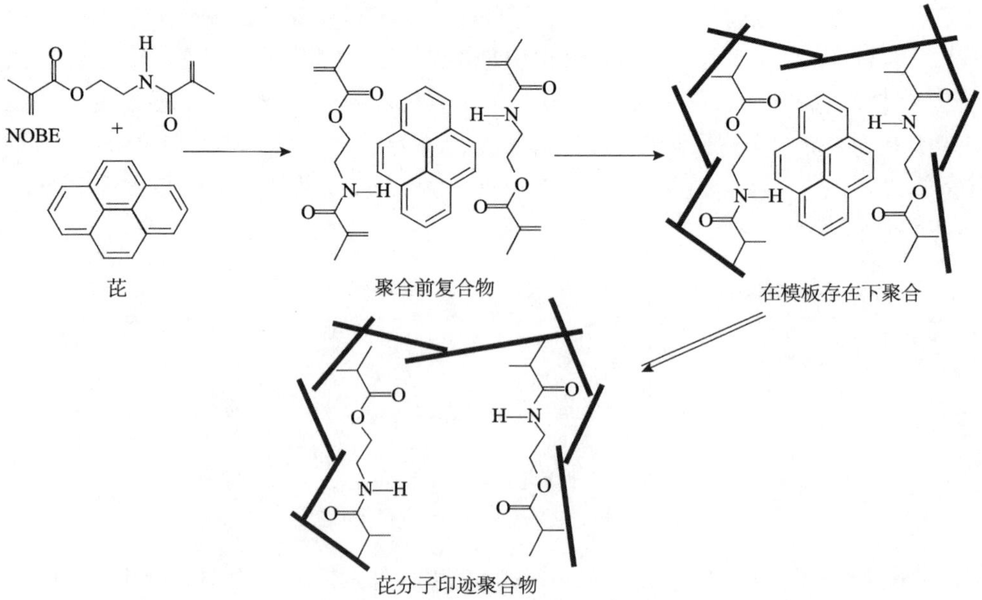

图 2-11 芘分子印迹聚合物的制备过程[16]

3. 雌二醇

女性类固醇激素会产生雌激素(图 2-12)。雌酮(estrone，E1)是绝经后女人的原发性雌激素。β-雌二醇(β-estradiol，E2)是卵巢的原发性雌激素，是绝经前女人的主要雌激素。E2 是相对较强的雌激素，其强度是 E1 的 12 倍，是雌三醇(estriol，E3)的 80 倍。E3 是相对较弱的雌激素，它来源于雌酮的代谢，只有在女人怀孕时才达到最高水平。雌激素对繁殖、性征、女性发育、不孕不育等都有重要的影响。另外，雌激素是一类致癌化合物，特别容易引起女性的乳腺癌和子宫内膜癌。最近人们开始将 MIT 技术用于雌激素的检测。

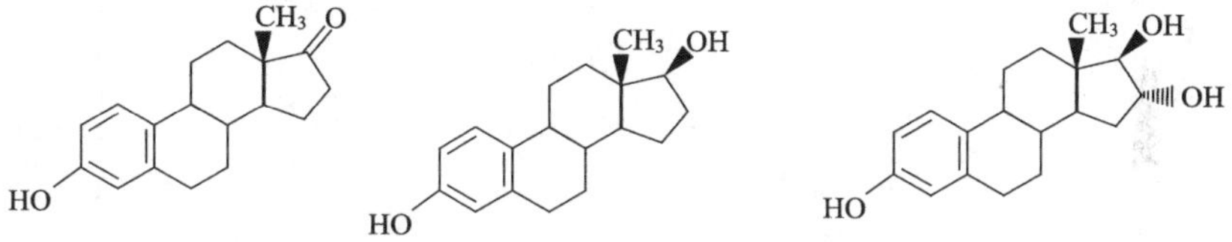

E1 E2 E3

图 2-12 雌激素雌酮(E1)、β-雌二醇(E2)及雌三醇(E3)的分子结构[17]

Ma 等[18]在二氧化硅纳米粒子表面制备了 E2 的核-壳结构分子印迹聚合物(SiO_2@E2-MIP)，该材料可以用于雌激素的分离和富集。图 2-13 为其透射电子显微镜(transmission electron microscope，TEM)照片。

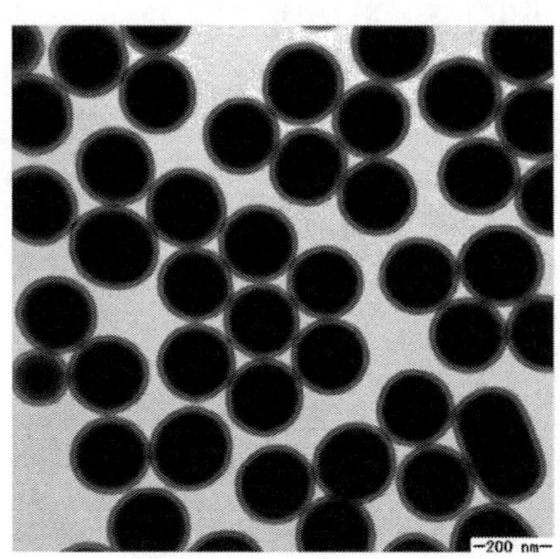

图 2-13 SiO_2@E2-MIP 的 TEM 照片[18]

从图 2-13 可以看出，其壳的厚度约为 17 nm，而且该材料是较规整的圆球，且具有较好的单分散性。有序而紧凑的核-壳层是通过甲基丙烯酰氧基丙基三甲氧基硅烷(methacryloxypropyltrimethoxysilane)与甲基丙烯酸-E2 共聚而得。

一般地，随着温度的快速提高，交联聚合物会在溶液中自聚集，因此它们不会在无机二氧化硅表面生长。因此，该课题组采用缓慢而渐进的方法通过连续多步升温聚合。首先，前体溶液升温至 50℃保持 6 h。在这一步中，甲基丙烯酰氧基丙基三甲氧基硅烷单层的甲基丙烯酸基团与 MAA/EGDMA 单体以较慢的速率预聚合。这与用低聚物作原料构筑纳米管的模板时的软化-湿润相似。其次，通过 60℃反应 34 h，然后 85℃反应 6h，从而完成印迹聚合反应。这种处理导致聚合物优先在二氧化硅表面成核，从而形成 SiO_2@E2-MIP。

在该体系中，MAA 为功能单体，而 EGDMA 为交联剂。一般地，SiO_2@E2-MIP 的结合力与印迹效果受到模板与单体的物质的量比的影响。该研究中考察了模板与单体的 4 种物质的量比。结果发现，当物质的量比为 1∶4 时，SiO_2@E2-MIP 具有高的吸附能力和选择性，而其他物质的量比时则相对较低。当物质的量比为 1∶2 时，模板-聚合物的量较低，会形成较少的结合位点，但是，当物质的量比为 1∶6 和 1∶8 时，就会形成高的非特异性结合。SiO_2@E2-MIP 通过氢键和静电相互作用所产生的结合力和选择性与致孔剂的极性有关。致孔剂的极性越弱，所得 SiO_2@E2-MIP 的结合力越强。在该研究中，用甲苯作致孔剂。另外，致孔剂的用量也会影响模板-单体混合物的溶解性及所得聚合物的形貌。研究发现，致孔剂的量越大，产品的表面积越大，孔径也越大。

通过 MIP 对目标分子实施的选择性吸附一定会涉及分子识别。它要求形成一个与模板分子在空间和电子互补的微环境。但是，对于基于非共价键的 MIP 来说，会出现非特异性吸附现象。这是由于在合成时，为了获得更多的模板-功能单体复合物，所加单体往往会超过计量所需单体（图 2-14）。

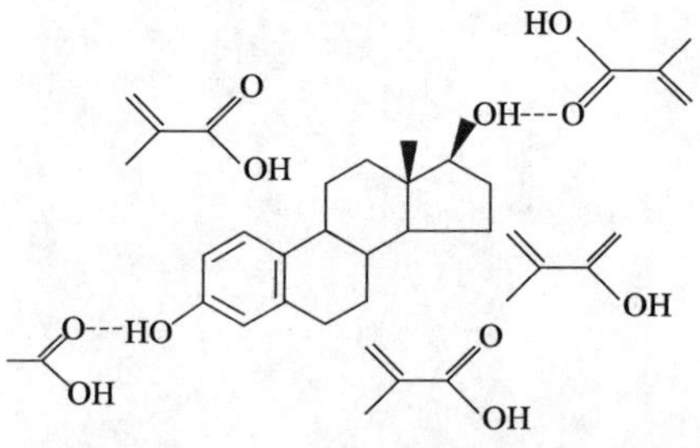

图 2-14 模板分子（E1）与功能单体形成复合物示意图[19]

Zhongbo 和 Hu[19]在制备 MIP 时所采用功能单体与模板分子的物质的量比为 4.8∶1（高于所需的物质的量比，理论上一个模板分子需要 2 个功能单体分子，从而通过 2 个氢键形成一个复合物）。聚合后，一些功能单体不会形成复合物，而出现在聚合物的表面，这些就会通过氢键导致非特异性吸附。另外，交联剂上的羧基也会出现在聚合物的表面，同样也会通过氢键导致非特异性吸附。还有，由于疏水作用和范德华力，也会在水溶液中表现出其他的一些非特异性吸附。据此可以提出一个吸附的物理模型（图 2-15）。根据这个模型，MIP 的结合位点可以分为

3 种：特异性吸附、半特异性吸附及非特异性吸附。

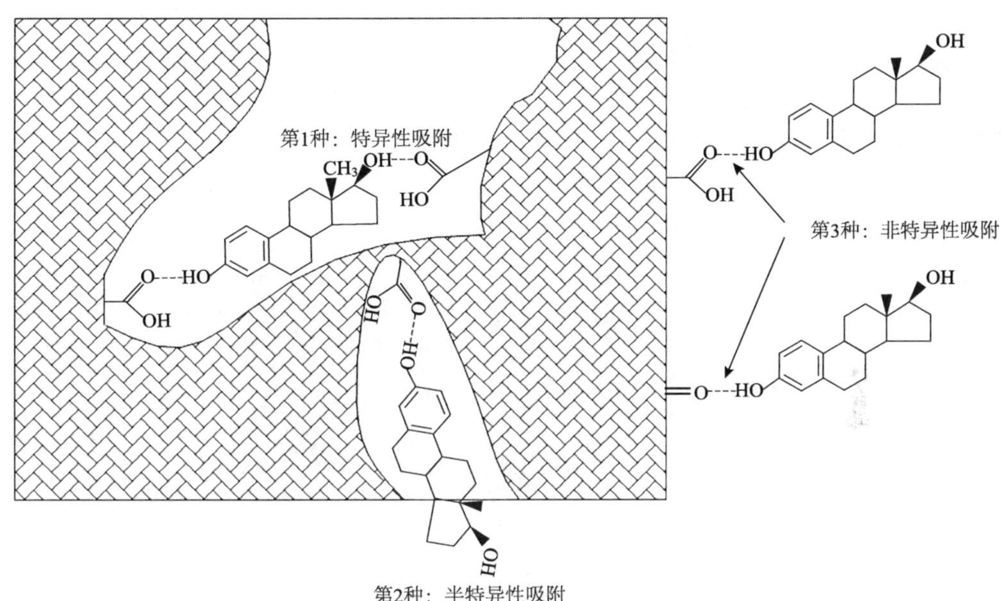

图 2-15　基于非共价键的 MIP 的物理吸附模型[19]

（三）炸药

2,4,6-三硝基甲苯（2,4,6-trinitrotoluene，TNT）是一类常见炸药，被大量应用于民用和军用领域。长期使用会导致其在环境中残留，污染土壤和地下水。它是一种高毒性和高致癌物质，会对人带来一系列健康问题，如再生障碍性贫血、中毒性肝炎、肝硬化、白内障、皮肤过敏等。因此这类物质（包括类似结构的硝基芳香族化合物）已引起人们足够重视，而且美国国家环境保护局（United States Environmental Protection Agency，US EPA）已经将其列为应当严格控制的污染物。到目前为止，人们已经提出很多方法来检测 TNT，如 GC/MS、LC 及荧光分析等。但是这些仪器分析的方法都有或多或少的弊端，如使用样品较多、使用溶剂较多以及样品的预处理费时。最近，人们发现电化学是一种有效检测 TNT 的方法，因为该方法具有灵敏、简单和低成本等优点。很显然，开发灵敏的电化学传感器是该方法应用的关键。

Xie 等[20]通过表面分子自组装的方法，将分子印迹聚合物纳米线/纳米管排列在多孔氧化铝膜中。TNT 作为模板分子。该印迹策略主要基于 TNT 模板能够自发组装在用 3-氨丙基三乙氧基硅烷（3-aminopropyltriethoxysilane，APTS）改性的氧化铝孔壁上，该组装是通过强的电荷转移络合作用，而不需要将模板分子通过化学法固定在其表面（图 2-16）。该组装在功能单体存在下很稳定，意味着这些组装的 TNT 模板适合用于纳米结构的表面印迹。为了提高所制备的印迹纳米结构的识别位点的数量，在聚合物前体溶液中补充了额外的 TNT。通过渐进式聚合的方法来构建具有高质量排列特征的 TNT 分子印迹聚合物纳米线和纳米管。结果发现，印迹纳米线和纳米管对 TNT 的结合容量为普通印迹粒子的 2.5～3.0 倍，另外，纳米线和纳米管结合 TNT 的速度分别增加 4 倍和 6 倍。而且，用类似化合物如 2,4-二硝基甲苯作对照，发现该 TNT 印迹纳米结构材料对 TNT 表现出特异性识别。该材料有望用作 TNT 的识别。

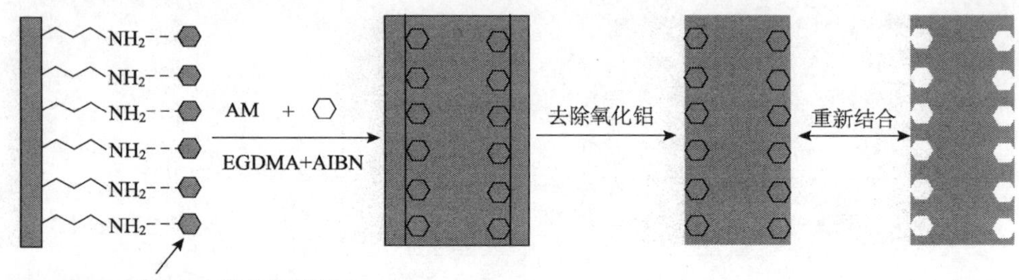

图 2-16　TNT 分子在 APTS 改性氧化铝孔壁上组装示意图及随后的 TNT 印迹纳米线的合成[20]

（四）药物

用于分子印迹分离和识别的药物主要有四环素、喹诺酮类、普萘洛尔、地高辛、磺胺类药物、金鸡纳生物碱、咖啡因等。

1. 四环素

四环素（tetracycline，TC）是一种广泛用于人和动物的抗生素，主要用于防止和控制一些感染类疾病，而且由于其广谱抗菌活性及低成本也可作为饲料添加剂以促进动物的生长。但是，所服用的 TC 大部分不易代谢，排泄出来的只有少部分，其余被人或动物吸收。随着到期药物的处置和城市污水的流动，这些抗生素在水和土壤中到处存在。它们对生态系统是一个严重威胁，因为它们最终会通过食物链和饮用水进入人体，从而会引起慢性和急性中毒、微生物产生耐药性等。因此，对抗生素的风险评价受到研究者的日益重视。但是，采用传统处理方法分离去除体系中的 TC，尤其是处理痕量体系，一般都是很难全部分离去除的。因此，发展有效、灵敏的方法去除痕量抗生素是非常必要的。对于去除污染物，采用高结合能力的吸附剂是一种有效的方法。由于高选择性、低成本、易制备及可重复使用等特性，MIP 被广泛作为一种吸附剂用于抗生素的分离和识别。

Zhao 等[21]在乙醇中，采用一锅法通过沉淀聚合得到了高疏水性 TC 印迹粒子。其制备过程见图 2-17。

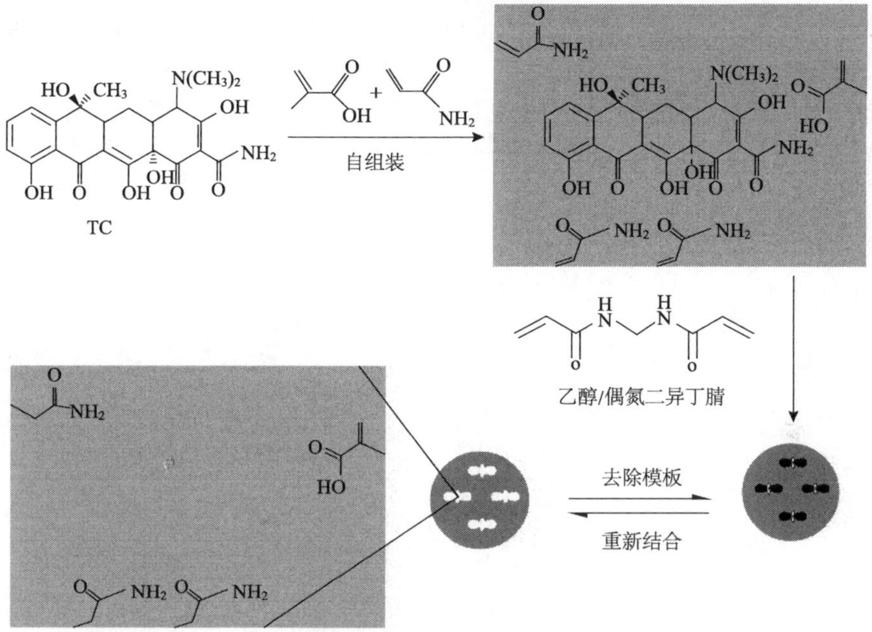

图 2-17 沉淀聚合制备 TC 印迹聚合物的示意图[21]

该体系采用甲基丙烯酸(MAA)与丙烯酰胺(acrylamide，AM)作为功能单体、*N*, *N'*-亚甲基双丙烯酰胺(*N*, *N'*-methylene bisacrylamide，MBAM)在乙醇中进行沉淀聚合。当温度升高到 60℃时，AA/AM/MBAM 由于疏水作用会形成微小的单体液滴，因此在乙醇的中的溶解性会下降。由于捕捉的短链自由基和部分引发剂分子的引发，微单体液滴发生聚合进而产生印迹微球。微球的生长取决于单体向微球表面的转移，从而影响微球的数量和形貌。当 TC 作为模板加入聚合体系后，TC 与功能单体会形成氢键和静电作用，这样就会形成分子印迹聚合物。

2. *喹诺酮类药物*

喹诺酮类化合物(quinolones，Qns)是一类抗生素，广泛用于兽药中，主要用来防止禽畜养殖和牛奶生产过程中的细菌感染，部分喹诺酮类化合物的结构见图 2-18。其广泛使用，因此会在食品中残留，从而导致人类的一些副反应如过敏或对抗生素产生耐药性。因此，欧洲各国政府用了大量资金用以宣传和开展科学项目来避免人们在动物和人中滥用抗生素。为了保证食品安全，欧盟委员会通过 37/2010 号法规对动物食品中最大残留量予以规定[22]。八种 Qns 被列入该法规，即达氟沙星(danofloxacin，DAN)、沙拉沙星(sarafloxacin，SAR)及其代谢产物二氟沙星(difloxacin，DIF)、恩诺沙星(enrofloxacin，ENRO)及其代谢产物环丙沙星(ciprofloxacin，CIP)、氟甲喹(flumequine，FLU)、麻保沙星

(marbofloxacin，MAR)及噁喹酸(oxolinic acid，OXO)。在牛奶样品中，DAN 的量为 30 μg/kg，FLU 的量为 50 μg/kg，MAR 的量为 75 μg/kg，ENRO 及其代谢物 CIP 的总量为 100 μg/kg。因此，亟需发展对这些化合物高灵敏度的分析方法。目前主要有 HPLC、超高效液相色谱联用紫外/可见检测法、荧光法、化学发光法或质谱法等。

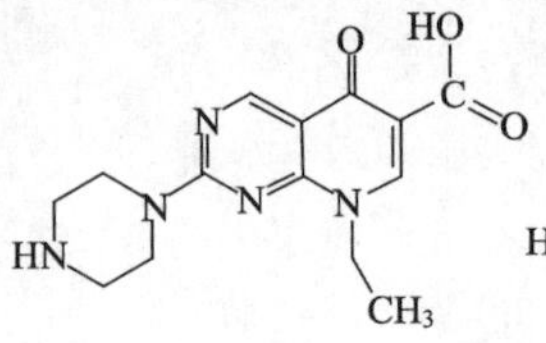

1. 吡哌酸 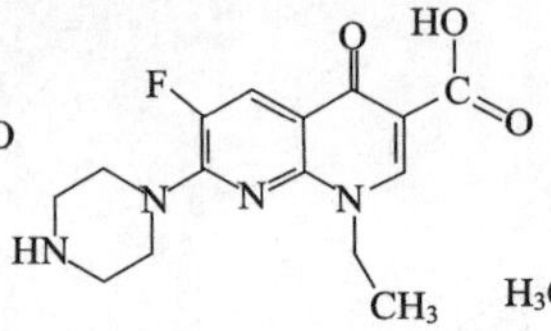　2. 依诺沙星 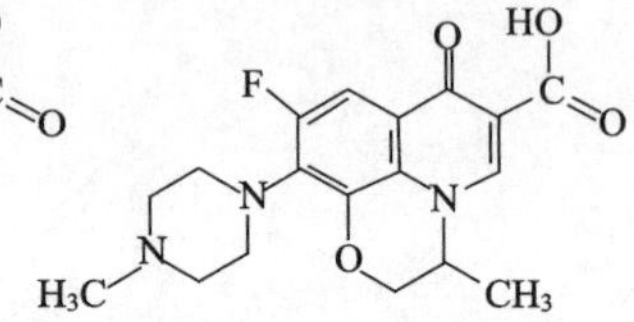　3. 氧氟沙星

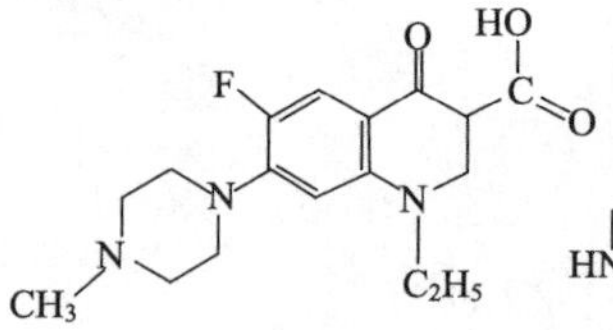

4. 培氟沙星 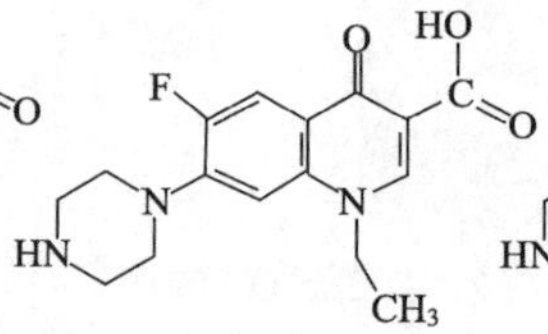　5. 诺氟沙星 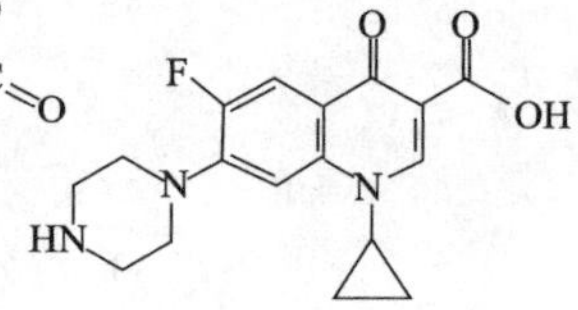　6. 环丙沙星

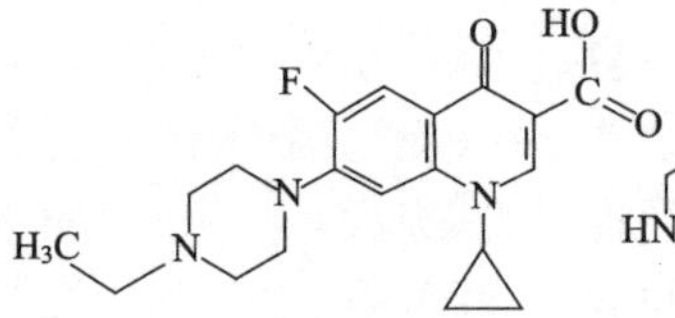

7. 恩诺沙星 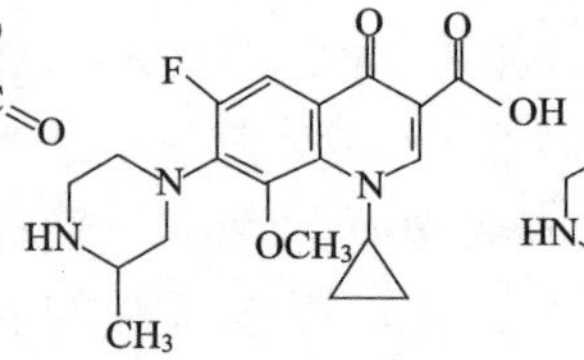　8. 加替沙星 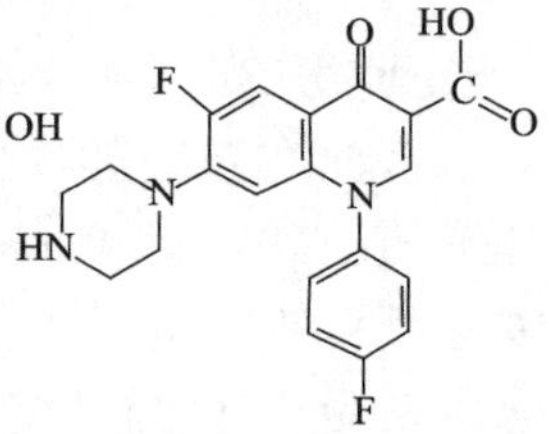　9. 沙拉沙星

图 2-18　部分喹诺酮类化合物结构式[22,23]

Sun 和 Qiao[23]制备了一种新型氧氟沙星(ofloxacin，OFL)印迹聚合物，然后将其作为固相萃取(solid-phase extraction，SPE)吸附剂用于 9 种喹诺酮类化合物的选择性分离。为了使 MIP 在水环境中对目标分子有良好的特异性识别，考察了不同单体如 MAA 和 AM，结果发现在极性条件下，MAA 的效果更好。另外，在合成时三官能度的交联剂如三羟甲基丙烷三甲基丙烯酸(trimethylopropane trimethacrylate，TRIM)比二官能度的如双甲基丙烯酸乙二醇酯(ethylene glycol dimethacrylate，EGDMA)具有更高的负载能力和分辨率，这是由于高度交联后，当模板分子去除后，体系能更好地保持形状和化学官能度的稳定性。通过优化制备条件，模板、功能单体与模板的物质的量比选择为 1∶10∶15。另外，由于 OFL

在紫外光下容易降级，该工作采用了热引发聚合的方式。

他们考察了非极性和极性致孔剂特别是含水条件对聚合的影响。结果表明，在甲醇-水体系制备的 MIP 表现出较好的识别能力。在氯仿中制备的 MIP 与在甲醇-水体系制备所得的 MIP 在外观上比较类似，但是，发现其在水中的膨胀性较大，因此容易阻塞 MIP 的识别通道。致孔剂能够使所有组分(模板、功能性单体、交联剂和引发剂)在聚合时进入同一相中，因此会对 MIP 的形貌特别是特异性表面积和孔径都有重要的影响。

在印迹过程中添加水分，由于水具有高极性，因此水会干扰体系中的氢键，但可以强化体系的疏水作用。当水分含量低于 10%时，氢键对 MIP 的识别起关键作用。但水分含量高于 65%时，疏水作用则起主导作用。在该体系中，甲醇与水的体积比为 9∶1。由于 OFL 有氢键受体，而 MAA 则有氢键给体，因此，在印迹过程中，体系一定有较强的氢键作用。其制备过程如图 2-19 所示。

3. 普萘洛尔

普萘洛尔(propranolol)是一种 *β*-受体阻滞剂，主要用于治疗高血压、心绞痛、心律失常、心肌梗死等疾病，同时具有局部麻醉效果。世界反兴奋剂组织(World Anti-Doping Agency，WADA)已在 2011 年将其作为体育运动中禁止使用的物质。虽然该禁令没有涉及所有项目，在有些项目中如射箭和射击比赛中，尿液和血清中检测有普萘洛尔是允许的。尿液分析是检测很多药物和毒品的传统方法。另外，普萘洛尔分子有一个手性中心，而且只有 *S*-对映体与受体结合时才有药物活性。它能够产生首过代谢（first-pass metabolism），而且它能够增加患恶性皮肤黑色素瘤患者的存活率。对其结合位点的适当工程设计会有助于揭示其功效、特异性，也会促进其跨越生理障碍直达活性位点。因此，发展能够灵敏和选择性识别普萘洛尔的方法受到人们的重视。

Suedee 等[24]选用聚合物表面活性剂作为稳定剂，采用非共价印迹技术，通过悬浮聚合方法制备了一种微米级凝胶，该微凝胶内含有预先组装的(*S*)-普萘洛尔分子印迹纳米粒子。该 MIP 微粒子的制备如图 2-20 所示。

使用一个液相的全氟化碳来分散印迹混合物，导致形成独特的球状 MIP 微米级粒子，而且在该粒子表面有不同的球状纳米粒子簇。结果表明在全氟甲基环己烷作溶剂中，使用全氟聚合物表面活性剂作稳定剂可以有效地避免水相环境对聚合反应的干扰或破坏。用 SEM 观察可以发现粒子的直径为 30～50 μm。而且，通过该方法所得的 MIP 具有不同的微孔结构，该结构与不同功能单体有关。对于聚(MAA-EDMA-TRIM)来说，MIP 纳米粒子能够组装嵌入相同微球的表层结构中。该微球有望在药物分析甚至在药物治疗领域有潜在的用途。

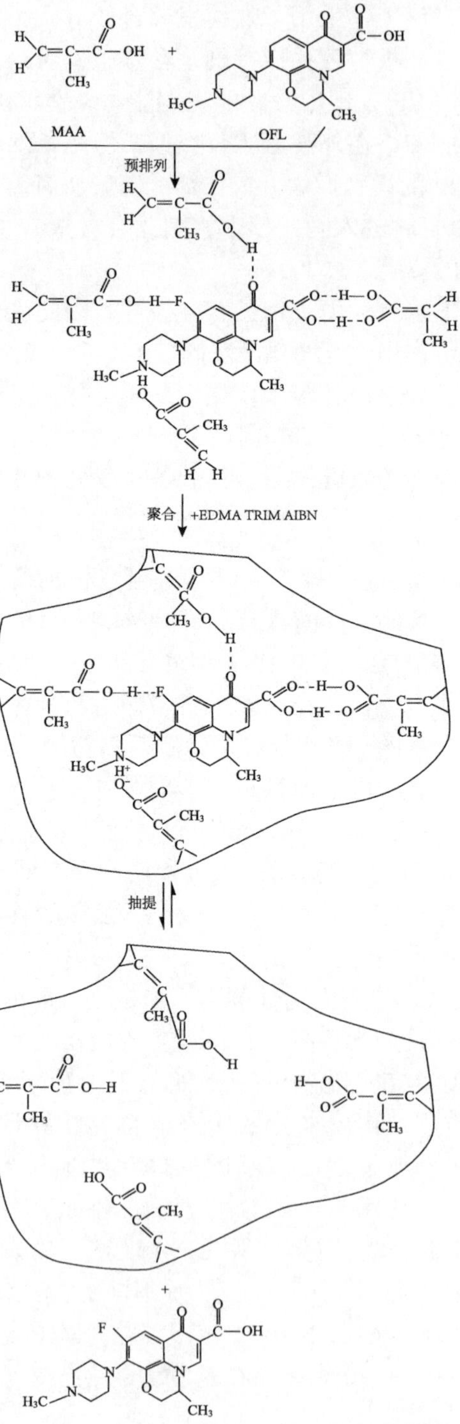

MAA　OFL

预排列

聚合　+EDMA TRIM AIBN

抽提

+

图 2-19　OFL 分子印迹聚合物的制备过程[22]

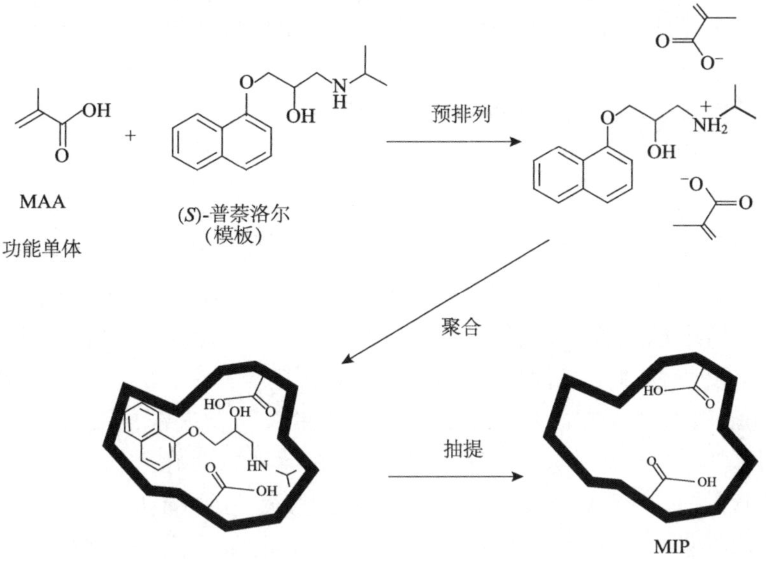

图 2-20　在 MIP 微球表面产生手型位点的生长过程[24]

4. 地高辛

地高辛(digoxin)作为一类强心苷，是一种广泛用于治疗充血性心力衰竭和心律失常的处方药(其结构见图 2-21)。但是，地高辛的有效治疗浓度范围缩小：当血浆中其浓度超过 2 ng/mL 时，人体就会产生中毒反应。因此，发展一种能够控制其在生物体液中浓度的简单而灵敏的方法是很有必要的，而且要求这种方法有助于最大限度降低中毒的危险和避免其他副反应，同时又可以保证最佳疗效。

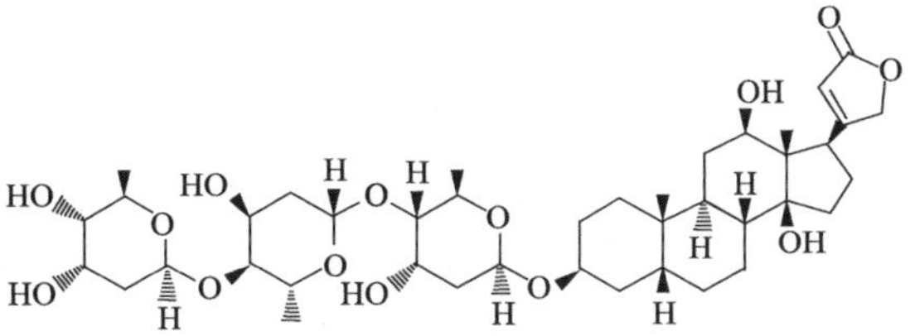

图 2-21　地高辛的分子结构[25]

目前，检查地高辛的通用方法一般为放射免疫分析法(radioimmunoassay, RIA)、酶倍增免疫测定技术(enzyme-multiplied immunoassay technique, EMIT)、荧光偏振免疫法(fluorescence polarization immunoassay, FPIA)及 HPLC 法。虽然这些方法都很灵敏，但是都存在成本高、耗时以及不适合直接在床边测试等缺点。因此，开发一种快速简单的检测血液中地高辛分析方法很有必要。基于此，Zhang 等[25]将地高辛 MIP 与生物传感器结合制备了一种新型检测装置。该装置可以直接和特异性捕捉血液中的地高辛，然后很灵敏地检测其浓度。他们采用的功能性单体为 MAA，交联剂为 EGDMA，引发剂为 AIBN，模板为地高辛。

5. *磺胺类药物*

磺胺类药物(sulfonamides)是一类广泛使用的抗生素(部分磺胺类药物的分子结构见图 2-22)。一方面主要用于人或动物以治疗感染类疾病；另一方面用于动物饲料中以提高家畜的成活率。由于其过度的使用，人们逐渐对其可能的致癌作用及所导致耐药性等开始关注。基于健康考虑，欧盟委员会(European Commission，EC)、美国、中国等已经对其在以动物来源的食物(如肉、牛奶及鸡蛋)中规定了一个最大可接受残留值。因此，需要在立法、卫生行政部门及食品经营的公司直接达成一个好的分析磺胺类药物的协议，该分析手段必须灵敏、选择性好、快速及低成本。目前已有很多手段用于磺胺类药物的分析，如 HPLC、气相色谱法(gas chromatography，GC)、液相色谱-质谱联用法(liquid chromatography-mass spectrometry，LC-MS)及毛细管电泳法(capillary electrophoresis，CE)。由于食物基材比较复杂，同时食品中污染物浓度一般都很低(ng/g 或 μg/g 水平)，故所有的磺胺类药物的分析都需要一个灵敏的样品预处理过程，如液-液萃取和固相萃取。因此，在测量之前，开发一种有效从复杂食品基材中提取和分离的手段是很有意义的。考虑到经济、快速、选择性等因素，采用 MIP 吸附剂的 SPE 技术(即分子印迹 SPE)，由于比传统 SPE 吸附剂更先进的特异性，因此最近 10 余年受到越来越多的重视，特别是用于对复杂体系的选择性分析方面。

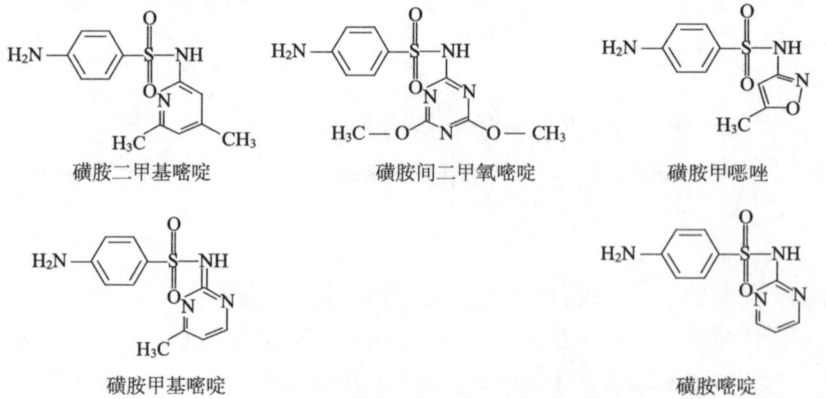

磺胺二甲基嘧啶　　磺胺间二甲氧嘧啶　　磺胺甲噁唑

磺胺甲基嘧啶　　磺胺嘧啶

图 2-22　部分磺胺类药物的分子结构[26]

Zheng 等[27]设计制备了磺胺甲噁唑(sulfamethazine，SMZ)和磺胺间二甲氧嘧啶(suflamethoxazole，SMO)分子印迹聚合物。其功能单体分别为 MAA 和 4-乙烯基吡啶（4-vinylpyridine，4-VP）或者它们的混合物，致孔剂为丙烯腈。将所得聚合物装入 HPLC 柱中，采用色谱法考察其结合行为。对于 SMZ-分子印迹聚合物来说，采用 MAA 作为单体会对模板有较高保留时间。将 SMZ 和 SMO 混合物注射进入色谱体系，考察是否能够用所得柱子对其分离。可以看出，对于 SMZ 和 SMO 得到一个相近分离峰。但对于非印迹聚合物则无法得到分离峰。而且发现，模板分子的峰宽且有点拖尾,这可能与体系存在非特异性和特异性相互作用有关。这两种结合模式很相近。另外，模板对聚合物的特异性结合可能是非均相的，这样会导致峰形变宽和拖尾。对于非模板化合物来说，体系只有非特异性作用存在，这种作用一般是均相作用，因此会观察到一个尖锐的峰。对于非印迹聚合物来说，无论是模板分子还是非模板分子，都只有非特异性相互作用，因此只会观察到一个峰。这些结果都表明，对于 SMZ-印迹聚合物来说，SMZ 与 MAA 之间有强烈的相互作用,主要来源于 SMZ 分子中的 N 与 MAA 分子中 H 能够形成氢键和离子作用。当聚合反应完成后，模板分子被去除，会在聚合物中形成一个与 SMZ 在形状和官能团互补的空腔(其结合位点见图 2-23)。这些空腔就可以重新识别 SMZ，从而将 SMZ 从结构类似的 SMO 中分离出来。他们的结果还发现，4-VP 不适合用于制备 SMZ-分子印迹聚合物。

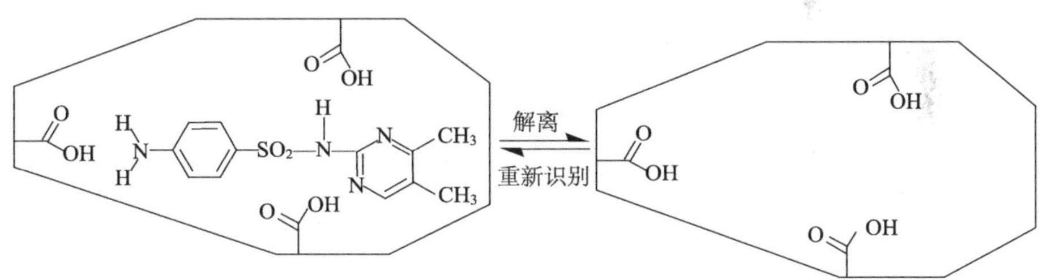

图 2-23 SMZ 在 MIP 中可能的结合位点[27]

6. 金鸡纳生物碱

金鸡纳生物碱是一类对人类文明起着重要影响的天然产物。早在 18 世纪，它们被传入欧洲，主要是由于人们发现金鸡纳树皮有抗疟疾活性，随后在 1820 年分离出其活性成分——奎宁。对金鸡纳生物碱的大量需求甚至成为一个经济和政治操控的话题，为此，人们开始深入研究这类化合物的合成。即使到了今天，奎宁仍然是一种重要的抗疟疾的药物，而且是食品和饮料工业中唯一使用的苦味剂。另外，金鸡纳生物碱也为立体化学和随后的不对称合成的发展奠定了基础。这类化合物具有相对刚性结构、较大的基团以及杂原子官能团，因此能够很容易形成分子印迹的结合位点(其结构见图 2-24)。

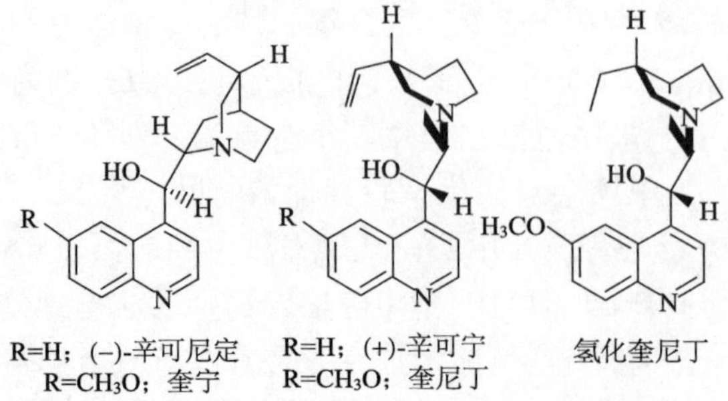

图 2-24　部分金鸡纳生物碱类化合物的结构[28]

Matsui 等[28]选用了两种具有抗疟疾活性的金鸡纳生物碱：(–)-辛可尼定(cinchonidine)和(+)-辛可宁(cinchonine)作为原料制备分子印迹聚合物。MIP 分别是在低温下(4℃)下，用相应模板与 MAA 和 EGDMA 通过光聚合而得。功能性单体 MAA 可以与模板分子形成氢键和离子作用。所得本体聚合物可以用作 HPLC 的手性固定相(chiral stationary phase，CSP)。其制备过程见图 2-25。

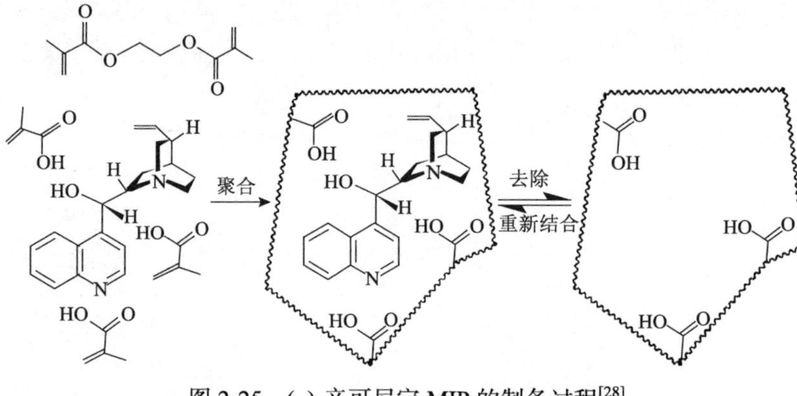

图 2-25　(–)-辛可尼定 MIP 的制备过程[28]

7. 咖啡因

咖啡因是一种黄嘌呤生物碱化合物，是一种中枢神经兴奋剂，能够暂时驱走睡意并恢复精力，临床上用于治疗神经衰弱和昏迷复苏。有咖啡因成分的咖啡、茶、软饮料及能量饮料十分畅销，因此，咖啡因也是世界上最普遍被使用的精神药品。

田大听课题组最近开发了基于魔芋葡甘聚糖的咖啡因分子印迹聚合物。魔芋葡甘聚糖(konjac glucomannan，KGM)是从魔芋块茎中提取，再经过精制而得的一种天然多糖。它由 D-葡萄糖和 D-甘露糖以 β-1,4-糖苷键连接而成，二者的物质的量比约为 1∶1.6，具有许多合成材料不可比拟的优点，如高水溶性、良好的生物相容性和可降解性等，而且可以用多种方法对其予以改性，近年来，其改性研究受到研究者的重视。

采用 KGM 作为基体、AA 作为接枝单体、MBAM 作为交联剂、咖啡因作为模板、硝酸铈铵作为引发剂，通过接枝聚合制备了 KGM 基咖啡因 MIP，其制备过程见图 2-26。

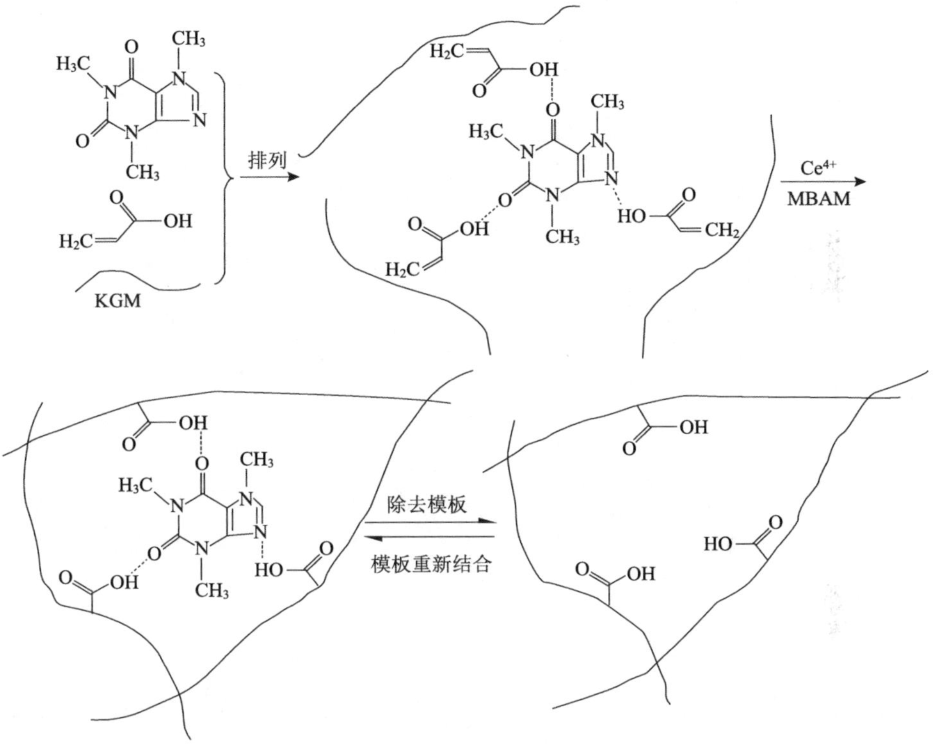

图 2-26　咖啡因 MIP 的制备过程

首先 AA 与 KGM 通过氢键排列在咖啡因分子周围，然后通过接枝反应，咖啡因通过非共价法印迹在 KGM-g-PAA 聚合物中，通过洗涤(先后采用去离子水、甲醇、乙酸/甲醇)除去咖啡因，最后在聚合物中形成咖啡因的识别空腔。

图 2-27 为咖啡因 MIP 的傅里叶变换红外光谱（Fourier transform infrared spectroscopy，FTIR），从图 2-27(a)中可以看出，位于 1470 cm^{-1} 和 1659 cm^{-1} 处的吸收峰为咖啡因分子的 C═O 伸缩振动吸收所致，而 3120 cm^{-1} 的吸收峰为咖啡因中的芳香环的 C—H 伸缩振动，另外其变形振动峰则位于 743 cm^{-1}；图 2-27(b)为 KGM 的 FTIR，位于 3396 cm^{-1} 处的宽峰为 KGM 分子中的 O—H 的伸缩振动，位于 1727 cm^{-1} 为 KGM 分子中的痕量 C═O 的伸缩振动吸收峰，而 1065 cm^{-1} 处的强烈吸收峰为 C—O—C 的伸缩振动所致；图 2-27(c)为在抽提模板之前 MIP 的 FTIR，除了咖啡因的吸收峰外，KGM-g-PAA 的吸收峰都存在，位于 3345 cm^{-1} 的宽峰为

KGM和PAA的O—H的叠合所致,位于1560 cm^{-1}和1407 cm^{-1}处的吸收峰为PAA的 COOH 的对称和不对称振动吸收峰，而另外出现在 1659 cm^{-1}处的强峰为 PAA的 C═O 伸缩振动峰。这些证据表明 PAA 已经成功接枝在 KGM 分子上；但是，在图 2-27(d)中，咖啡因的特征峰消失，这意味着咖啡因已经从 MIP 中除去。

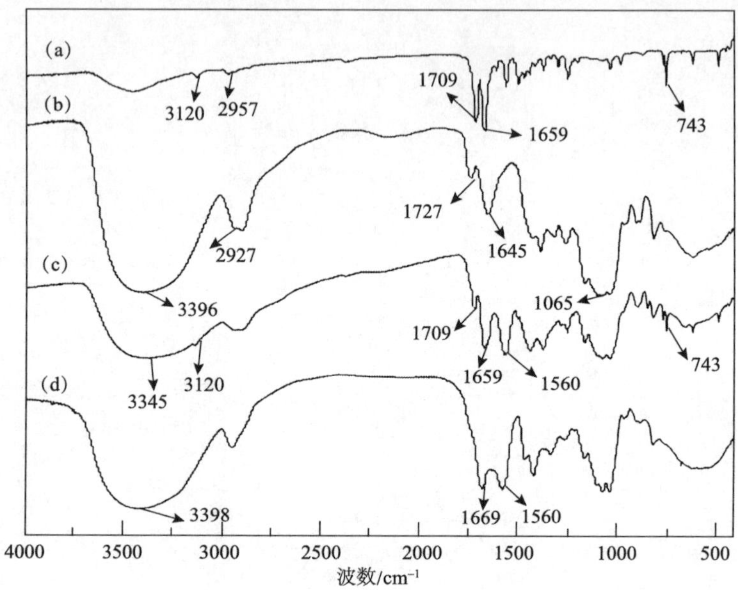

图 2-27 咖啡因 MIP 的 FTIR 图

(a)咖啡因；(b)KGM；(c)抽提前；(d)抽提后

通过印迹过程，MIP 分子中会形成特征识别单元，因此 MIP 的形貌也会发生改变。为此，研究了 MIP 的 SEM 照片(图 2-28)。可以看出，MIP 的粒径要比 NIP的大。也就是说，MIP 聚集的程度要比 NIP 大。这种形貌的差异可能与模板分子在印迹和抽提过程中的渗透有关。

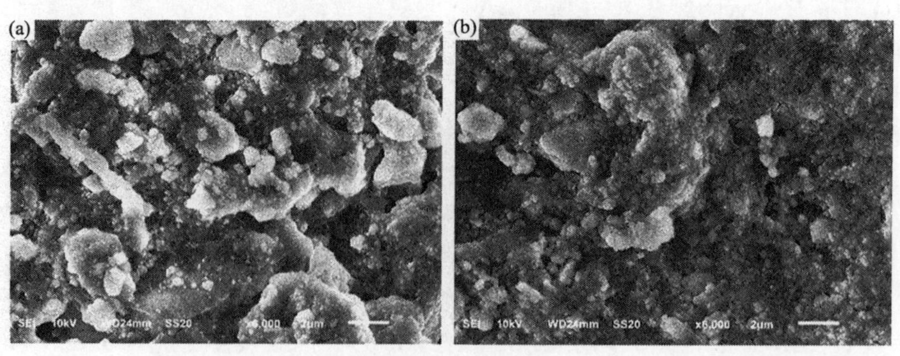

图 2-28 MIP(a)和 NIP(b)的 SEM 图

我们考察了该 MIP 对咖啡引导的吸附特性。图 2-29 为在不同浓度咖啡因条件下，MIP 和 NIP 所得的吸附等温曲线。可以看出，随着咖啡因浓度的增加，MIP 和 NIP 的平衡吸附量都随之增加，当咖啡因浓度到一定程度后，其平衡吸附量不再增加。很显然，聚合物网络中识别位点的数目是固定的，当所识别的咖啡因达到饱和后，其吸附量将不再增加。

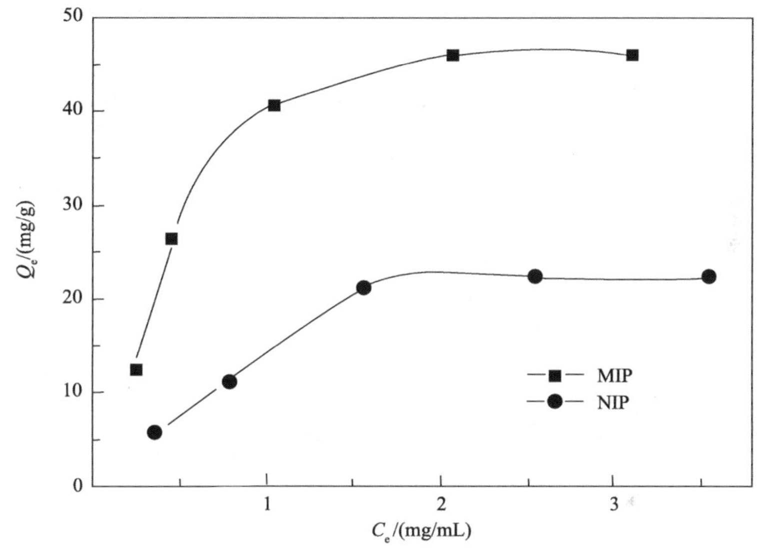

图 2-29 MIP 和 NIP 对咖啡因的吸附等温线

为了考察该体系的吸附机理，我们采用 Langmuir 和 Freundlich 方程对吸附实验数据进行了拟合。Langmuir 方程主要用于描述单分子层吸附，其表达式为

$$C_e / Q_e = C_e / Q_{max} + 1 / (kQ_{max}) \tag{2-1}$$

式中，Q_e 为平衡吸附量(mg/g)；C_e 为吸附平衡时的咖啡因浓度(mg/mL)；Q_{max} 为最大单分子层吸附量(mg/g)；k 为 Langmuir 方程的吸附平衡常数。

Freundlich 方程则主要用来描述多分子层吸附情况，其方程可为

$$\lg Q_e = (\lg C_e) / n + \lg Q_f \tag{2-2}$$

其中，Q_e 和 C_e 的物理意义与式(2-1)相同；Q_f 为最大吸附量(mg/g)；n 为吸附指数。

图 2-30 是用 Langmuir 和 Freundlich 方程拟合得到的直线。从相应拟合直线的斜率计算得到 Langmuir 的 Q_{max} 值和 Freundlich 的 n 值。另外，从直线的截距也可分别计算得到 Langmuir 的 k 值和 Freundlich 的 Q_f 的值。所得结果如表 2-1 所示。

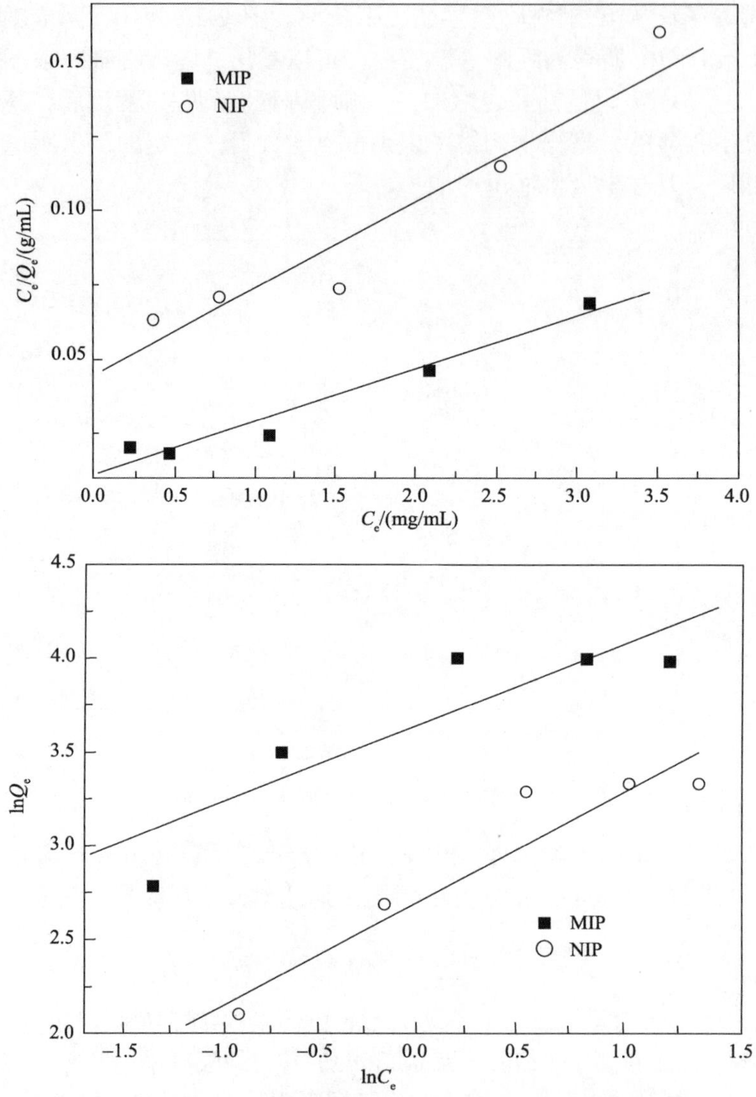

图 2-30　MIP 和 NIP 对咖啡因吸附的 Langmuir 和 Freundlich 等温线

表 2-1　MIP 和 NIP 对咖啡因吸附 Langmuir 和 Freundlich 方程的动力学参数

类别	Q_e/(mg/g)	Langmuir 方程			Freundlich 方程		
		k/(g/mL)	Q_{max}/(mg/g)	R	n	Q_f/(mg/g)	R
NIP	22.34	0.4	21.67	0.965	0.9431	5.87	0.954
MIP	45.88	1.588	62.97	0.979	1.6212	10.59	0.904

可以看出，用 Langmuir 拟合的曲线的线性相关系数为 0.979（对 MIP 来说）和

0.965（对 NIP 来说），而用 Freundlich 拟合的曲线的线性相关吸附分别为 0.904（对 MIP 来说）和 0.954（对 NIP 来说），用 Langmuir 方程拟合的结果要好。另外，通过 Freundlich 方程计算得到的 NIP 和 MIP 对咖啡因的最大吸附量均小于实验值。这表明凝胶对咖啡因的吸附行为可以用 Langmuir 方程来描述，也说明该体系的吸附属于单分子层吸附。

（五）氨基酸及多肽

目前用作模板的氨基酸及多肽有酪氨酸、丙氨酸、多肽等。

1. 酪氨酸

酪氨酸（其分子结构见图 2-31）是很多生物信使分子的前体，如肾上腺素、去甲肾上腺素及多巴胺，这类信使物质主要具有调节情绪的功能。缺乏酪氨酸容易导致抑郁。分析酪氨酸的生理浓度一般用 HPLC 法，但是该法成本高且耗时。由于这类物质具有很重要的生理功能，因此食品工业、制药企业和临床上都迫切需要能够开发可以直接检测酪氨酸的方法。

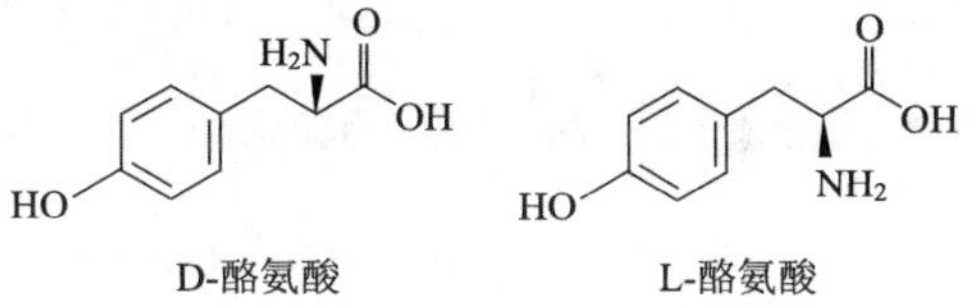

D-酪氨酸　　L-酪氨酸

图 2-31　酪氨酸的分子结构

MIT 能够识别和分离关键的生物目标分子，因此被广泛使用。Liang 等[29]制备了一种基于聚吡咯的分子印迹聚合物用于酪氨酸的电化学传感器。从结构上，聚吡咯薄膜具有阳离子电荷，能够与阴离子模板分子产生印迹作用，从而使其具有很好的选择性。另外，从理论上，在聚吡咯膜上阴离子的吸附或反应涉及的电子释放可以用式（2-3）表示[29]。

$$PPy+A^{-} \rightleftharpoons [(PPy)^{+}A^{-}]+e^{-} \tag{2-3}$$

式中，PPy 为聚吡咯膜（polypyrrole），而 A^-为阴离子模板（anion）。因而其吸附反应能够在电化学中通过电流变化来操控。该课题组在聚吡咯薄膜表面上构建了形状互补的空腔，从而可以选择性识别两种酪氨酸对映体。通过库仑分析法来定量分析其识别行为。其选择性识别可以用图 2-32 表示。当把模板分子从 MIP 膜上抽提出去后，在聚吡咯膜的支架或骨架上出现了与 D-酪氨酸互补的空腔。采用正电位诱导吸附时，即当快速扫描时，D-酪氨酸则快速到印迹空腔重新结合。而 L-酪氨酸在很短时间内无法进入 D-酪氨酸印迹的空腔，这是由于形状和官能团的调整受到扩散限制。结果表明该印迹聚吡咯膜对 D 和 L-酪氨酸对映体有很好的选择性识别功能。

OH
NH_2
O
O^-
H_2N
洗脱
重新结合
O
X
H
N
Ni电极
(a)
(b)

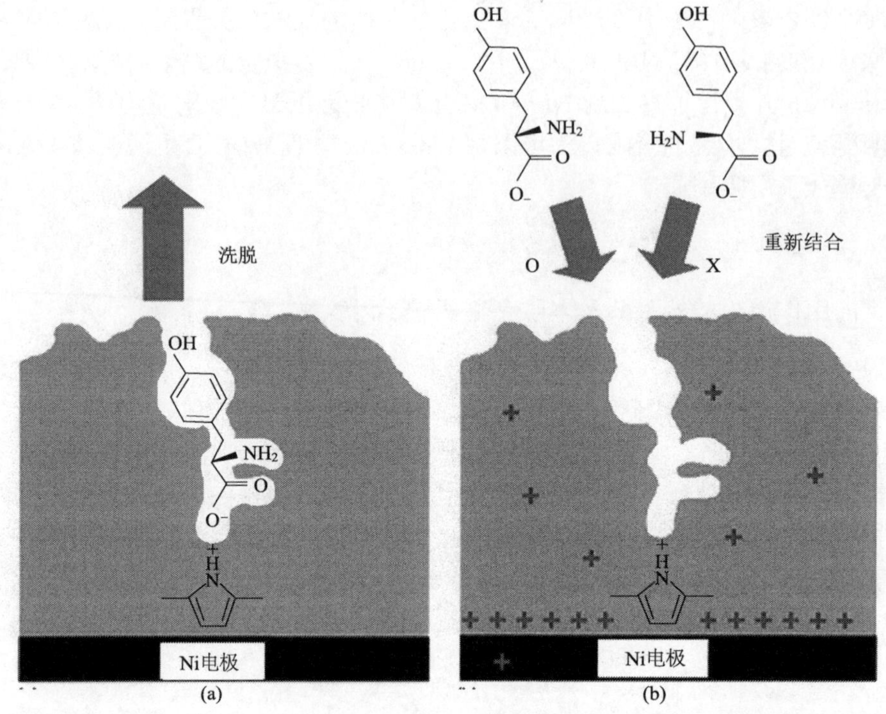

图 2-32　(a)将模板从印迹膜洗脱；(b)在正电位诱导下 D-酪氨酸重新结合的示意图[29]

2. 丙氨酸

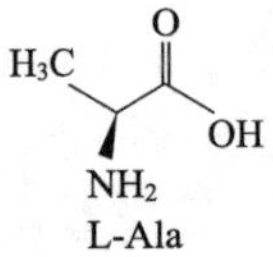

O
H_3C
OH
NH_2
L-Ala

图 2-33　Ala 的分子结构

作为形成蛋白质的 20 种氨基酸之一，丙氨酸(alanine，Ala)在许多生物样品中以比较复杂的形式存在，如在血清、唾液、尿液等都有存在(其结构见图 2-33)。因此，能够选择性识别丙氨酸的 MIT 受到人们的重视。

Zhu 等[30]制备了一种 Ala 表面分子印迹微球，即在乙烯基-二氧化硅球体表面涂上 Ala 分子印迹聚合物。在水溶液中可以很容易制备得到单分散性的直径为 300 nm 的乙烯基-二氧化硅球体，然后在乙烯基-二氧化硅表面直接制备表面分子印迹聚合物(surface molecularly imprinted polymer，SMIP)。通过检测其吸附性能，发现所得材料吸附性能很强。结合动力学较快，并且对 Ala 有很好的选择性。这说明，SMIP 能够在其表面提高结合能力和识别位点的动力学性能。SMIP 对 Ala 的吸附表现出稳定性和可重复使用性，能够 8 次循环使用。该合成产物有望用于血清、唾液和尿液中痕量 Ala 的富集和纯化。由于其具有可重复使用特性，因此可以用于 SPE-HPLC 联用技术中。这些特质使表面印迹材料有望用于化学和生化分离、传感器和药物输送等领域。

3. 多肽

1) 谷胱甘肽

谷胱甘肽(glutathione，GSH)是一种含三个氨基酸残基的三肽，其结构式见图2-34。

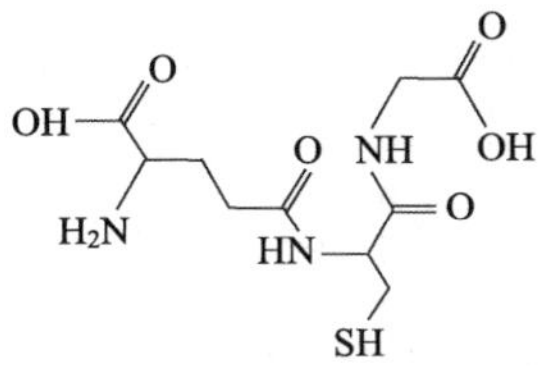

图 2-34 谷胱甘肽的化学结构

它由谷氨酸、半胱氨酸及甘氨酸组成，几乎存在于身体的每一个细胞。它能帮助人体保持正常的免疫系统的功能，并具有抗氧化作用和整合解毒作用，半胱氨酸上的巯基为其活性基团(故常简写为 GSH)，易与某些药物(如扑热息痛)、毒素(如自由基、碘乙酸、芥子气，铅、汞、砷等重金属)等结合，而具有广谱解毒作用。GSH 具有广谱解毒作用，不仅可用于药物，更可作为功能性食品的基料，在延缓衰老、增强免疫力、抗肿瘤等功能性食品广泛应用。现在已经有几种方法如荧光分光光度法、色谱法、毛细管电泳法等用来分析生物体中的 GSH。由于 GSH 一般都是在复杂体系中以低浓度存在，因此开发新型、简单、快速检测 GSH 的方法很有必要。

Dincer 和 Zihnioğlu[31]用 GSH 作为模板，1-乙烯基咪唑作为功能单体，EGDMA 作为交联剂，在二甲亚砜(dimethyl sulfoxide，DMSO)中制备了 GSH 分子印迹聚合物。GSH 分子中既有氨基，也有羧基，因此理论上在预聚合的溶液中可以与功能单体形成离子键和氢键。在印迹过程中，极性溶剂会影响模板和功能单体之间相互作用的强度和数量。大多数多肽在有机溶剂中的溶解性较差，它们只能较容易地溶解在水和甲醇中。因此，使用极性质子性溶剂是不利的，因为它们易在溶液中形成氢键。GSH 的亲水性较强，因此不易溶解在大多数有机溶剂中。而在该体系中，GSH 能够溶解在 DMSO 中，后者是一种非质子性溶剂。因此，DMSO 可以阻止 GSH 和功能单体之间的氢键的形成。GSH 有两个羧基，因此在 DMSO 中可以与 1-乙烯基咪唑形成离子键。聚咪唑的碱性(pK_b=5～6)在强碱(如胺)和弱碱(如酰胺和醚)之间。不像胺类化合物，咪唑单元不会在较低 pH 中完全质子化。在生理 pH 范围内，含有咪唑单元的两性聚电解质往往会表现出特殊性能，因此它们可以用在生物分离中以及用在生物活性化合物的设计中。

2) 血管紧张素Ⅰ与Ⅱ

血管紧张素Ⅱ(angiotensinⅡ，AngⅡ)是一种主要的生物活性多肽，在肾素-

血管紧张素-醛固酮系统中主要负责激活如 G-蛋白衍生第二信使在内的信号分子。该激活作用主要通过血管紧张素Ⅱ1 型受体(angiotensin Ⅱ type 1，AT_1)导致血管重构而完成。Ang Ⅱ的过度表达会引起高血压和动脉粥样硬化等心血管疾病的发生。血管紧张素Ⅰ(angiotensin Ⅰ，AngⅠ)是一种底物肽，用于形成血管紧张素Ⅰ转化酶(angiotensin Ⅰ converting enzyme，ACE)，而后者通过断裂形成 Ang Ⅱ。在目前技术条件下，治疗患有 Ang Ⅱ过度表达的患者需要控制 ACE 抑制剂或 AT_1 受体拮抗剂。但是，这种治疗会导致一些副作用，如出生缺陷以及眩晕，或者甚至会出现严重的副作用，如肾衰竭或白细胞减少。因此采用另外的特异性捕获系统以减少这类肽在体内循环是很有意义的。要达到这个目的，一个方法就是构建一个人工受体来模拟生物体内的识别过程。

Yu 等[32]报道了一种用于识别和中和 AngⅠ和Ⅱ的 MIP-纳米凝胶血管紧张素受体的研究。首先，该课题组根据 AngⅠ和Ⅱ的结构，用计算机模拟手段设计了三种三肽化合物作为模板，然后考察 AngⅠ和Ⅱ作为血管紧张素受体的一般特异性决定因素，优化了这三种模板的构型。A_T 是常见 AngⅠ和Ⅱ的 N-末端三肽模板，由天冬氨酸-精氨酸-缬氨酸组(Asp-Arg-Val)组成；B_T 是 AngⅠ的 C-末端三肽模板，由苯丙氨酸-脯氨酸-亮氨酸(Phe-His-Leu)组成；C_T 则是 AngⅡ的 C-末端三肽模板，由组氨酸-脯氨酸-苯丙氨酸(His-Pro-Phe)构成。计算发现在 A_T 的 N-末端区域有分子间氢键存在，这表明 A_T 呈现三角锥结构，要比 B_T 或 C_T 更具有刚性。这意味如果用 A_T 作为模板制备 MIP，其构型更加稳定，因此 MIP-纳米凝胶血管紧张素受体的尺寸和形状更易形成。他们优化了三种设计的模板与丙烯酸(acrylic acid，AA)的结合位点，并计算了其结合能。对于这三种模板来说，当 A_T-AA 以 1∶6（物质的量之比）化学计量结合时，其结合能最大(ΔE=−350 kJ/mol)，即形成最稳定结合位点。这些结果表明，A_T 是用于构建 MIP-纳米凝胶血管紧张素受体的最佳候选化合物。基于以上对人工受体-配体的相互作用的热力学和动力学分析，该课题组选择 A_T 作为分子印迹的模板。

然后，他们对功能单体进行了选择。在生物体系中，蛋白质分子中精氨酸侧链的氢键和静电作用是稳定蛋白质和多糖或者与其他蛋白质构象的关键作用。在该工作中，他们选择 AA 作为第一种功能单体，用以提供与 AngⅠ和 AngⅡ形成有效的结合位点；他们采用 *N*-叔丁基丙烯酰胺作为另外一种单体，用以提供受体-配体识别时的疏水作用位点，因为模板分子有疏水残基。其设计和制备过程见图 2-35。结果表明，所得受体表现出较好的细胞相容性、高选择性及高吸附能力。体内测试表明该受体能够阻止 AngⅡ与 AT_1 受体的结合。该研究有望为高血压的治疗提供一种新途径。

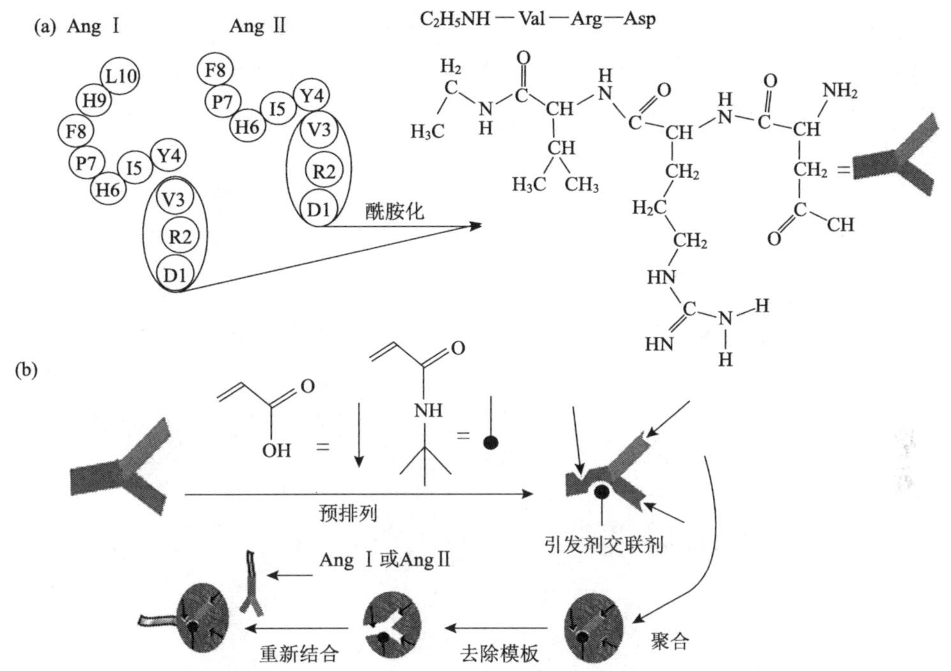

图 2-35 模板分子的设计与合成(a)及分子印迹及识别过程(b)[32]

3)环状四肽化合物

构象约束环状多肽化合物一般含有 *β*-转角结构，人们设计和研究这类物质主要用来考察结合受体的构象。在一个环状四肽环(cyclic tetrapeptide，CTP)中，*α*-C(*i*)与 *α*-C(*i*+3)之间的距离小于 7 Å，刚好适合金属离子螯合或者在各侧链之间结合小分子。虽然环状四肽化合物已经被分离出来而且其结构已经被表征，但是合成其没有功能侧链的衍生物仍然很困难。最典型的例子是抗增值剂(antiproliferative agent)：环-(脯氨酸-亮氨酸-脯氨酸-亮氨酸)[*cyclo*-Pro-Leu-Pro-Leu)]，以及酪氨酸酶抑制剂(tyrosinase inhibitor)：环-(脯氨酸-缬氨酸-脯氨酸-缬氨酸)[*cyclo*-(Pro-Val-Pro-Val)]。环-(脯氨酸-亮氨酸-脯氨酸-亮氨酸)的环骨架呈现顺-反-顺-反构象。计算结果表明，其可以形成全反式环状肽。但是更多的新型结构没有报道。各种大环(不只是含有 *β*-转角结构)已经可以通过固相法制备出来。虽然，高度约束性 CTP 还没有得到，但是 CTP 状分子(*β*-转角类似结构)是很重要的底物，它们一般主要用于与蛋白质目标相互作用。在高通量筛选这些类似化合物时往往会发现命中率是很低的，因此改善 CTP 的大环化方法是很有必要的。

Tai 和 Lin[33]选用了 5 种四肽：脯氨酸-脯氨酸-脯氨酸-脯氨酸、甘氨酸-甘氨酸-甘氨酸-甘氨酸、苯丙氨酸-苯丙氨酸-苯丙氨酸-苯丙氨酸、亮氨酸-脯氨酸-亮氨酸-脯氨酸、脯氨酸-缬氨酸-脯氨酸-缬氨酸作为模板用于 CTP 合成实验。一般地，

MIP 很少在高温下(>110℃)制备。但是，在高温条件下，线性多肽很容易采取一个转角构象，主要是由于其具有比较强烈形成顺式酰胺构象的倾向。这些形状有利于构象后续的环化过程。这种方案很有发展前景，因为该识别系统包含一个纳米尺寸的空腔(β-转角的距离约为 10 Å)。

CTP 的构建采用以下三个步骤。通过线性多肽构象转角或部分转角所形成的纳米尺寸的空腔来估算环化的产率。第一步主要构建每个四肽所需的转角空腔；第二步是将线性多肽结合在转角空腔中；第三步是多肽在其表面发生环化转变。该体系四肽诱导形成线性或转角空腔的形成过程及其环化反应的应用见图 2-36。

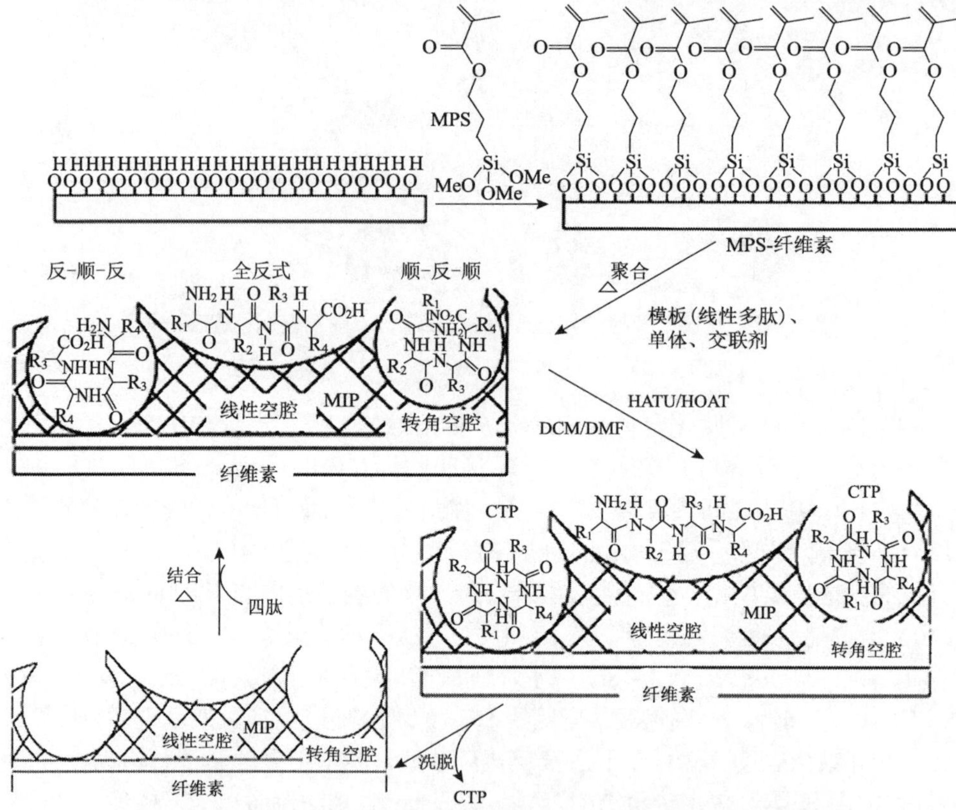

图 2-36 四肽诱导形成线性或转角空腔以及其在环化反应中的应用[33]

MPS:3-甲基丙烯酰氧丙基三甲氧基硅烷(3-methacryloxypropyltrimethoxysilane); DCM: 二氯甲烷(dichloromethane); HATU: 2-(7-偶氮苯并三氮唑)-*N*,*N*,*N'*,*N'*-四甲基脲六氟磷酸酯 *O*-(7-azabenzotriazol-l-yl)-1,1,3,3-tetramethyl-uronium hexafluorophosphate]; HOAT:1-羟基-7-偶氮苯并三氮唑(1-hydroxy-7-azabenzotriazole)

(六)糖类化合物

用作模板的糖类化合物主要有 D-果糖、D-葡萄糖。

1. D-果糖

糖类化合物在水溶液中特别是在生理 pH 范围下的分子识别是(生物)有机化学的具有挑战性的工作之一。蛋白质和核酸有很多官能团可以组合不同构象，因此其分子识别相对容易。相反，未取代的糖类化合物仅是羟基的几何方向不同而已，特别是在水溶液中，糖分子的羟基和水分子的羟基之间的竞争对其分子识别来说更是一个挑战。制备选择性材料一个简单且可行的方法就是采用分子印迹方法。对于单糖及其衍生物的 MIP 来说，其制备主要基于糖与功能单体之间的共价键、非共价或金属配位作用。其中一个困难是，在水溶液中，来自糖骨架上的羟基和水分子中的羟基会产生竞争。因此，一般采用有机介质或碱性条件下用于糖类化合物的重新结合。

将芳基硼酸用于糖类化合物的识别有很多优点。它们可以与含顺式-二醇结构的化合物形成共价键，从而形成可逆的环状硼酸酯。硼酸酯很容易在碱性介质中形成，因为额外增加的 OH^-能够与 B 原子配位从而使其缺电子性得到饱和，结果导致四面体的 B 原子的杂化状态从 sp^2 变成 sp^3。最佳键合 pH 取决于所采用的硼酸的 pK_a 和特异性的顺式-二醇化合物。一般地，在硼酸上连有吸电子基团能够降低结合的 pH。

Schumacher 等[34]报道了用果糖作为模板制备含共价键的基于苯硼唑类 MIP。

首先，制备(或购买)含乙烯基的亚硼酸类单体。其中，一种可聚合单体通过合成而得，首先用市售的 5-氨基-2-羟甲基苯基亚硼酸(5-amino-2-hydroxymethylphenylboronic acid)与甲基丙烯酰氯在碱性条件下反应，然后轻度酸化得到可聚合的苯硼唑(benzoboroxole)，其制备过程如图 2-37 所示。另外一种可聚合单体为 3-乙烯基苯基亚硼酸，购买所得。

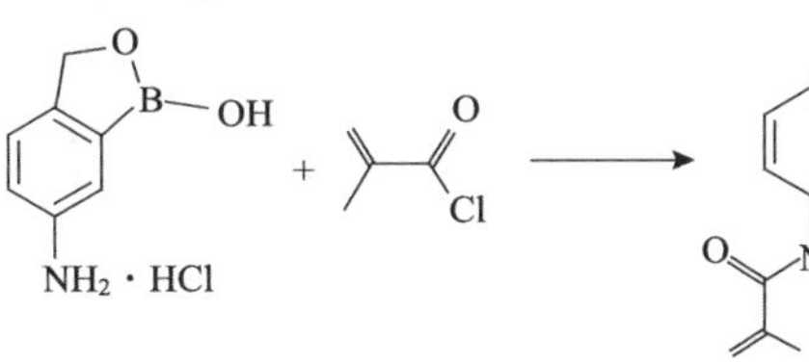

图 2-37　可聚合功能单体苯硼唑的制备过程[34]

然后，制备功能单体(用两种单体)-模板复合物，模板采用果酸，其复合过程见图 2-38。

最后，模板-单体复合物与交联剂三甲氧基丙基三甲基丙烯酸酯(trimethylolpropane trimethacrylate，TRIM)在引发剂 AIBN 的作用下聚合。当聚合完成后，用甲醇/水混合溶剂将果糖洗脱干净(用比色法测定果糖)，即得果糖 MIP，其 MIP 制备过程如图 3-39 所示。

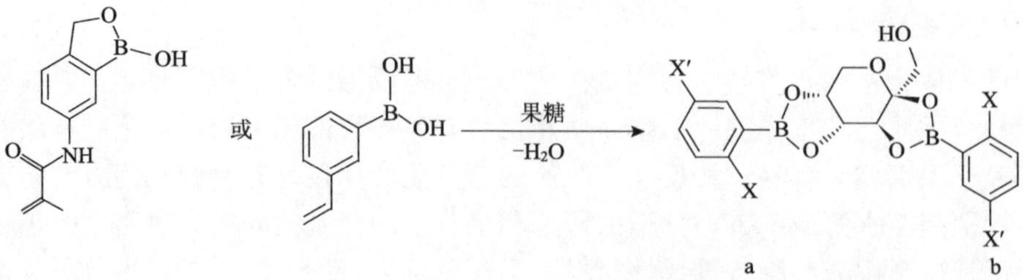

a.X=CH₂—OH; X′=甲基丙烯酸酰胺基
b.X=H; X′=乙烯基

图 2-38 功能单体-模板复合物的形成过程[34]

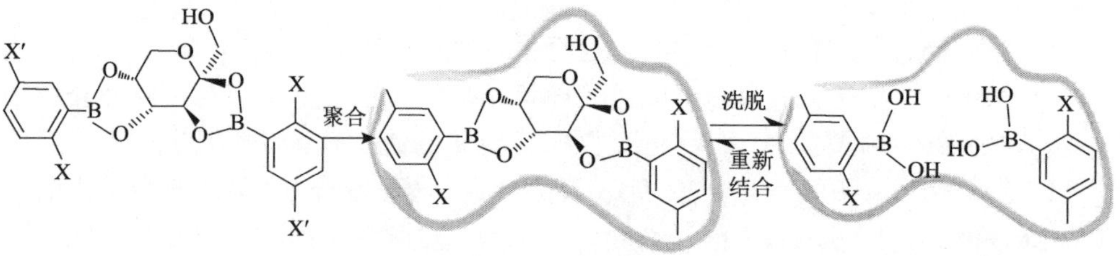

图 2-39 果糖 MIP 的制备过程[34]

2. D-葡萄糖

全球共有数亿患有糖尿病患者，其并发症可以导致失明、截肢甚至肾衰竭等。频繁测试血糖水平以及在适当的时候补充胰岛素能够减少胰岛素依赖型糖尿病的并发症。简单且准确地检测血液中葡萄糖浓度是任何糖尿病治疗的基础。几乎所有商用葡萄糖传感器的工作原理都是先用葡萄糖氧化酶将葡萄糖催化氧化，然后检测其产物而得。酶基传感器来自检测血液中葡萄糖的浓度对于数亿发展中国家的糖尿病患者来说实在是太贵。尽管人们作了大量努力，可靠的能够连续检测血糖浓度的装置还是没有出现。酶基传感器的局限在于容易被生物样品的其他组分(如不明的抑制剂和灭活剂等)干扰，从而降低了体内酶的潜在免疫的敏感性，增加了替代电子受体的毒性以及传感器的制造的难度(高成本)。

因此，开发稳定、无毒以及非免疫性的材料来代替传感器中的酶和抗体是很有必要的。虽然 MIT 已经大量用于小分子和大分子识别中，但是在临床样品或生物过程中(水溶液及高离子强度环境)的检测方面的报道还较少。Chen 等[35]报道了一种耐用的金属配合物聚合物，该材料能够用于复杂生物样品中葡萄糖的检测。他们采用金属配位物的离子交换来检测生物样品中葡萄糖的浓度。三氮杂环壬烷(triazacyclononane，TACN)螯合 Cu^{2+}($\lg K$=15.5，25℃)，留有两个平伏位点可以与较弱的结合配体交换(图 2-40A-1)。通过计算 TACN-Cu 配合物的物种分配发现，在 pH 高于 8 时，OH^-占据两个游离铜配位点的其中一个。而另外一个则被水分子占据。当 pH 高于 9 时，葡萄糖会快速地取代水和羟基，然后形成 TACN-Cu^{2+}-葡萄糖三元配合物(图 2-40A-3)，同时释放一个质子。采用等温滴定法可以得到 TACN-Cu^{2+}-葡萄糖三元配合物表观结合常数为(2.6±0.2)×10^3 L/mol (pH=11.25)。进一步的滴定实验表明，TACN-金属配合物与二醇的结合表现出相当的选择性，其结合情况取决于二醇的性质。例如，顺式-二醇如 1,4-酐-赤藓糖醇和葡萄糖能够很容易结合，而对于反式-二醇类，如 1,4-酐-L-苏糖醇则不结合。

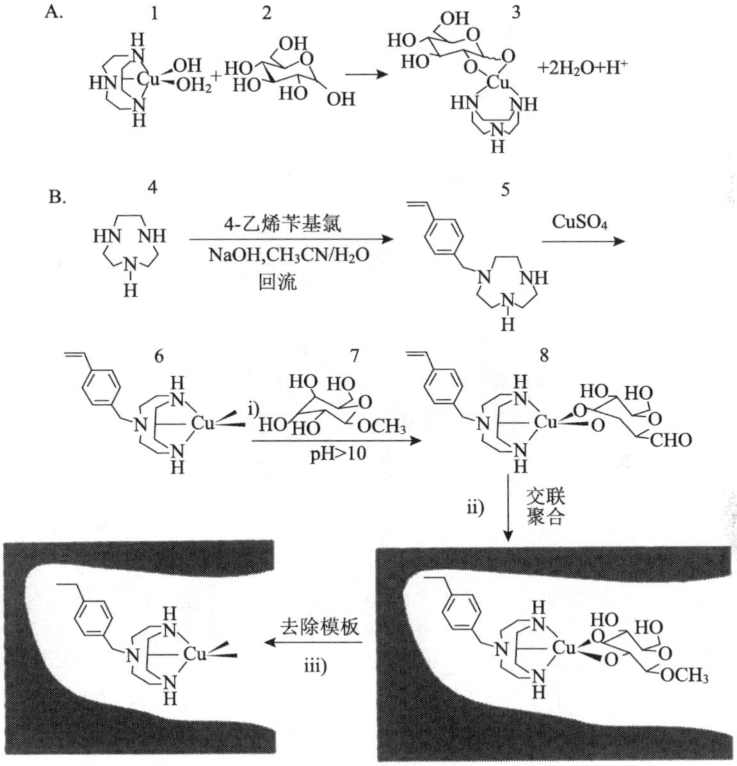

A. 1 2 3

$+2H_2O+H^+$

B. 4 5

4-乙烯苄基氯

NaOH,CH_3CN/H_2O

回流

$CuSO_4$

6 7 8

i)

pH>10

ii) 交联聚合

去除模板

iii)

图 2-40　葡萄糖与 TACN- Cu^{2+}的结合(A)和葡萄糖 MIP 的制备(B)[35]

为了使该材料能够用于生物样品中测定葡萄糖的浓度，他们通过分子印迹技术将 TACN- Cu^{2+}引入一个多孔聚合物基体中。先制备可聚合的三氮杂环壬烷的衍生物，即通过乙烯苄基氯与 TACN 在 NaOH 粉末中发生亲核取代得到 1-(4-乙烯苄基)-1,4,7-三氮杂环壬烷(styryl-TACN，图 2-40B-5)，然后添加 $CuSO_4$ 得到可聚合的 styryl-TACN- Cu^{2+}配合物。单体与模板(甲基-β-吡喃葡萄糖)分子按计量形成复合物，加入交联剂 MBAM，然后聚合得到多孔状固体聚合物。将固体物碾成粉末，然后洗涤除去模板分子即得葡萄糖分子印迹聚合物，其整个制备过程如图 2-40 所示。

二、生物大分子

(一)溶菌酶

溶菌酶(lysozyme)又称 *N*-乙酰胞壁质聚糖水解酶，溶菌酶是其在酶家族中的一个名称。用于破坏细菌细胞壁的肽聚糖残基的是 *N*-乙酰胞壁酸和 *N*-乙酰葡糖胺的 β-1, 4-糖苷键。由于有这个特性，溶菌酶被称为身体的自身抗生素。溶菌酶的主要来源之一为鸡蛋白，其含量大约为 3.5%，当然其他体液如眼泪、唾液中也含有。鸡蛋清溶菌酶的带状三维结构见图 2-41。

图 2-41　鸡蛋清溶菌酶的三维带状结构图[36]

溶菌酶是一种相对较小的蛋白质(M_w：14.3 kDa)，分子链上只含有 129 个氨基酸残基，其等电点是 11.0。溶菌酶也是一种具有商业价值的酶，在许多领域都有应用，如用作牛奶产品中的食品添加剂，用于提取细胞内细菌产物的细胞破碎剂等。溶菌酶的潜在抗癌活性已经开始体外(*in vitro*)和细胞实验。溶菌酶也作为多种疾病(如结核性脑膜炎、神经性梅毒、霉菌性脑膜炎、白血病及各种肾病)诊断的一个指标。实施这些应用都需要对溶菌酶开发比较高效、性价比高的分离和监测手段。因此，对于溶菌酶有特定识别位点的聚合物能够用于监测溶菌酶的浓度和相关疾病的诊断。

Cao 等[37]采用表面印迹技术制备了聚合微球用于溶菌酶的识别。采用反相悬浮聚合将 *N*-乙烯基吡咯烷酮(*N*-vinylpyrrolidone，NVP)和甲基丙烯酸-2-羟基乙酯(2-hydroxyethyl methacrylate，HEMA)共聚交联得到 HEMA/NVP 微球，然后用甲基丙烯酰氯[methacryloyl(MAO) chloride]与 HEMA/NVP 微球表面的羟基发生酯化反应，得到改性的 MAO-HEMA/NVP 微球，其表面有大量可聚合的双键。然后，在模板分子溶菌酶的存在下，用 $K_2S_2O_8$-$NaHSO_3$ 作引发剂，MAA 作功能性单体，交联聚合在 MAO-HEMA/NVP 微球表面，从而在表面印迹上溶菌酶。当模板分子去除后(用 $NaHCO_3$ 溶液作洗脱剂)，得到了溶菌酶表面印迹材料 MIP-HEMA/NVP(其制备过程见图 2-42)。溶菌酶与 MAA 分子之间有强烈的静电作用和氢键作用，使表面印迹得以顺利实施。另外，该材料具有生物相容性，因为所选微球基体具有生物相容性，另外，该材料对溶菌酶具有特异性识别功能。

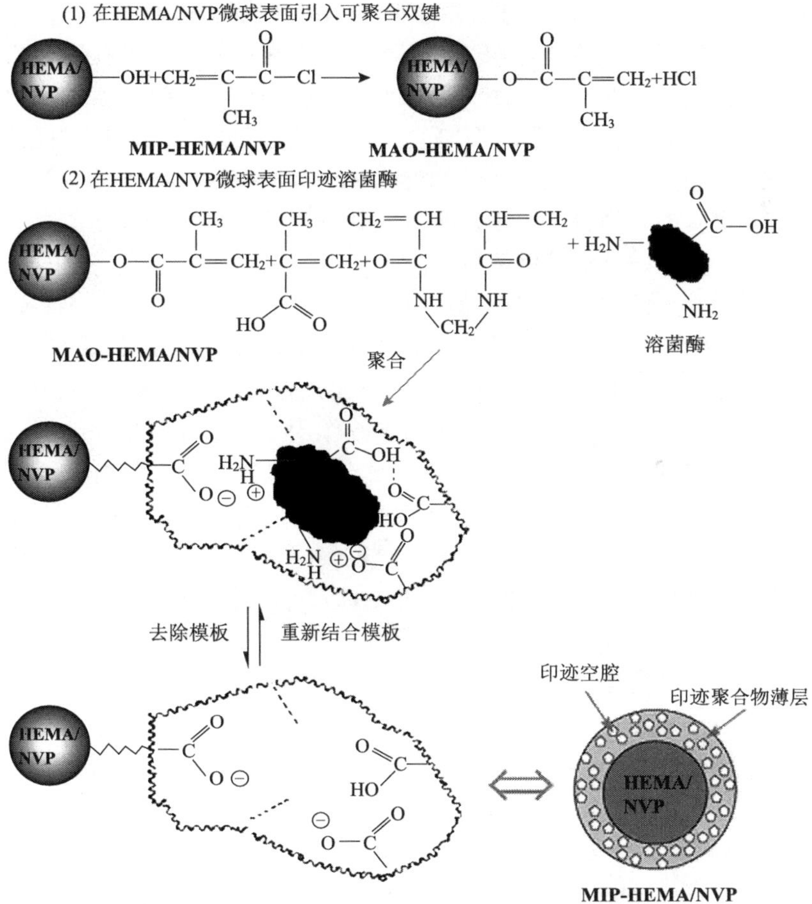

图 2-42 溶菌酶表面印迹微球的制备过程[37]

(二)腺苷

核苷是核酸碱基环上的 N 原子与核糖或脱氧核糖的 Cl 原子相连的衍生物。它们可以被400多种不同的酶(如甲基转移酶和连接酶)改性为50多种转运核糖核酸（transfer ribon ucleic acid，tRNA）转录后的产物。因此，tRNA 含有少量改性核苷。对核苷可能的改性包括碱基部分的烷基化、糖基部分的甲基化、杂环化合物的异构化、还原、巯基化、脱氨基作用等。假尿嘧啶核苷的形成，将糖基和碱基部分连接起来的 C—N 键被 C—C 键取代。正常的核苷代谢后形成尿酸、β-丙氨酸以及 β-氨基异丁酸，因此其在尿中的浓度是很低的。另外，由核糖核酸酶和磷酸酶分解 tRNA 所得核苷改性物不能在核酸的制备中重新使用，它们从细胞中排到血液中，最后从尿中直接排泄出去。因此，尿液中这些物质的水平就是 tRNA 降解速率的一个指标。对于癌症患者来说，RNA 的周转量远高于健康人，这样就导致其在尿液中改性物的浓度要高。人们关注尿液中核酸降解物已经将近一个世纪，但是，直到 1959 年，随着尿核苷的发现，它们在诊断中的潜在应用才重新被认识。改性核苷受到深度研究，因为其尿液中有不同种类癌症的生物标记物，这些癌症涉及乳腺、甲状腺、膀胱、肾脏、子宫、前列腺、大肠、肺、肝脏、食管、脑及血液等。另外，尿液中核苷改性物的水平也与癌症病发的程度有关。同时，尿液中核苷类物质的提高也与其他病有关，如艾滋病、囊性纤维化及由于腺苷脱氨酶缺乏导致的重症联合免疫缺陷等。

Mikulska 等[38]设计了腺苷及其衍生物(相关结构见图 2-43)聚合物/硅胶杂化分子印迹材料，用于复杂条件下腺苷的选择性吸附。通过在亚微米级二氧化硅凝胶表面涂上含有胸腺嘧啶的聚合物薄层形成吸附剂。该吸附剂是一种有机-无机杂化材料。无机二氧化硅凝胶颗粒主要起到支撑作用。有机部分是聚电解质，采用层层叠加的方式在无机粒子表面形成超薄聚合物层。由于二氧化硅的 ζ 电位是 $-(75.1\pm0.9)$ mV，只有预先涂覆了阳离子 PAH 后[其 ζ 电位是 $+(33.3\pm1.0)$ mV]，含有胸腺嘧啶生色团的聚阴离子才能吸附在颗粒表面。通过不同涂层，得到两种吸附剂(即无机颗粒涂有 A25M 和 PAH/ADT10 涂层，见图 2-44)。这两种吸附剂可以用作 SPE 或 HPLC 的固定相。

他们所采用的含胸腺嘧啶的涂层有两种(图 2-44)。在聚合物链上的胸腺嘧啶能够提供两种功能：首先，胸腺嘧啶分子中的碱基与腺苷分子中的腺嘌呤结构形成较强的氢键(通过 Watson-Crick 相互作用)，结果导致含有胸腺嘧啶的聚合物层有望通过氢键可逆地吸附腺苷。其次，在紫外光的引发下胸腺嘧啶能够发生光聚合反应。两种胸腺嘧啶生色团连在两种不同聚合物链上，如果两者的距离足够短且处于合适的构象就可以发生光聚合反应。因此，引发含有胸腺嘧啶生色团的聚合物就可以形成光交联涂层。可以将含 ADT10 或者 PAH/ADT10 聚合物层涂在石英片上，引发光聚合后，再测量其吸光度就可以证明以上结论。位于 270 nm 的吸收会下降，表明胸腺嘧啶发生了光聚合反应，因为胸腺嘧啶二聚体在此波长上不产生吸收。在引发时，如果模板分子被二氧化硅凝胶吸附，光交联会导致模板分子印迹在体系中。将模板分子去除，就会在聚合物涂层中形成空腔，该空腔与模板分子在尺寸和形状互补。由于在颗粒表面形成了薄的印迹涂层，因此重新吸附模板是很容易的，与本体分子印迹聚合比较起来，其吸附过程是很快的。

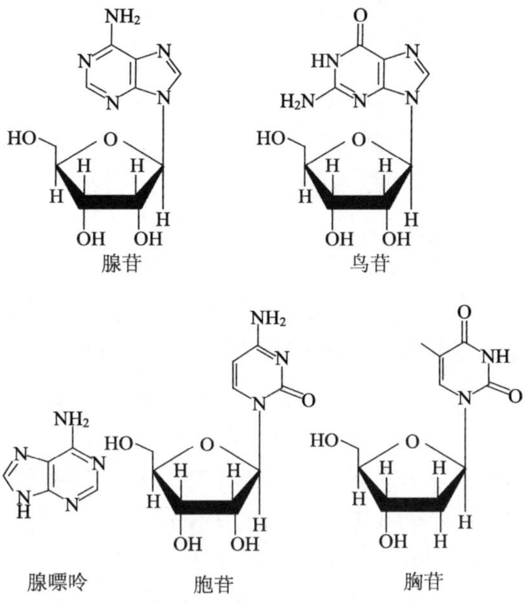

腺苷　鸟苷

腺嘌呤　胞苷　胸苷

图 2-43　腺苷及部分衍生物[38]

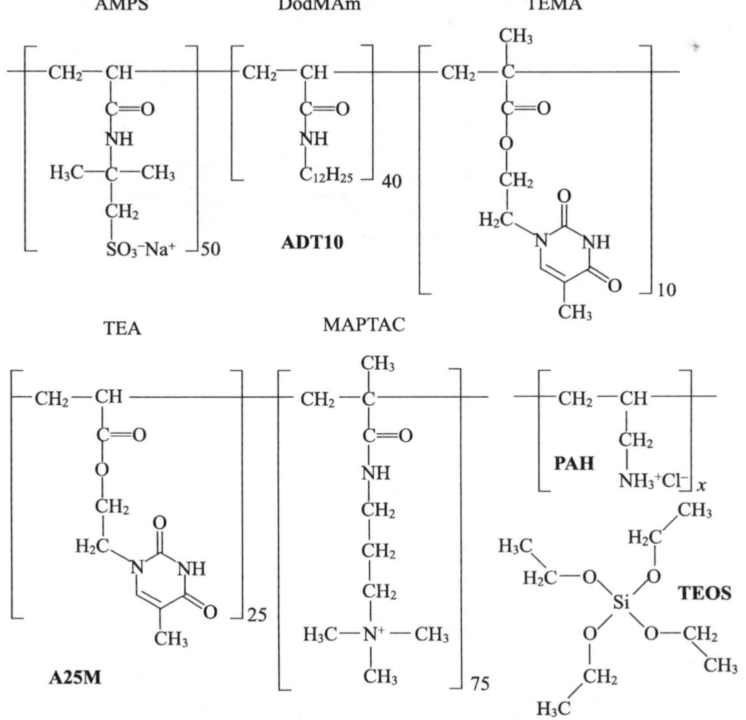

图 2-44　两种聚合物涂层的结构[38]

（三）3′,5′-环磷酸腺苷

3′, 5′-环磷酸腺苷（3′,5′-cyclic monophosphate，cAMP）是由于某些激素或其他分子信号刺激激活腺苷酸环化酶催化腺苷-5′-三磷酸（adenosine-5′-triphosphate，ATP）环化形成的。cAMP 是细胞内参与调节物质代谢和生物学功能的重要物质，是生命信息传递的“第二信使”。其信号的继续传递依赖于蛋白激酶 A（protein kinase A，PKA）。作为激素的第二信使，在细胞内发挥激素调节生理机能和物质代谢作用，能改变细胞膜的功能，促使网织肌浆质内的钙离子进入肌纤维，从而增强心肌收缩，并可促进呼吸链氧化酶的活性，改善心肌缺氧，缓解冠心病症状及改善心电图。此外，对糖、脂肪代谢、核酸、蛋白质的合成调节等起着重要的作用。

Wandelt 等[39]用传统功能性单体如 MAA 和荧光性单体如反-4-[对-（*N*, *N*-二甲氨基）苯乙烯基]-*N*-乙烯苄基氯化吡啶{*trans*-4-[*p*-（*N*, *N*-dimethylamino）styryl]-*N*-vinylbenzylpyridinium chloride，vb-DMASP}、EGDMA 作交联剂、AIBN 作引发剂，制备了 cAMP 分子印迹聚合物。其制备过程如图 2-45 所示。

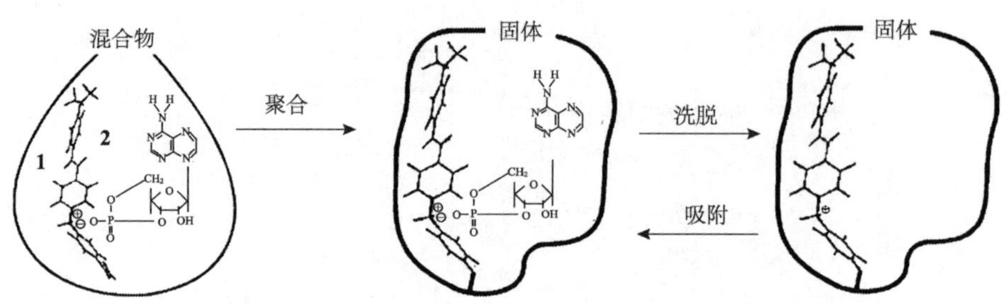

图 2-45　印迹形成过程：荧光受体（1）和核苷酸（2）[39]

由于采用了荧光剂功能性单体，该单体与核苷酸的作用会影响其荧光性能，从而使该聚合物可以通过自身的官能团调节其荧光信号。键合在固态基体上的生色团会产生荧光信号，而该信号的改变会反映其所处局部环境的变化情况。一般地，液态溶液中物质与聚合物刚性体系的物理和（或）化学作用，会导致在聚合物基体中染料分子的光学性质发生改变。在某些情况下，生色体与聚合物的静电作用及刚性芳环的堆积作用会有利于发光效率的增加，在某些情况下，导致荧光发射的猝灭，通过选择特殊的官能团和目标底物可以提高短程相互作用，ATP 被认为是生物组织里能量转移的“货币的分子单元”（molecular unit of currency）。当其末端的高能量磷酸键水解后，则可以为生理活动（如肌肉收缩、神经兴奋、主动运转以及蛋白质和核酸的合成等）释放能量。ATP 能够快速分解，因此，它不能在有机组织中储存，体内必须持续生成 ATP 以满足细胞能量需求。现在检测生物体内 ATP 的含量一般采用间接法。在活细胞的细胞质中，ATP 的浓度约为 1 μmol/L。因此，在这样低水平下，选择性检测 ATP 在生物研究中是很重要的。ATP 的细胞浓度如果是腺苷-5′-二磷酸(adenosine-5′-diphosphate，ADP)的千倍以上，则对其检测是很方便的。

vb-DMASP 衍生物的荧光与具有给体-受体的取代二苯乙烯有关。他们考察了黏度和极性对染料的荧光发射量子产率的影响。结果发现，该染料表现出较强的溶致变色行为，而且荧光行为对环境相互作用很敏感，而该性质则可以方便地用在聚合物传感器的光信号。与其他印迹过程一样，vb-DMASP 生色体位于分子空腔中(图 2-45)。对于本体聚合所得 MIP 来说，其荧光猝灭率大约是初始的 16%。但是，只有约 18%的聚合物能够结合模板分子，而且，当把聚合物碾碎后，粒子表面上可识别的位点大幅度被破坏。为了避免机械碾磨(该处理方式属于一种常受质疑的印迹过程)，他们通过制备一种新型印迹聚合物薄膜来克服这一问题，该法更有效和更具有应用价值。

(四)牛血清白蛋白

牛血清白蛋白(bovine serum albumin，BSA)是一种具有很多生物化学应用的血清白蛋白之一。它是牛血浆的主要成分(5 g/100 mL)，而血浆中的占白蛋白总体的约 40%。它在酶反应中主要用作稳定剂，而且在许多疫苗和药物中用作载体蛋白质。在消费牛奶和牛肉时，会接触 BSA，它是一种主要过敏源。在医药工业中，为了减少患疯牛病的威胁，虽然已经采取很多措施来减少接触 BSA 的机会，但是，由于缺乏较简单的免疫方法来直接评价 BSA 或 BSA 抗体，人们对其人体免疫应答理解程度仍然很少。大量的抗狂犬病疫苗中 BSA 的含量在 ppb(ng/nL)水平。由于会导致一些复杂的神经性疾病及过敏性反应，因此高质量地检测每批次疫苗是很有必要的。根据世界卫生组织(World Health Organization，WHO)的标准，对于每个人的剂量来说，BSA 的含量必须少于 50 ng/mL。有些疾病如一种罕见的肾脏疾病即所谓膜性肾病、疯牛病、胰岛素依赖性糖尿病等都有可能与 BSA 的先期接触有关。因此，对 BSA 检测已经成为免疫学和生物分析化学一个重要研究领域。已经有很多研究涉及 BSA 的检测，具体包括荧光法、反相高效液相法、直接电分析法以及生物传感器检测。但是，这些方法中有的需要成本高的样品前处理，有的则选择性低、灵敏度差和仪器设备较贵。目前人们已经开发了大量 MIP 用于 BSA 的检测。

Prasad 等[40]采用表面暴露有乙烯基的多壁碳纳米管-陶瓷电极(mutiwalled carbon nanotubes-ceramic electrode，MWCNT-CE)，然后在其表面直接通过自由

基聚合反应制备 BSA 分子印迹聚合物。所采用的单体和交联剂都能够溶于水中。其单体为四乙烯丙三醇基-3-吗啡啉-丙酸酯丙烯酸酯(tetraethylene glycol-3-morpholine propionate acrylate，TEGMPA)，交联剂为双丙烯酰脲(diacryloyl urea，DAU)。TEGMPA 分子中含有两种官能团，一种是丙烯酸酯基(它可通过自由基聚合将 TEGMPA 连在聚合物网络上)，另外一种是叔胺(它可以在中性环境下从水中接受质子)。另外，TEGMPA 的用量略多，当其与过硫酸铵(ammonium persulphate，APS)反应后就会产生相应的自由基，该自由基会作为共引发剂(co-initiator)加快聚合过程。这样就可以制备一种水性、高灵敏度、高选择性的用于检测 BSA 的 MIP。其制备过程见图 2-46。

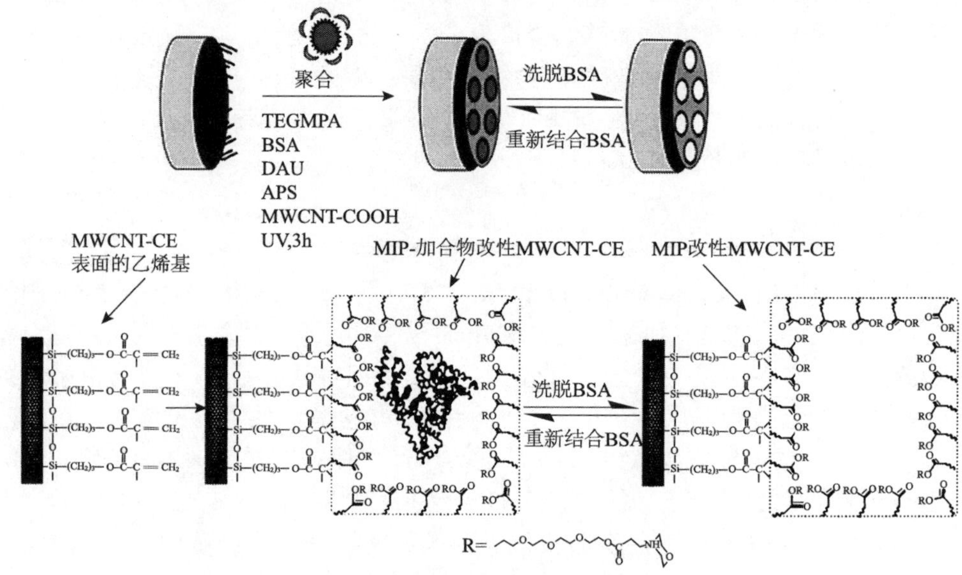

图 2-46　MWCNT-CE 改性物制作 BSA 分子印迹材料[40]

BSA 分子中最少有三个氧化还原活性氨基酸残基[半胱氨酸(cysteine，CYS)、酪氨酸(tyrosine，TYR)和色氨酸(tryptophan，TRP)]。另外，BSA 的氧化还原反应发生在 S═S 双键上。在本体系中，CYS、TYR 和 TRP 的电活性基团在 MIP 空腔中发生氢键结合，因而不能自由地参与氧化还原反应。当阳极扫描时，正电极和模板分子负电荷之间强烈的静电吸引作用，导致 BSA 分子无法从空腔中剥离出来。由于 MIP 粒子通过共价键结合在 MWCNT-CE 上，因此在阳极扫描时，MIP 加合物从中溶出的担忧可以排除。因此，BSA 的氧化反应只与双硫键有关。BSA 与 MIP 模块结合的机理见图 2-47。

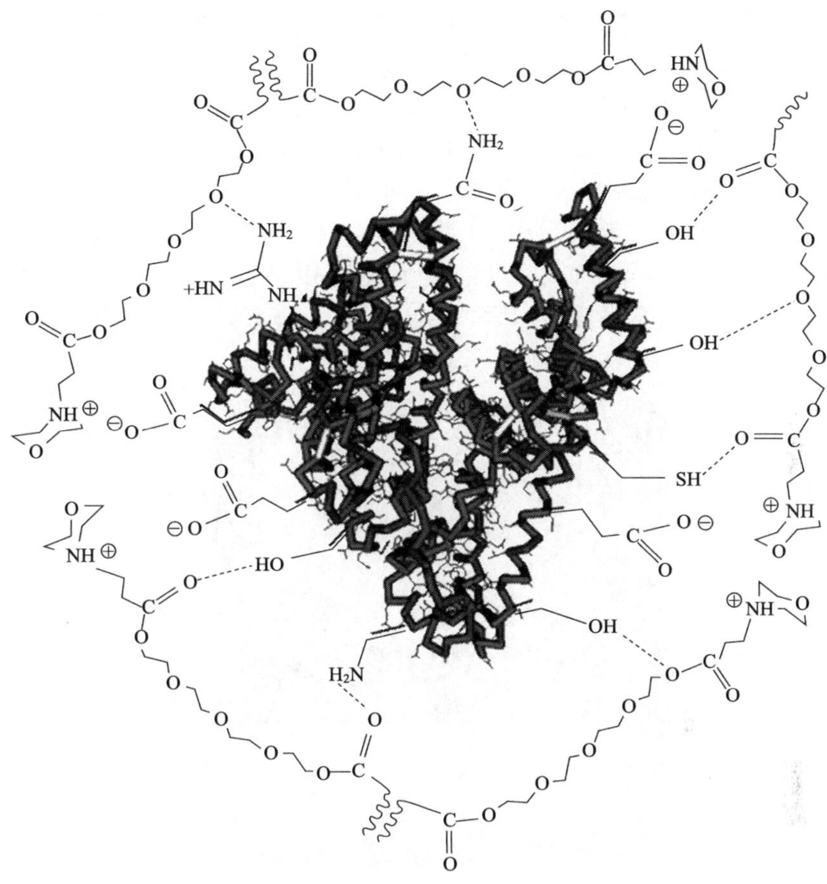

图 2-47 BSA 与 MIP 模块通过多点静电和氢键作用结合机理[40]

三、细胞和病毒

(一)烟草花叶病毒

烟草花叶病毒(tobacco mosaic virus，TMV)是一种植物病毒，其中心有一根 RNA 螺旋链，外面附有一个蛋白质外壳。它呈管状结构，外径约 18 nm、内径约 4 nm、长度约 300 nm。图 2-48 为沉积在云母片上 TMV 六聚体的轻敲式原子力显微镜(atomic force microscope，AFM)照片[41]。在较高的表面浓度时，TMV 易形成六聚体(六股顺序排列在一起)。选择该物质作为模板模型的一个原因是其很稳定，能够在恶劣环境中不会改变其构象和活性。实际上，TMV 能够承受的温度最高至 90℃，而可承受的 pH 范围为 3.5～9。由于其蛋白质壳上有功能基团，因此 TMV 能够发生很多表面作用。对此，Bittner 及其合作者[42]用 AFM 对其作了深入研究。他们发现要用 AFM 准确测量 TMV 必须在非极性表面实施，因为此时其表面-病毒的相互作用才是最弱的，这样保证病毒不变形。这是由于在蛋白质壳层的表面有大量的—OH 及—COOH 基团，而氨基和酰氨基则位于内表面。他们甚至利用这个表面化学特性在其 TMV 上涂上不同种类的无机基体。将 TMV 浸渍于乙酸铀酰中，能够选择性在两个表面富集，从而提高其在透射电镜中的对比度，而上述表面有利于结合其他金属阳离子(如 Pd^{2+}、Pt^{2+})。这样就形成了成核中心使纯金属在其表面化学沉积。为了实现金的沉积，他们采用自催化方法，用病毒作为模板，通过自组织形成特定的人造结构。另外，通过在其内部空洞沉积 Ni 或 Co 形成了直径 4 nm 的纳米线。

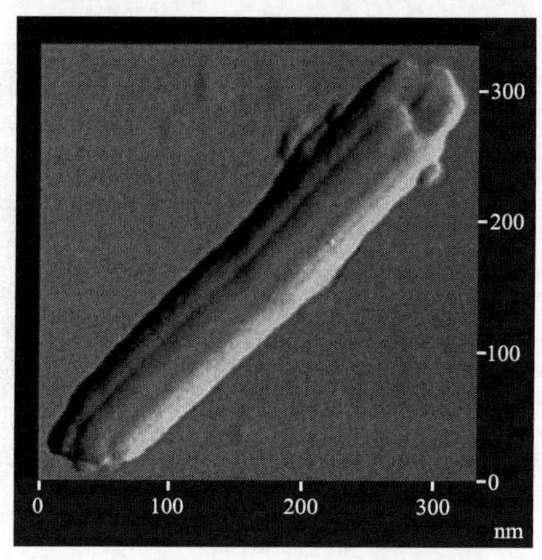

图 2-48 TMV 六聚体沉积在云母上的轻敲式 AFM 图[41]

就像上面所说的那样，TMV 具有特有的稳定性，该特性导致 TMV 是用作印迹实验的理想候选者。

Bolisay 等[43]采用聚烯丙基胺盐酸盐[poly(allylamine hydrochloride), PAA · HCl]作为聚合物基体、TMV 作为模板制备了 TMV 分子印迹聚合物材料，其制备过程见图 2-49。第一步涉及模板分子和聚合物链上单体单元的官能团间的缔合。在该体系中，这种缔合作用是非共价键结合。第二步，通过交联反应聚合物链被固定，即在模板分子周围形成一个以模板分子为模具的聚合物网络。最后一步则是将模板分子从聚合物网络中去除，从而形成一个与模板在形状、尺寸和官能团互补的空腔。静态吸附实验考察了印迹凝胶和非印迹凝胶对 TMV 和烟草坏死病毒(tobacco necrosis virus，TNV)的结合性能。对于印迹凝胶来说，其对 TMV 的吸附能力(8.8 mg/g)要高于非印迹凝胶(4.2 mg/g)。另外，印迹凝胶对 TMV 的吸附能力要比对 TNV 的吸附能力高，而非印迹凝胶对二者的吸附能力差不多。

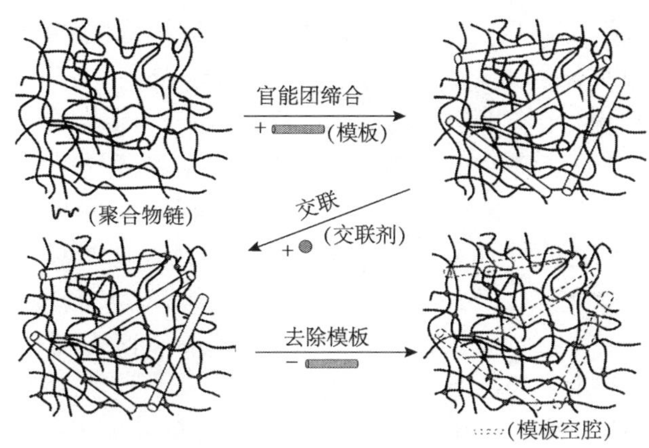

图 2-49　TMV 印迹过程示意图[43]

(二)牛白血病病毒

与所有逆转录病毒一样，牛白血病病毒(bovine leukemia virus，BLV)包膜糖蛋白对传染性有重要影响。其合成的前体可以分成两种糖蛋白：一种是外部糖蛋白(gp51)，它含有受体结合位点；另一种是跨膜糖蛋白(gp30)，它锚定在病毒膜的包膜复合物中。跨膜糖蛋白有一个融合肽，能够破坏脂质双层结构，从而使病毒进入接触到目标细胞。Callebaut 等[44]认为牛白血病病毒包膜头部结构并没有采用类似于甲型流感病毒血凝素那种典型的“果冻卷”(jelly-roll)褶皱模式，而是折叠成“希腊钥匙”(Greek-key)模式结构，其低聚部分采用类似于血凝素那种三聚体一样的结构。其结构模型见图 2-50。

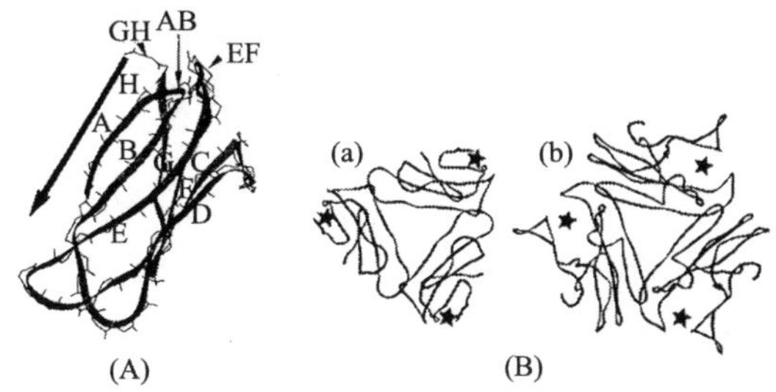

图 2-50　BLV 包膜头部模型[43]

(A)带状图表示 BLV 包膜头部模型，由 HLA-A2 α3 的域结构构成。A-G 股带分别表示由抗肽抗体中和位点所对应的两个环，这些环紧挨着位于图(B)中“★”所标记的区域，而推定的 H 股带则用箭头表示；(B)BLV 包膜头部的三聚体模型(a)和血凝素三聚体模型(b)，受体结合位点用“★”表示

Ramanaviciene 和 Ramanavicius[45]报道了一种聚吡咯(polypyrrole，PPy)基分子印迹聚合物用于直接(非标记)检测 BLV 包膜糖蛋白(gp51)。通过电化学沉积法将掺杂有 gp51 的聚吡咯(gp51/PPy)沉积在铂黑电极表面，然后把 gp51 从

聚合物骨架中去除，从而得到可以在水溶液中识别 gp51 的分子印迹 PPy。样品中的 gp51 可以采用脉冲安培检测法(pulsed amperometric detection，PAD)直接测定。用辣根过氧化物酶(horseradish peroxidase，HRP)标记的反-gp51 抗体和第二抗体作为分子印迹 PPy 的对照制备过程。采用同样的方法来检测对照样品。他们认为不仅是空腔的几何形状对于选择性结合糖蛋白有重要作用，另外一些因素也起到一定作用：①PPy 骨架的疏水特性；②PPy 的过氧化所形成的—COOH 和—CHO 的亲水性；③PPy 分子中 N 与—COOH、—CHO、—OH 基团之间的氢键。另外，gp51 的刚性和(或)规整的几何构型、静电作用和疏水作用(主要由糖苷基团决定)等则是 MIP 重新结合模板的主要因素。他们同时认为，每个蛋白质独特的电荷分布、疏水基团和亲水基团是 MIP 具有相对较强的结合能力的基础。

四、离子

现在人们已经开发了很多离子-印迹聚合物(ion-imrinted polymer，IIP)用于筛选和富集金属离子。作为模板的离子可以是一价离子、二价离子、三价离子、四价离子、含氧阴离子、含氧阳离子等，具体有 K^+、Ag^+、Ni^{2+}、Cu^{2+}、Zn^{2+}、Pd^{2+}、Pt^{2+}、Co^{2+}、Hg^{2+}、Cd^{2+}、Al^{3+}、Fe^{3+}、Ru^{3+}、Sb^{3+}、Gd^{3+}、Sm^{3+}、Dy^{3+}、Er^{3+}、Lu^{3+}、Tl^{3+}、Y^{3+}、Nd^{3+}、Cr^{3+}、Th^{4+}、CrO_4^{2-}、AsO_4^{3-}、$Cr_2O_7^{2-}$、UO_2^{2+}等。但是，当金属离子作为印迹模板时，其选择性一般较低，主要原因是金属离子有相同的电荷、相似的离子半径和性质。最近，使用金属离子和配体的配合物作为实际印迹模板是 IIP 的一种发展趋势。金属离子和配体配合物可以很容易与功能单体发生预聚合反应，聚合后通过洗脱处理将金属离子去除，可以形成一个对金属离子特异性识别位点，从而对金属离子可以高效吸附和选择性识别。

就目前发展来看，可以说 IIP 新的合成方法已经达到高度复杂的程度。另外，这些材料的应用也日益普及而且更加多样化。但是，拓宽 IIP 应用领域仍然是很重要的研究领域。当然，如何进一步提高其选择性等也是值得关注的。还有一个问题就是开发在水相中印迹的方法，因为如果印迹发生在有机溶剂，而平衡发生在水相，那么对目标分子的结合和识别机理是不同的。此外，如何提高离子在印迹聚合物中传输动力学也是今后的研究方向，为了更快地吸附和脱附，必须合成具有较快动力学速率的聚合物。

总之，IIP 可以从不同基质中选择性分离、回收和纯化目标离子，基于 IIP 的离子识别在分离科学中日益受到重视。但是仍然有许多基本问题，如吸附和脱附的动力学速率较低、不适合水溶性配体等。不过，最近人们开始尝试一些新技术如搅拌棒吸附萃取吸附、磁性粒子与印迹技术结合等，来克服 IIP 的一些不足。

(一)单价离子

1. K^+

K^+对人体具有特殊的功能，其分离与检测受到人们的重视。Rajabi 等[46]开发了一种新型 K^+-离子印迹聚合物纳米粒子用于不同水样中选择性测定 K^+。他们选择一种 18-冠-6 的冠醚衍生物[即双环己基 18-冠-6(dicyclohexyl 18C6，DC18C6)]作为 K^+的选择性配体来制备 IIP。18-冠-6 对 K^+表现出很好的选择性，这点可以从 1∶1 型阳离子-冠醚复合物在水溶液中的结合常数(lg$K$)看出：Na(0.5)、K(2.1)、Rb(1.6)和 Cs(1.0)。空腔直径和离子尺寸的相关性表明 K^+结合的稳定性提高主要由空腔的尺寸决定。通过选择合适的配合物尺寸可以提高对金属离子的选择性吸附。在该工作中，通过引入冠醚到聚合物网络，然后形成新型 IIP，最终实现其对 K^+的选择性识别、富集和检测(通过火焰光度法)。在该体系中，K∶DC18C6 复合物作为模板、MAA 作为功能性单体、EGDMA 作为交联剂、AIBN 作为引发剂。其制备过程见图 2-51。

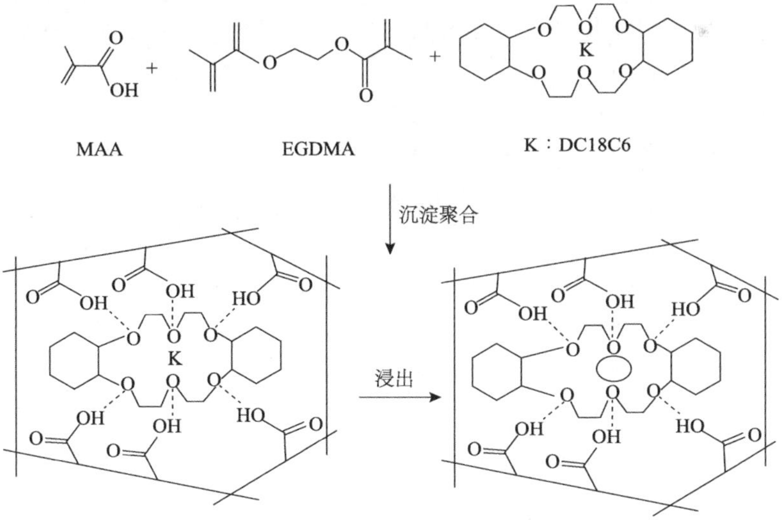

MAA　EGDMA　K∶DC18C6

沉淀聚合

浸出

图 2-51　K^+-离子印迹聚合物的制备过程[46]

从本质上来说，分子印迹策略有两种，即基于共价键或非共价键作用。基于共价键作用的印迹过程的一个重要特征是可以详细分析其印迹空腔的结构。但是，对于共价键体系来说，其对功能性单体和模板的选择很有限。对于非共价键作用体系来说，其相互作用包括氢键、静电作用和金属离子配位。最典型的非共价键印迹单体是 MAA。虽然非共价键印迹体系很简单及方便，但是每种相互作用都很弱，所以制备时必须使用大量过量的功能性单体(至少 4 倍)。只有这样才能形成大量的具有不同亲和力的结合位点。对于这两种策略来说，非共价键作用使用得更为广泛，主要原因有：①非共价键法更容易实施，从而可以避免冗长的预聚合复合物的制备过程；②去除模板分子也相对较容易，通常用连续抽提就可以完成；③可以使用非共价键的方法向 MIP 结合位点引入大量官能团。因此，在该体系中，作者采用了非共价法，即 K:DC18C6 作为模板、MAA 作为功能性单体。采用固相萃取的方法，用所合成的 K^+-IIP 纳米粒子作为选择性吸附剂用于 K^+的识别和富集，采用火焰光度法检测。结果表明，对于大量竞争金属离子来说，所得吸附剂对 K^+表现出较好的选择性吸附，并且该吸附剂使用 5 个月仍然表现出对 K^+有较强的吸附能力，即有较好的重复使用特性。

2. Ag^+

Ag 作为一种贵金属已经被人们使用数千年。它广泛地应用在摄影、电气设备、镜子、医疗和牙科设备、珠宝和艺术品、药物制剂、杀菌剂等领域。Ag 是一种轻度有毒元素，对人体的生理作用尚不得而知，但是，当剂量很大时，Ag 及其化合物会被人的循环系统吸收，然后在不同身体组织中沉积而发生银中毒，从而在皮肤、眼睛和黏膜中形成灰蓝色色素沉着。但是，人们已经认识到即使在很低的浓度下，银对水中生物仍然是有毒的。因此，检测水中和环境样品中痕量银的含量是非常重要的。到目前为止，已经有很多元素分析技术用于检测银离子，在不同的基体中，包括电感耦合等离子体发射光谱法(inductively coupled plasma optical emission spectrometry，ICP-OES)、电感耦合等离子体质谱(inductively coupled plasma mass spectrometry，ICP-MS)以及火焰和电热原子吸收光谱法(flame and electrothermal atomic absorption spectrometry，FAAS 和 ETAAS)。在这些方法中，FAAS 是最常用的，因为它很快而且操作方便。但是其最大的缺陷是基体的干扰和检测限较低。分光光度法也是相对便宜而且容易操作的方法，但是缺乏选择性，而且对痕量金属离子的灵敏度较低。因此，对于超痕量的银离子的检测，无论是 FAAS 还是分光光度法，必须经历选择性分离和富集步骤。而 IIP 技术可以实现这个目的。

Dadfarnia 等[47]制备了 Ag^+-IIP 用于银离子的萃取和富集，然后用 FAAS 对其含量予以检测。首先制备了 Ag^+-*N*,*N'*-二(亚水杨基)乙二胺配合物，采用 4-乙烯基吡啶作为功能性单体、EGDMA 作为交联剂、AIBN 作为引发剂通过自由基聚合制备了 IIP。印迹的银离子通过硫脲洗脱干净。其制备过程见图 2-52。结合 FAAS，该方法可以用于放射胶片、头发、指甲和水样品中银含量的检测。

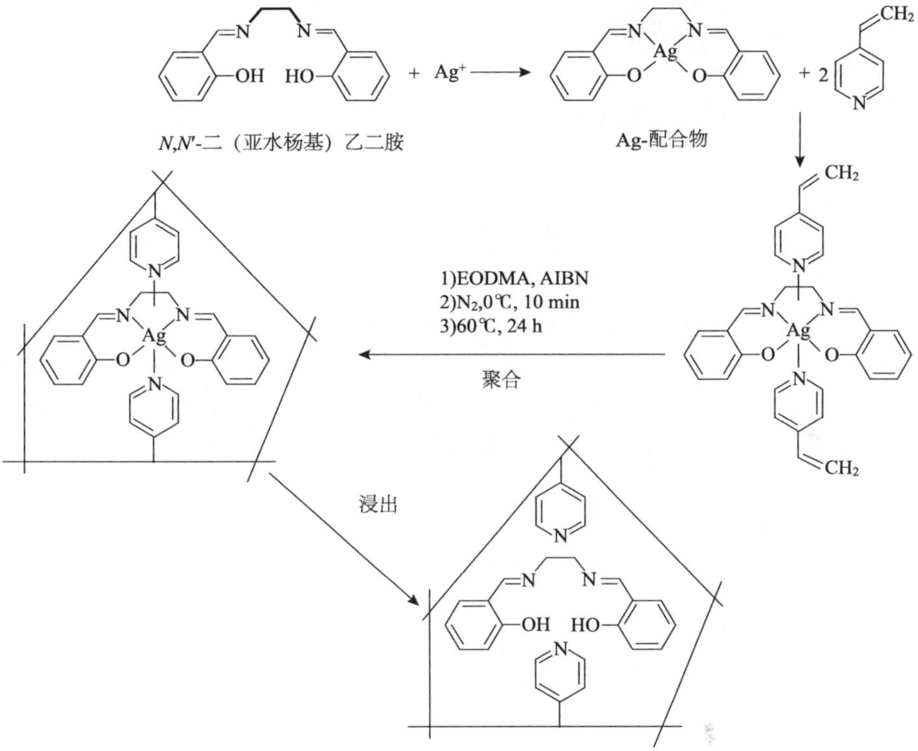

N,N'-二（亚水杨基）乙二胺　Ag-配合物

1)EODMA, AIBN
2)N_2,0℃, 10 min
3)60℃, 24 h
聚合

浸出

图 2-52　Ag^+-IIP 的制备过程[47]

（二）二价离子

1. Pb^{2+}

作为一种重金属离子，铅离子广泛用在涂料、焊料、蓄电池、水管、防辐射罩、弹药及汽油添加剂中。它是最普遍的有毒环境污染物，它会在动植物中积累，对人的健康带来威胁。人们对 Pb^{2+}的毒性已经深入研究。在 2006 年，美国“国家人体暴露评估调查”（National Human Exposure Assessment Survey）和欧洲“人体生物监测”（Human Biomonitoring）项目对人体所暴露的包括铅在内的重金属离子的量进行了研究。研究表明，铅中毒会对人的大脑、骨头、肾脏、肝脏、中枢神经系统、心血管系统、免疫系统等产生严重损坏甚至会导致人死亡。此外，铅离子会与酶或蛋白质的—SH 基团结合，然后抑制它们的活性。美国疾病控制与预防中心（Centers for Disease Control and Prevention，CDC）对人体（尤其是儿童）血液中铅含量规定的阈值是 10 μg/dL。迄今，没有证据表明铅暴露的不利影响是可以忽略的。但是，最近的研究表明对儿童来说，血液中铅含量小于 10 μg/dL 会导致许多中性问题，如智商下降、数学成绩和阅读水平下降等。基于这些发现，

人们建议重新建立一个可接受的血铅水平的阈值。因此，检测环境和生物样品中痕量 Pb^{2+}是很重要的。

Bahrami 等[48]用碳糊电极浸渍新型 Pb^{2+}-离子印迹聚合物制备了一种高选择性的电化学传感器，该传感器可用于亚纳摩尔级铅离子的检测。其制备原理是基于印迹离子与合适的配体(可聚合或不可聚合)先形成配合物，然后在交联剂和引发剂作用下形成聚合物。聚合后，用无机酸将印迹离子除去，从而在聚合物粒子中形成与印迹金属离子在形状和尺寸互补的空腔或者“印迹位点”(imprinted sites)。进而所合成的聚合物能够从稀溶液中选择性分离和富集所印迹的金属离子。

在该工作中，采用双硫腙(dithizone，Dz)作为不可聚合的捕获配体，它主要在聚合物网络中用于 Pb^{2+}的吸附/脱附。众所周知，在非水溶液中，双硫腙可以与大量金属离子形成稳定的 1∶2(金属对配体)复合物。双硫腙能够与铅反应形成紫色络合物，该络合物不溶于水，但可以溶于氯仿或四氯化碳。

实验初期，将 1 mmol 的 Pb^{2+}加入 2 mmol 的双硫腙的二甲亚砜(dimethylsulfoxide，DMSO)中，结果发现溶液的颜色由绿迅速变红，这说明在 DMSO 中双硫腙与 Pb^{2+}形成了配位物[即 $Pb^{2+}(Dz)_2$]。然后，把复合物与交联单体 EGDMA 和引发剂 AIBN 混合，通过沉淀聚合得到 Pb^{2+}-IIP。其制备过程可以用图 2-53 表示。

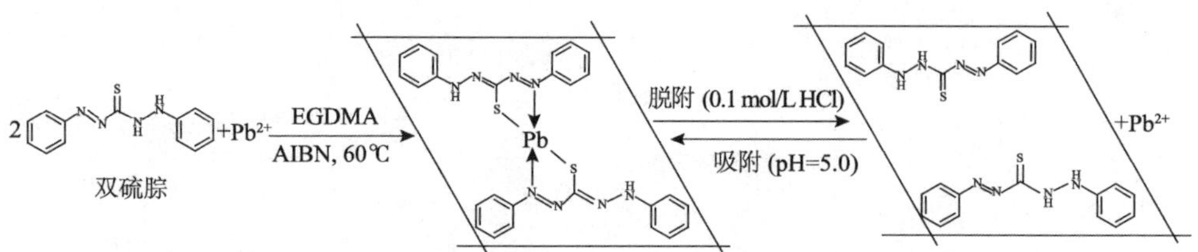

图 2-53 Pb^{2+}-IIP 的制备及其对 Pb^{2+}的吸附与脱附过程[47]

结果表明，该改性电极在 3.0×10^{-10}～1.0×10^{-9} mol/L 和 1.0×10^{-8}～1.0×10^{-6} mol/L 范围内呈线性关系，其检测限(limit of detection，LOD)为 1.0×10^{-10} mol/L (S/N=3)。当乙酸盐缓冲液的 pH 为 4.0 时，改性电极对 Pb^{2+}出现最大峰值电流。最佳富集电位和富集时间分别是−1.0 V 和 25 s。另外，他们还用该传感器对自来水和口红样品中 Pb^{2+}进行了检测。

2. Zn^{2+}

Zn 是储量第二位的过渡金属，对人的细胞代谢、基因表达、细胞凋亡、神经传导等方面发挥着重要的作用。缺锌会带来严重副作用，如会导致神经功能障碍、伤口愈合迟缓、免疫紊乱及易患皮炎等。一旦人暴露在锌过量环境也会导致锌中毒，例如单次或者短期接触锌浓度在 1.0～2.5 mg/L 的水或饮料中就出现中毒症状，如胃肠道不适、恶心、腹泻等。由于 Zn^{2+}的生物与环境影响，因此开发高效、选择性地分离、纯化和监测 Zn^{2+}一直受到人们的关注。

Shamsipur 等[49]报道了一种从不同基质中选择性分离和监测 Zn^{2+}的 IIP 纳米粒子。首先将计量的硝酸锌和螯合配体 3,5,7,20,40-五羟基黄酮溶解在乙醇-丙烯腈(2∶1，体积比)中形成锌基配合物，然后，加入 EGDMA 作为交联剂、MAA 作为功能性单体、AIBN 作为引发剂，加热发生聚合。聚合后，用 HCl 溶液洗脱除去 Zn^{2+}，进而在聚合物粒子中形成空腔。其制备过程见图 2-54。他们考察了 pH 对 Zn^{2+}重新结合平衡时间的影响，然后用火焰原子吸收光谱法检测其浓度。通过对同价态和半径的金属离子对比实验，发现该法对 Zn^{2+}有较好的选择性。另外，6 次重复实验发现其对 Zn^{2+}的结合力没有降低。该法可以用于不同实验样品中 Zn^{2+}的选择性识别和监测。

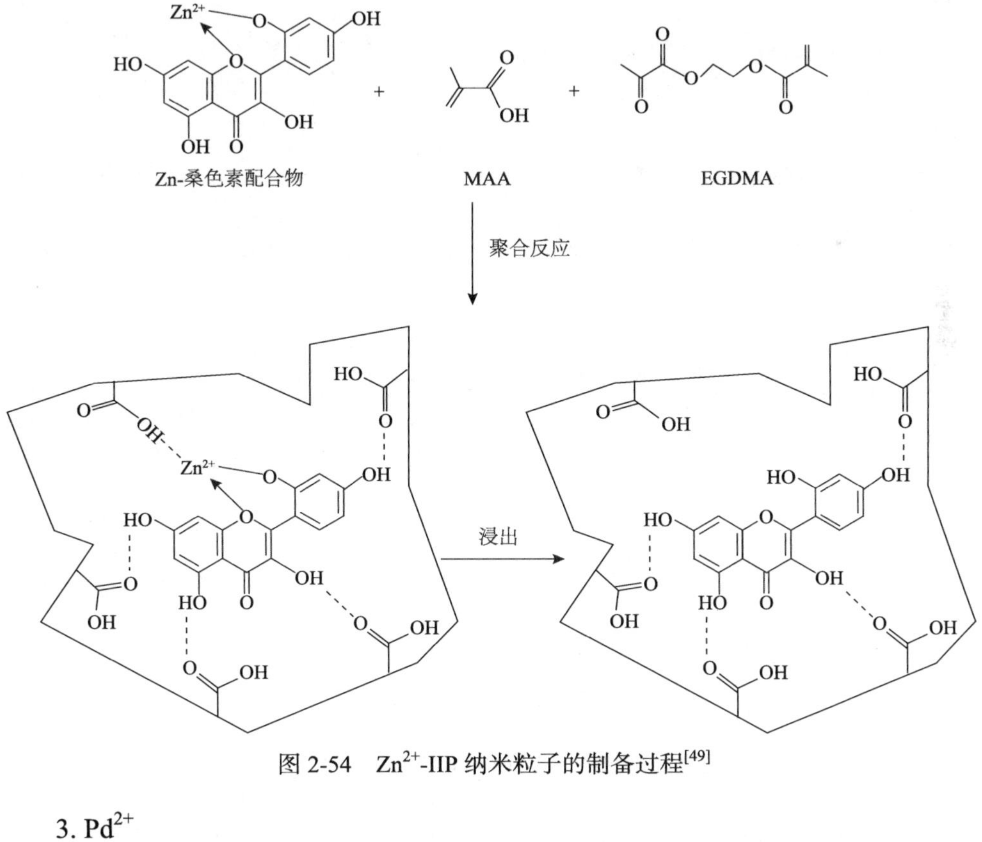

图 2-54 Zn^{2+}-IIP 纳米粒子的制备过程[49]

3. Pd^{2+}

贵金属尤其是 Pd 具有较强的耐酸性、耐热性和耐腐蚀性，因此作为贵重金属用于珠宝和一些化学仪器中。它还有很好的导电性，可以用作电触头和催化转化器。除了原生矿床外，贵金属在矿石中含量都非常低。因此，获得贵金属需要从品位很低的矿石水中浓缩。现在一般通过固相萃取的方法获得 Pd 这类贵金属。将 IIP 应用于固相萃取中可以很方便地将其从其他共存离子和配体中分离出来。

Daniel 等[50]用三种不同的喹啉衍生物：8-氨基喹啉（8-aminoquinoline，AQ）、8-羟基喹啉（8-hydroxyquinoline，HQ）及 8-巯基喹啉（8-mercaptoquinoline，MQ）分别作为配体与 Pd^{2+}和 4-乙烯基吡啶混合形成配合物。采用 2-甲氧基乙醇作致孔剂、甲基丙烯酸羟乙酯（hydroxyethyl methacrylate，HEMA）和 EGDMA 分别作功能性单体和交联性单体、AIBN 作引发剂，然后将其聚合后得到含模板的聚合物，将聚合物干燥、粉碎、过筛后用 50%（体积分数）HCl 浸渍去除 Pd^{2+}。其制备过程见图 2-55。

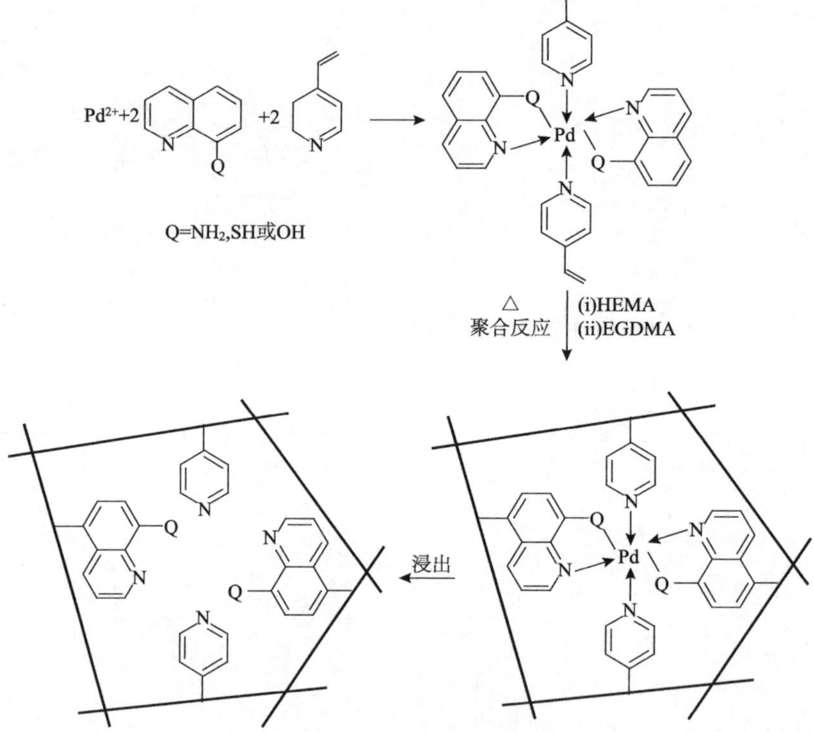

图 2-55　Pd^{2+}-IIP 材料的制备过程[50]

8-氨基喹啉是一种用于 Pd 分光光度法测试的一种选择性试剂，其在弱酸溶液中可以与 Pd^{2+}形成黄色不溶配合物。很多过渡元素和 p 区元素不会对测试产生干扰。但是，当其超过一定浓度时，其他金属离子如 Pt 和 Au 会对测试产生干扰。用 IIP 对溶液中 Pd^{2+}进行分离、富集实验。结果发现，与 HQ 或 MQ 基 IIP 相比，AQ 基 IIP 粒子具有更高的分离效率和选择效率。对含有 25 μg Pd^{2+}的 500 mL 溶液，通过富集实验，然后用碘化物罗丹明 6G 方法测定其含量，重复 5 次平行实验，结果所得的平均吸光度为 0.104，相对标准偏差为 2.25%。对 AQ、HQ 和 MQ 基 IIP 实施了重新结合实验，结果符合不同等温吸附模型，即 Langmuir(L)、Freundlich(F) 和 Langmuir-Freundlich(LF) 模型。可以用以上模型来评价其结合参数和描述其在 IIP 中的结合的本质和种类。

4. Cd^{2+}

即使浓度很低，Cd^{2+}对动物和人都是一种剧毒物质。国际癌症研究机构(International Agency for Research on Cancer)把镉列为致癌物。镉污染一般来源于食品、饮料和空气。全世界每年从镉镍电池、颜料、化学稳定剂、金属涂料和合金中消耗的镉约 15000 t，因此其使用越来越广。但是，在地质和环境样品中，镉含量水平较低，因此，对于天然水中镉离子的富集分离和监测是很有必要的。固相萃取技术是一种重要的富集分离技术。最近，将 IIP 用于金属离子的 SPE 受到人们的重视。

Zhai 等[51]合成了一种双配体试剂(2*Z*)-*N*,*N'*-2-二(2-氨基乙烯基)丁烯-2-二酰胺，将其用于 IIP 的制备，然后用于从水溶液中选择性 Cd^{2+}的 SPE。首先，Cd^{2+}与两个乙二胺基团形成配位键。然后，该配体在季戊四醇三丙烯酸酯(交联剂)和 AIBN(引发剂)作用下聚合。紧接着用 0.5 mol/L HCl 将印迹的 Cd^{2+}洗脱除去，最后干燥粉碎得到 IIP 粒子，其制备过程见图 2-56。

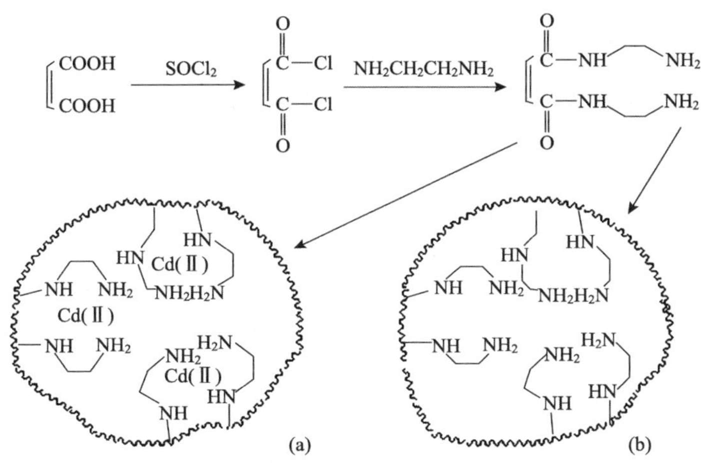

图 2-56 Cd(Ⅱ)-印迹聚合物(a)和非印迹聚合物(b)的制备过程[51]

在所筛选的条件下，用该法处理了 11 份 10 μg/L Cd^{2+} 标准溶液(100 mL)，然后同时用过柱法对其分析。该法的相对标准偏差是 2.4%，这表明该方法用于水溶液中痕量 Cd^{2+}的分析有较好的精度，对于 100 mL 样品来说，其检测限(3σ)为 0.14 ng/mL。

为了考察该方法的选择性，配制了同时含 Cd^{2+}和其他金属离子（如 Cu^{2+}、Zn^{2+}或 Hg^{2+}）的溶液，采用 SPE 方法对其处理并分析。考察 2.0 μg/L 的 Cd^{2+}溶液，结果发现即使 50μg/L 的 Cu^{2+}、Zn^{2+}或 Hg^{2+}都不会干扰 Cd^{2+}的检测，可见所得到的 IIP 粒子对 Cd^{2+}粒子有很好的选择性。

为了验证该方法具有可行性，用 GBW08608 推荐的过柱法处理 10.0 mg/L Cd^{2+}标准样品。其中，Cd^{2+}标准溶液分别稀释至 2 μg/L 和 5 μg/L。然后，用该方法处理工作溶液并检测其浓度，所得结果见表 2-2。可以看出，标准物质的分析结果与参考数据吻合。另外，将制备的 IIP 用于三种天然水样中的 Cd^{2+}的浓缩和检测（采用回收实验法），并采用同样的方法将样品溶液引入 Cd^{2+}-IIP 柱系统。从表 2-2 也可以看出，Cd^{2+}的回收率都在 97%～103%。这表明，所制备的 Cd^{2+}-IIP 可以用于水样中痕量 Cd^{2+}的固相萃取和检测。

表 2-2　实际水样中痕量 Cd^{2+}的检测[51]

样品	加入值	检测值	回收率
GBW08608	2.0[a]	1.94±0.08	97.0
	5.0[a]	4.96±0.13	99.2
湖水	0	0.30±0.07	—
	2.0	2.25±0.09	97.5
	5.0	5.22±0.10	98.4
河水	0	0.18±0.04	—
	2.0	2.15±0.08	98.5
	5.0	5.27±0.12	101.8
自来水	0	—	—
	2.0	2.05±0.05	102.5
	5.0	5.03±0.14	100.6

a. 参考值. 认证样品都准确稀释至 2 μg/L 和 5 μg/L。

5. Co^{2+}

Co 是一种自然界中重要的微量元素，根据其浓度大小，它对生物体既可能很重要，也有可能有毒害。在环境检测、食品管理、医学、毒理学和卫生学等领域中，检测生物和环境样品 Co 的含量是非常有意义的工作。火焰原子吸收光谱（flame atomic absorption spectrometry，FAAS）用于检测实际样品中 Co 含量，具有简单而且实用的特点。但是其最大的缺陷在于当 Co 含量在 μg/L 水平时，该法的灵敏度很低。如果采用富集的方法则可以克服这个局限。基于此，人们采用了不同富集/分离法来实现这个目的，这些方法包括共沉淀、液-液萃取、离子交换和螯合吸附等。由于有高回收率、较短的分析时间、较高的富集因子、较少的有机溶剂消耗量等特点，SPE 技术在痕量 Co 的富集和在 AAS 分析前消除基体的干扰等方面的应用越来越多。

Tajodini 和 Moghimip[52]采用金属离子印迹技术制备了 Co^{2+}印迹和非印迹聚合物。将 $CoCl_2$(或不含)、重氮氨基苯(diazoaminobenzene，DAAB)、4-乙烯基吡啶(vinylpridine，4-VP)(作为功能性单体)、EGDMA(作为交联剂)，在 AIBN 引发下发生共聚反应。Co^{2+}-IIP 的重复单元见图 2-57。

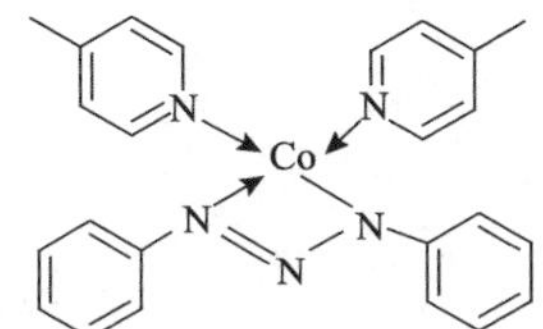

图 2-57 Co^{2+}-IIP 的重复单元[51]

采用分批和连续过柱的方式考察聚合物对 Co^{2+}离子的富集特性。结果表明 Co^{2+}-IIP 有较高的吸附能力(其吸附量为 205 μmol/g)，是非印迹聚合物的 3.5 倍，而且有较好的选择性。相比于 Zn^{2+}、Cu^{2+}、Co^{2+}和非印迹聚合物来说，Co^{2+}-IIP 中对 Co^{2+}的分配系数增加。对于 Co^{2+}/Cu^{2+}、Co^{2+}/Zn^{2+}和 Co^{2+}/Fe^{2+}来说，其相对选择性因子(α_T)值分别是 36.7、51.8 和 86.7。对于其他电解质[如 NaCl、KBr、KI、$NaNO_3$、Na_3PO_4、Na_2SO_4 和 $Mg(NO_3)_2$]的允许限量都比非印迹聚合物要提高 10～100 倍。Co^{2+}-IIP 能够使用至少 20 次，其回收率约为 96%。用该印迹聚合物制备的填充柱可以作为高选择性 SPE，从稀溶液中富集 Co^{2+}。在浓度为 0.13～25 μg/L 的范围内，该 IIP-SPE 富集方法表现出线性关系。对于 FAAS 分析法来说，其检测限为 0.05 μg/L，定量限为 0.13 μg/L。通过对含 1.0μg/L Co^{2+}的 100mL 水样的 11 次重复测定，得出其相对标准偏差为 2.6%。另外，对于自来水和雨水测试，发现当含有相似化学性质的离子(如 Cu^{2+}、Zn^{2+}和 Co^{2+})时，该法仍然能较好地完成对 Co^{2+}的检测。

6. Ni^{2+}

一般认为 Ni 对植物和家畜很重要，而且脲酶实际上是一种镍酶。但是，它也对人体组织会产生毒副作用。吸入 Ni 及其化合物会对人产生严重副作用，如会导致鼻咽、肺部和皮肤疾病以及恶性肿瘤。因此，Ni^{2+}的分离一直是人们研究的热点领域。传统的方法主要是液-液萃取、共沉淀和离子交换等方法。这些方法往往需要大量的高纯有机溶剂，而这些溶剂往往对人的健康不利，并且会产生环境污染。如前面所述，现在，SPE 技术开始大量用于金属离子的富集和分离。特别是将 IIP 与 SPE 结合的方法(IIP-SPE)受到人们的重视。

Otero-Romaní 及其合作者[53]采用沉淀聚合的方法制备了几种 Ni^{2+}-IIP 用于从海水中分离 Ni^{2+}。在 Ni^{2+}与 8-羟基喹啉（8-hydroxyquinoline, 8-HQ）存在的情况下，用 4-乙烯基吡啶或 2-（二乙氨基）甲基丙烯酸乙酯[2-（diethylamino）ethylmethacrylate, DEM]作为单体、二乙烯基苯（divinylbenzene，DVB）作为交联剂、AIBN 作为引发剂、丙烯腈/甲苯（3：1）作为致孔剂发生沉淀聚合。把聚合物装入空的 SPE 萃取柱后，用 50 mL 2.0 mol/L 的 HNO_3 溶液将聚合物中的 Ni^{2+}洗脱除去。其制备过程见图 2-58。

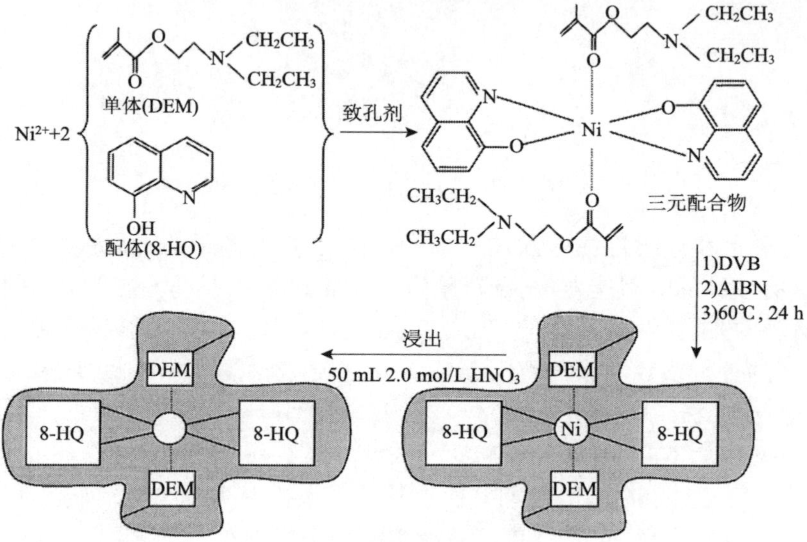

图 2-58　Ni^{2+}-IIP 的制备过程[52]

对于该体系来说，最优 pH 为 8.5±0.5，而洗脱液 2.0 mol/L HNO_3 的最优用量为 2.5 mL。聚合物的用量为 300 mg 时，250 mL 样品通过装填柱而不会达到穿透体积。因此，当用 2.5 mL 洗脱液时，预富集因子为 100。采用电热原子吸收光谱法（electrothermal atomic absorption spectrometry，ETAAS）检测 Ni 含量。该法（IIP-SPE 耦合 ETAAS）的检测限为 0.05 μg/L，而 6 次重复实验的相对标准偏差为 6%。另外，他们通过分析湖水（低盐度）和河口湾（高盐度）考察了该法的精度。

7. Cu^{2+}

Cu 是一种微量元素，它对所有的生物组织都很重要。作为几种酶的组分之一，它在氧化还原活动中参与电流和催化活动。美国国家环境保护局所发布的最高污染物水平报告规定其在饮用水中的最大含量是 1.3 mg/L。Cu 含量过高，会导致血流迟缓、低血压、黑便、昏迷、黄疸、消化道疾病。长时间暴露在含 Cu 环境中，会对肝和肾造成损伤。由于其对人类和生态系统有不好的作用，含 Cu 量高的水必须经过适当的处理。在可行的处理技术中，化学沉淀、浮选、离子交换、电化学处理、吸附及膜分离等是较常用的方法。改性天然材料、无机物、工业副产物、合成聚合物或生物高分子等都可以作为潜在的吸附剂用于重金属离子的去除。高度交联的多孔聚合物网络具有较容易制备、化学和结构稳定性好等特点，因此被认为是首选材料。通过 IIP 则可以将其优点进一步提高，因此受到人们的重视。

在 IIP 的制备过程中，为了提高对金属离子吸附的选择性，一般都需要加一些小分子作为第二配体(除功能性单体之外)。为了避免添加小分子，Wang 和 Zhang[54]在一个 IIP 系统中，采用了两组聚合物网络。第一组聚合物网络主要采用环氧树脂与二亚乙基三胺反应而得；第二组网络则由甲基丙烯酸铜和丙烯酰胺与交联剂 MBAM 反应而得。这两组聚合物网络相互贯穿从而形成了互穿聚合物网络(interpenetrating polymer network，IPN)。在这个 Cu^{2+}-IIP 体系中，Cu^{2+}作为模板、甲基丙烯酸作为功能性单体，二者相互作用形成甲基丙烯酸铜。与此同时，Cu^{2+}也可以与第一组聚合物网络中的二亚乙基三胺分子中的氨基配位。换句话说，该体系不需要额外添加第二种配体来保证对离子的高选择性。另外，两组聚合物网络相互支撑就可以形成 Cu^{2+}的识别空腔。因此，在制备中也不需要为了保障对模板的高选择性而使用额外的交联剂，因为后者往往会降低 MIP 的传质速率和有效的识别位点。其制备过程见图 2-59。

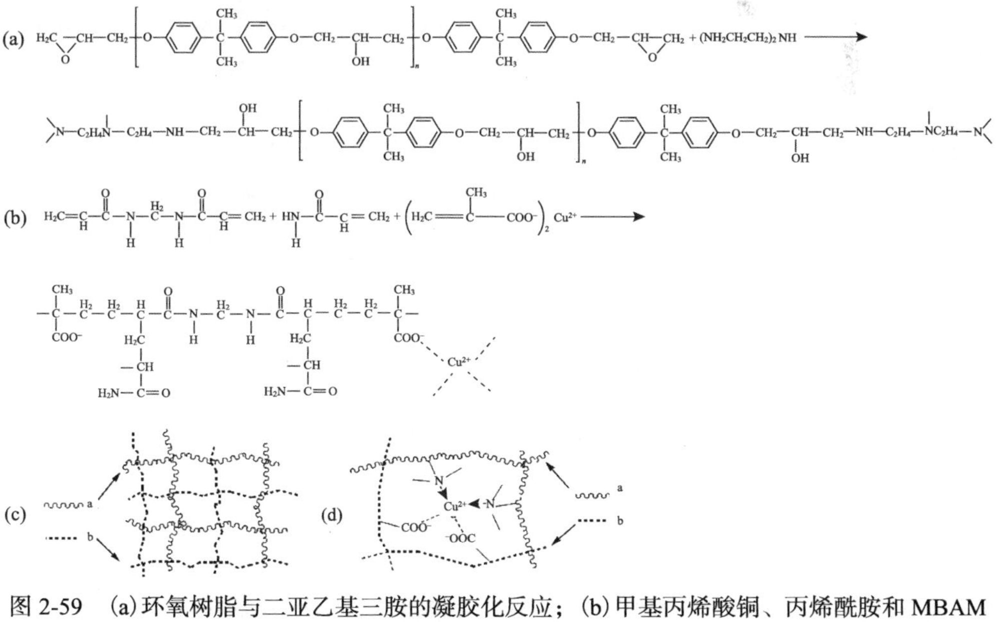

(a) $H_2C\text{—}CH\text{—}CH_2\text{—}[O\text{—}C_6H_4\text{—}C(CH_3)_2\text{—}C_6H_4\text{—}O\text{—}CH_2\text{—}CH(OH)\text{—}CH_2]_n\text{—}O\text{—}C_6H_4\text{—}C(CH_3)_2\text{—}C_6H_4\text{—}O\text{—}CH_2\text{—}CH\text{—}CH_2$ (环氧) $+ (NH_2CH_2CH_2)_2NH \longrightarrow$

$>N\text{—}C_2H_4N\text{—}C_2H_4\text{—}NH\text{—}CH_2\text{—}CH(OH)\text{—}CH_2\text{—}[O\text{—}C_6H_4\text{—}C(CH_3)_2\text{—}C_6H_4\text{—}O\text{—}CH_2\text{—}CH(OH)\text{—}CH_2]_n\text{—}O\text{—}C_6H_4\text{—}C(CH_3)_2\text{—}C_6H_4\text{—}O\text{—}CH_2\text{—}CH(OH)\text{—}CH_2\text{—}NH\text{—}C_2H_4\text{—}NC_2H_4\text{—}N<$

(b) $H_2C{=}CH\text{—}C(O)\text{—}NH\text{—}CH_2\text{—}NH\text{—}C(O)\text{—}CH{=}CH_2 + HN(H)\text{—}C(O)\text{—}CH{=}CH_2 + (H_2C{=}C(CH_3)\text{—}COO^-)_2\,Cu^{2+} \longrightarrow$

(c) a, b

(d) N, Cu^{2+}, N, COO^-, ^-OOC, a, b

图 2-59 (a)环氧树脂与二亚乙基三胺的凝胶化反应；(b)甲基丙烯酸铜、丙烯酰胺和 MBAM 的共聚反应；(c)IPN 的结构示意图；(d)Cu^{2+}与 Cu^{2+}-印迹 IPN 形成的配位键[54]

a(波浪线)：环氧树脂与二亚乙基三胺组成的聚合物网络；

b(虚线)：甲基丙烯酸铜、丙烯酰胺和 MBAM 组成的聚合物网络

IPN 由于特殊的性能而作为功能材料受到人们的重视。但是，人们对 IPN 的研究主要集中在它们的合成、物理和化学性质方面。而将 Cu^{2+}-印迹 IPN 作为吸附剂用于水溶液中 Cu^{2+}的分离和富集的报道尚不多。他们的研究表明，Cu^{2+}-印迹 IPN 对 Cu^{2+}有较好的分离和富集性能。虽然有些金属离子（如 Ni^{2+}和 Zn^{2+}）与 Cu^{2+}具有相似的性质，但是，与非印迹树脂相比，Cu^{2+}-印迹 IPN 对 Cu^{2+}有较好的吸附特性。其饱和吸附量和平衡速率都比一般报道要好。另外，该 IPN 材料具有较好的重复使用性和稳定性，它们能够重复使用 20 次而且保证其回收率不低于 95%。

8. Pt^{2+}

Pt 是一种有价值的稀有元素，其与其他 Pt 族金属一起在地壳中的含量只有大约 0.001 μg/mL。它在与 Rh 和 Pd 组成的合金和催化剂中起着决定性作用，特别作为催化剂，用在汽车排气系统中以减少气态污染物的排放。虽然其作为汽车中的催化剂的作用是无可否认的，但是 Pt、Rh 和 Pt 都具有高毒性，当其释放到大气中会提升土壤、植物、道路沉积物和大气颗粒的污染水平，进而危及人体健康。因此，开发检测环境样品、生物基质和二级资源中 Pt 含量的方法很重要。检测方法不仅对环境污染的控制很关键，也是从污染物中回收 Pt 的第一步。

目前监测 Pt 的方法有电热原子吸收法（electrothermal atomic absorption spectrometry，ETAAS）、电感耦合等离子体原子发射光谱法（inductively coupled atomic emission spectrometry，ICP-AES）、电感耦合等离子体质谱法（inductively coupled plasma mass spectrometry，ICP-MS）和 HPLC。但是，用 ETAAS 法检测 Pt 有检测限较大、光谱干扰等局限性，因而无法完全补偿原始基体的背景信号。另外，Al、Fe、Co、Ni 和 Cu 等会对 Pt 信号产生干扰。ICP-AES 和 ICP-MS 技术也由于样品组分复杂同样存在类似光谱干扰问题。因此，对于 Pt 的检测来说，首先必须经过分离或富集步骤。

Leśniewska 等[55]设计制备 Pt^{2+}-IIP 用于 Pt 的 SPE 分离。Pt^{2+}与两种缩氨基硫脲配体，即乙醛缩氨基脲（acetaldehyde thiosemicarbazone，AcTSn）及苯甲醛缩氨基脲（benzaldehyde thiosemicarbazone，BnTSn）形成配合物，然后将其作为模板。两种配体都有供电子基团，可以提高体系中的电子密度，从而稳定 Pt^{2+}-缩氨基脲配合物。采用 MAA 作为功能单体、EGDMA 作为交联剂、乙醇作为致孔剂，然后在模板存在下，用 AIBN 引发混合物发生聚合反应。所得 IIP 用于从含 Pt^{2+}和 Pt^{4+}的水溶液中分离 Pt^{2+}。该聚合物对 Pt^{2+}的保留值是 92%～97%，而对 Pt^{4+}的则是 87%～92%。他们考察了酸度、样品流动速率和潜在干扰离子等对分离效果的影响。该方法适宜的 pH 范围可以在 0.5～1 或者 3.5～9.5。其低的 pH 范围意味着对于消化处理的环境样品来说，在其他金属离子存在时，该方法可以将 Pt 分离出来而不会出现共沉淀的问题；而在中性 pH 范围，则意味着该体系有利于从自然水和污染物中分离 Pt。

9. Hg^{2+}

Hg 是一种对人体有害的物质，因为它能导致人的肾脏中毒、神经系统损坏、中风、染色体畸变以及婴儿先天缺陷。所有权威污染物名单、不同法规和指南都对 Hg 及其化合物在水和沉积物中含量有所限制。但是，Hg 在科技中有很重要的作用，因此不可避免地存在于我们周围环境中。对 Hg 的检测一直受到分析界研究者的重视，人们已经提出了很多检测方法。另外，Hg 的毒性水平越来越低，对于每升仅亚微克级 Hg 的直接检测会受到检测基质的干扰。尽管分析仪器不断发展，但是，在检测之前，仍然必须经过分离和富集步骤。IIP-SPE 技术是分离和富集汞离子的有效手段。

Liu 等[56]用 EGDMA 作为交联剂、AIBN 作为引发剂，将 $HgCl_2$、重氮氨基苯(diazoaminobenzene，DAAB)和 4-乙烯基吡啶(4-vinylpyridine，4-VP)共聚合制得 Hg^{2+}-IIP。该聚合物对 Hg^{2+}离子有较高的吸附能力，其吸附值为 205 μmol/g，与非印迹聚合物相比，其吸附值是其 3 倍(后者只有 58.6 μmol/g)，而且选择性要好。另外，Hg^{2+}/Cu^{2+}、Hg^{2+}/Zn^{2+}、Hg^{2+}/Cd^{2+}、Hg^{2+}/CH_3HgCl 以及 Hg^{2+}/CH_3CH_2HgCl 的相对选择性因子分别是 45.5、63.5、55.1、49.6 及 84.0。Wu 等[57]采用双印迹法制备了一种新型具有层级结构的无机-无机杂化吸附剂用于从水溶液中选择性分离 Hg^{2+}。层级结构印迹吸附剂的吸附能力和选择系数都比未使用十六烷基三甲基溴化铵作模板制造的吸附剂要高得多。Fan[58]采用溶胶-凝胶法制备了 Hg^{2+}-IIP。该体系对 Hg^{2+}吸附的穿透容量是 4.46 mg/g，而 Hg^{2+}/Cd^{2+}与 Hg^{2+}/Pb^{2+}的相对选择系数分别是 3.3 和 3.9。Dakova 等[59]用 MAA 作为单体、三甲基丙烯酸三羟甲基丙酯作为交联剂、AIBN 作引发剂，在 Hg^{2+}-1-(2-噻唑偶氮)-2-萘酚配合物作模板情况下聚合得到 Hg^{2+}-IIP。所吸附的无机 Hg 很容易用 2 mL 4 mol/L 的 HNO_3 洗脱除去。该材料对 Hg^{2+}的吸附容量是 32.0 μmol/g。Andac 等[60]制备了一种 IIP，它可以用于从人血清中选择性分离 Hg^{2+}离子。*N*-甲基丙烯酰基-(L)-半胱氨酸作为可配位的单体，用硫脲的盐酸溶液洗脱模板离子 Hg^{2+}。该印迹聚合物粒子的比表面积是 59.04 m^2/g，其粒径为 63～140 μm，而其溶胀率则为 91.5%，它对 Hg^{2+}的最大吸附容量为 0.45 mg/g。

最近，Singh 和 Mishra[61]用 MAA 作为功能单体、EGDMA 作为交联剂、4-(2-噻唑偶氮)间苯二酚作为 Hg^{2+}的配体制备了 Hg^{2+}-IIP，其制备过程见图 2-60。他们考察了 pH 对印迹聚合物与对照聚合物吸附性能的影响，以及它们的吸附动力学和吸附等温线。其对 Hg^{2+}的吸附机理符合 Freundlich 等温线和准一级动力学方程。所得印迹聚合物对 Hg^{2+}的吸附容量为 125 μmol/g，而对照聚合物的吸附容量为 57.6 μmol/g。另外，Hg^{2+}/Zn^{2+}、Hg^{2+}/Cu^{2+}、Hg^{2+}/Ni^{2+}和 Hg^{2+}/Co^{2+}的相对选择性因子分别是 62.5、65.3、64.6 和 70.6。将该方法用于自来水和河水样品进行了检验。用标准添加法来检验该 Hg^{2+}-IIP 对基质元素的选择性，从而确定该方法的精度和准确度。当样品中含 Hg^{2+}的浓度不同时，用该 IIP 处理后，然后用 0.5 mol/L 和 1 mol/L 硫脲洗脱，最后得到的回收率的范围在 99.7%～101.7%。这些结果表明，该 Hg^{2+}-IIP 能够用于实际样品中 Hg^{2+}的定量回收。

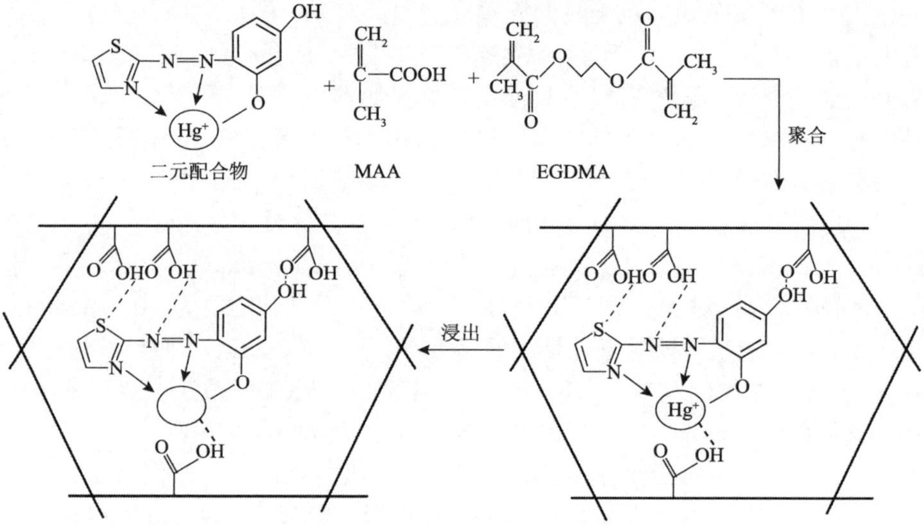

图 2-60　Hg^{2+}-IIP 的制备过程[61]

10. Mn^{2+}

Mn 作为一种微量元素在水中含量较低，它通过天然水参与人的生物循环。人体组织中缺少这种金属会导致骨头和软骨的变形和损坏、血小板聚集。因此，对于不同基质，开发不同种类的检测 Mn 的方法显得很重要。

Khajeh 等[62]设计制备了一种选择性 Mn^{2+}-IIP 用于从水中分离 Mn^{2+}。他们采用 Mn^{2+}与 1-(2-吡啶偶氮)-2-萘酚形成配合物作为模板、甲醇作为致孔剂、VP 作为功能性单体、EGDMA 作为交联剂、AIBN 作引发剂，通过热聚合的方法制备了 Mn^{2+}-IIP，其制备过程见图 2-61。

为了评价该方法对试剂样品分离的可能性，采用该法对四种不同样品进行了处理。表 2-3 为四种分别加入含 0.5 μg Mn^{2+}的 100 mL 不同水样的分离结果。可以看出，该方法对实际样品的分离效果较好。

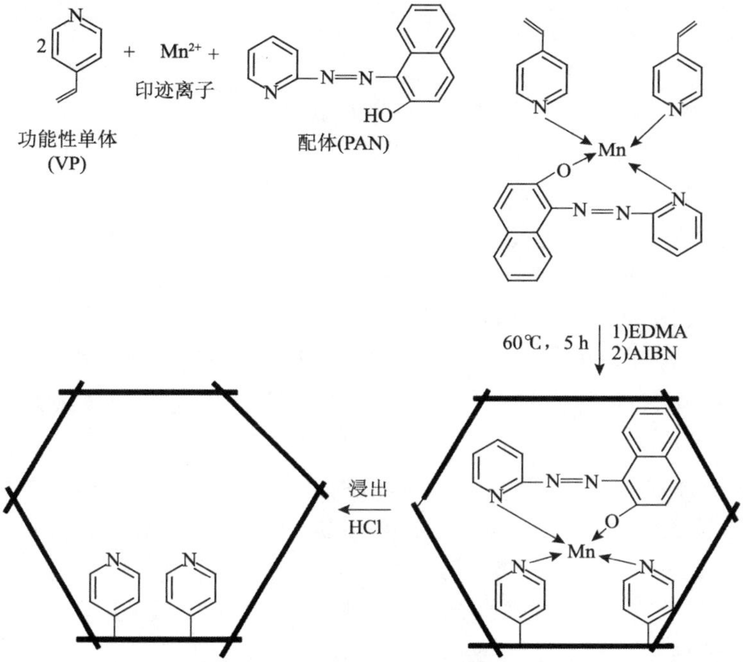

图 2-61　Mn^{2+}-IIP 的制备过程[62]

表 2-3　不同水样中 Mn^{2+}的监测(N=3)[62]

样品	加标量/(μg/L)	检测值/(μg/L)	R/%
自来水	0	94.2±2.9	—
	5.0	99.13±3.1	98.6
河水	0	68.5±3.5	—
	5.0	73.47±2.8	99.4
地下水	0	27.9±2.1	—
	5.0	32.82±2.2	98.4
矿泉水	0	6.1±3.4	—
	5.0	11.0±3.2	98.0

(三)三价离子

1. Al^{3+}

地壳的 8%是由 Al 元素组成的。Al 是自然界最丰富的金属，它广泛存在于空气、土壤和水中。因此，暴露在 Al 环境的机会是很大的。人体摄入 Al 是不可避免的，因为含 Al 的化合物不仅要在饮用水的供应过程使用，而且在食品和药品加工中也会使用。众所周知，Al 实际上是一种神经毒物。对于那些尿毒症患者的透析治疗中，如果不小心让含 Al^{3+}进入大脑，会导致一些神经退行性疾病，如透析性脑病、骨软化症以及骨营养障碍等。即使在透析液中含有极低的 Al^{3+}，也会导致上述疾病。Al 可以引起阿尔茨海默(Alzheimer)病(老年痴呆症)。Al 也可以引起骨头和造血系统中毒。在陆地和水环境中，以带正电荷的水溶液和含羟基的单体形式存在的 Al 对生物组织的毒性最大。为了除去水中的悬浮物和高色度的腐殖质，一般采用硫酸铝作为一种絮凝剂用于水处理，这样就可以减少后续氯的使用量(为了使微生物指标达标)。因此，无论自然来源或经过水处理过程都会导致饮用水中 Al 元素的含量较高。人们已经深入研究了能够选择性去除 Al^{3+}的多种方法。但是，在这些方法中，使用选择性聚合物吸附剂被认为是最有前途的方法之一。

Andac 等[63]制备了一种能够从水溶液中分离 Al^{3+}的 IIP。他们采用了 *N*-甲基丙烯酰基-L-谷氨酸(*N*-methacryloyl-L-glutamic acid，MAGA)作为配位单体，先使 Al^{3+}与 MAGA 结合形成配合物(其结构见图 2-62)。一般地，MIP 的制备都是通过本体聚合。但是这种方法的弊端是所得的聚合物必须经过粉碎、碾碎、过筛等步骤才能得到装柱用聚合物。因此，他们采用悬浮聚合的方法制备了 Al^{3+}-印迹聚(HEMA-MAGA)。其中，Al^{3+}-MAGA 配合物作为模板、甲基丙烯酸羟乙酯作为功能性单体、过氧化苯甲酰作为引发剂、聚乙烯醇作为稳定剂、甲苯作为致孔剂、EGDMA 作为交联剂。然后用 0.1 mol/L 乙二胺四乙酸(ethylenediaminetetraacetic acid ，EDTA)将模板 Al^{3+}除去。

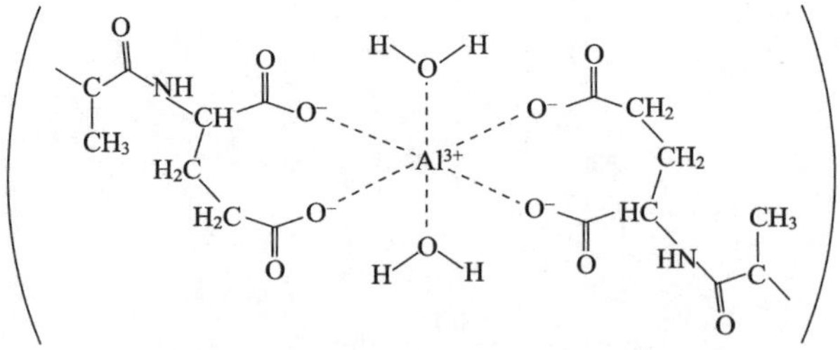

图 2-62　Al^{3+}-MAGA 配合物的结构[63]

该 MIP 颗粒的比表面积是 55.6 m^2/g，颗粒粒径在 63～140 μm 范围内，其溶胀率为 102%。通过元素分析计算可知，每克聚合物中含有 640 μmol 的 MAGA。该印迹聚合物对 Al^{3+}的吸附容量为 122.9 μmol/g。Al^{3+}/Ni^{2+}、Al^{3+}/Cu^{2+}和 Al^{3+}/Fe^{3+}的相对选择性因子分别是 1427、14.8 和 6.2，与非印迹聚合物相比是其 6.2 倍。该 MIP 颗粒使用多次不会大幅度降低其吸附容量。

此外，Shakerian 等[64]报道了一种纳米级多孔状 Al^{3+}-IIP。他们选用 Al^{3+}-8-

羟基喹啉作为模板、苯乙烯作为单体、EGDMA 作为交联剂。其制备过程见图 2-63。

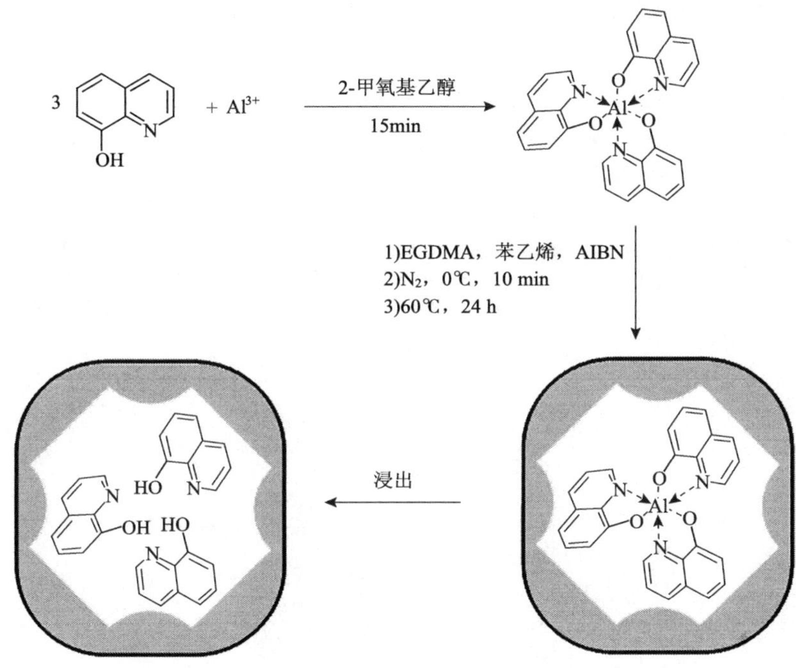

图 2-63　Al^{3+}-IIP 的制备过程[64]

在 pH 为 6.0 时，该印迹聚合物对 Al^{3+}的最大吸附量为 3.1 mg/g。在最优条件下，该聚合物对 400 mL 样品的增强因子是 194。其检测限是 1.6 μg/L。该方法成功地应用于天然水、果汁、牛奶样品中 Al^{3+}的检测。

2. Fe^{3+}

对于所有有机体来说，铁都是很重要的微量元素。众所周知，铁过量(超负荷)就会带来毒害作用，因为人体无法通过生理途径将过量的铁消除。遗传缺陷、某些类型的贫血症、偶然摄入、反复输血、烟草或石棉的吸入以及用药物过量补充铁等都会导致人体的慢性铁超负荷。对于急性铁超负荷，铁转运蛋白质被破坏从而产生没有键合的有毒铁(超出其总铁结合力)，结果产生高活性的氧自由基，进而导致脂质过氧化作用和细胞膜损伤。对于慢性铁超负荷，人体只有一个很小的非特异性的容纳铁的腔体存在，而大量的铁则会沉积在有机组织中，特别是沉积在脾脏、肝脏、心脏等，因此会导致全身组织的损伤。当人体的铁超量后就会患血色沉着病，其典型的表现形式是肝硬化、糖尿病和心肌病；也会导致垂体功能衰竭进而产生睾丸萎缩、性欲减退等。另外，随着年龄的增加，人体组织中的铁就会过量，因而会增加人患冠状动脉疾病、癌症及机体感染的概率。因此，铁的分离与富集显得尤为重要。

Singh 和 Mishra[65]制备了一种 Fe^{3+}-IIP 用于从水样中回收 Fe^{3+}。他们用 Fe^{3+} 与丙烯酸在环己醇中形成二元配合物，然后将其与苯乙烯(单体)、二乙烯基苯(交联剂)、在 AIBN 引发下聚合而得(其制备过程见图 2-64)，然后采用 1 mol/L 的 HNO_3 将 Fe^{3+} 从聚合物中洗脱除去。

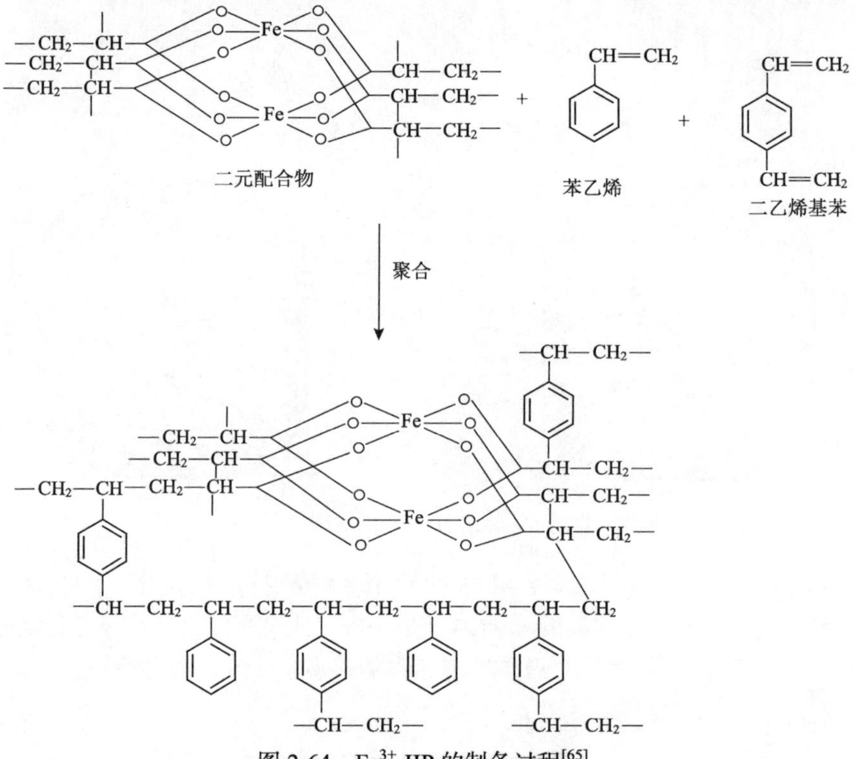

图 2-64　Fe^{3+}-IIP 的制备过程[65]

实验结果表明，上述 IIP 的阳离子交换容量(H^+/Na^+)是 0.249 mmol/g，吸附平衡时间为 60 min，对于 Fe^{3+} 的最大吸附量为 62.4 mg/g(pH=6)。另外，选择性顺序为：$Fe^{3+} > Zn^{2+} > Co^{2+} > Ni^{2+}$。该聚合物可以用于水样中 Fe^{3+} 的富集。

Yavuz 等[66]采用悬浮聚合方法制备了 Fe^{3+}-IIP 用于从人血浆中分离 Fe^{3+}。选用 MAGA 作为金属配合物单体、聚乙烯醇作为稳定剂、HEMA 作为单体、EGDMA 作为交联剂、甲苯作为致孔剂、过氧化苯甲酰作为引发剂，在聚合温度为 65℃下引发聚合得到 Fe^{3+}-印迹聚(HEMA-MAGA)颗粒，然后使用 0.1 mol/L 的 EDTA 将模板分子去除。图 2-65 为 Fe^{3+}-MAGA 配合物单体的结构。

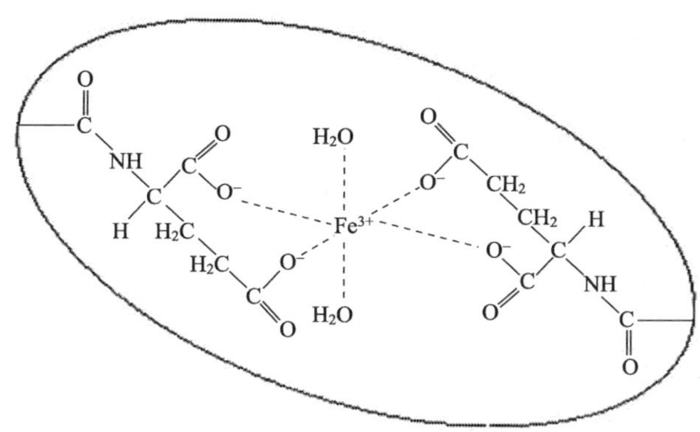

图 2-65　Fe^{3+}-MAGA 配合物单体的结构[66]

研究表明，对于该 Fe^{3+}-IIP 颗粒来说，比表面积为 76.4 m^2/g，粒径在 63～140 μm 之间，其溶胀率为 75%。通过元素分析计算得到每克聚合物中含有 MAGA 为 84.7 μmol。该印迹聚合物对 Fe^{3+}的最大吸附量为 92.6 μmol/g。而对 Fe^{3+}/Zn^{2+} 和 Fe^{3+}/Cr^{3+}的相对选择因子分别是 17.3 和 48.6，要比非印迹聚合物高 48.6 倍。另外，该聚合物颗粒可以重复使用多次而不会明显降低其吸附量。

3. Ru^{3+}

Ru 是一种稀有元素，在地壳中的分布只占 10^{-8}%。在某些矿物中，如硫钌锇矿、钌铱锇矿及陨石等，它的含量较高(10^{-4}%)。Ru 通常与其他 Pt 系元素一起共同存在。在高密度的合金中，Ru 是最有效的硬化剂之一，因此，它被广泛地用于电子工业领域。另外，Ru 及其合金还在珠宝领域具有广泛的应用。化学工业中也对 Ru 有较大量的需求，主要将其用于制造催化剂，而这些催化剂主要用于乙酸的制备、氨的合成及其他特殊化学品的制备。而且，作为一种有效的双金属催化剂，Ru 和 Pt 被大量应用于燃料电池和染料敏化太阳能电池。Ru 的配合物具有化学发光活性[如(2,2′-联吡啶)钌]，被分析家用来提高检测方法的选择性和灵敏度。另外，Ru 的配合物甚至还被开发成抗癌药物。正是由于 Ru 在各领域中的应用日益增加，因此，针对不同样品(如矿石、冶金材料、催化剂和药物等)开发简单、便宜、灵敏的检测方法显得尤其重要。检测 Ru 的方法主要包括分光光度法及导数分光光度法、伏安法、ETAAS、荧光分析法和 ICP-MS 等。但是，在许多情况下，对于多数样品来说，由于光谱和基质的干扰，直接检测痕量 Ru 几乎不可能。为了克服这一点，人们采用不同富集和分离方法，如共沉淀、溶剂萃取、固相萃取等。最近，人们发现 IIP 是用作 SPE 处理的有效吸附剂。

Godlewska-Żyłkiewicz 等[67]用 Ru^{3+}和乙酰乙酸烯丙酯(allylacetoacetate，AAA)结合形成的配合物(Ru-AAA)作为模板。之所以选择 AAA 是因为它是一种有趣的有机化合物，它作为双齿配体可以与许多过渡金属离子形成配合物。选择 MAA

作为功能性单体、EGDMA 作为交联剂、AIBN 作为引发剂、甲醇作为致孔剂，在 55℃下发生聚合而得，然后用硫脲和盐酸的混合物洗涤除去 Ru^{3+}。其制备过程见图 2-66。

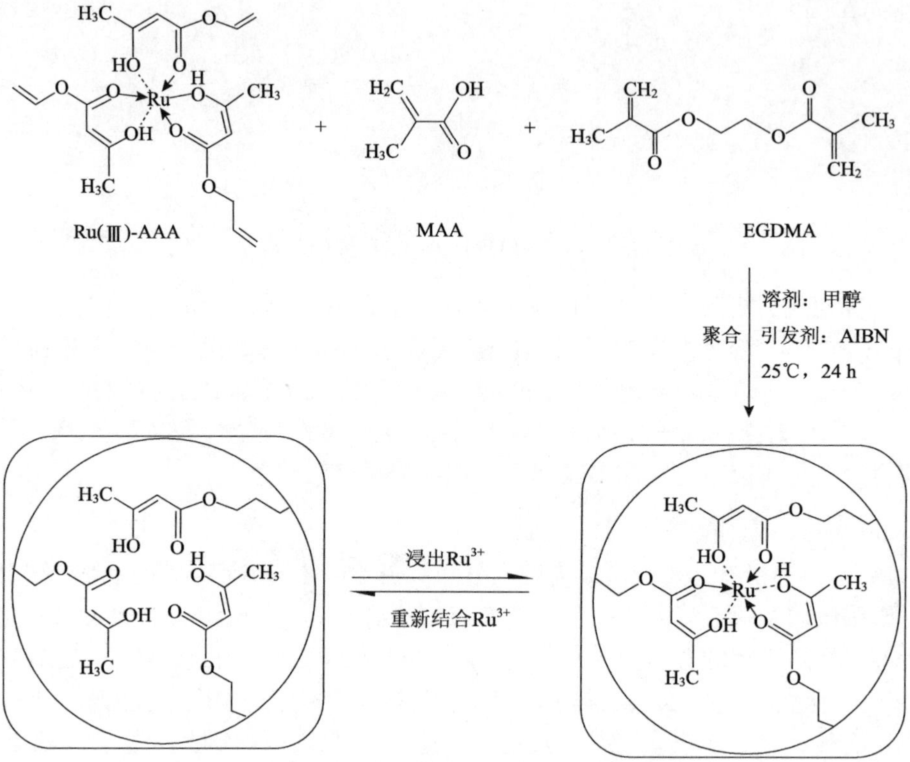

图 2-66 Ru^{3+}-IIP 的制备过程[67]

对于该 IIP-SPE 法来说，其对于 10 mL 样品处理后得到的富集因子是 20。检测限为 0.32 ng/mL，而 6 次重复分离操作后，测定其相对标准偏差是 2.5%。相比于其他过渡金属离子来说，该印迹聚合物对 Ru^{3+}有较好的选择性吸附。这种高选择性确保其对于不同干扰基质样品(如自来水和河水、市政和道路污水等)仍然有较好的分离富集效果。

4. Cr^{3+}

铬是一种对于所有脊椎动物都很重要的元素，因为它在葡萄糖和某些脂类物质如胆固醇的代谢中发挥重要作用。在天然水中铬主要存在两种价态形式，即 Cr^{3+} 和 Cr^{6+}。Cr^{6+}比 Cr^{3+}对人、动物和植物的毒性更大，而且更容易在环境中迁移。为了保障水质合格，必须开发更精确和可靠的检测包括铬在内的检测方法。通用方法之一是检测 Cr^{6+}或 Cr^{3+}以及总的铬含量，其中，主要采用两种不同方法，如

分子光谱法检测 Cr^{6+}，原子光谱法检测总的铬。另外一种通用方法是通过分离手段来实现对铬的形态分析。目前已经开发了几种能够同时检测 Cr^{3+}和 Cr^{6+}的分离方法，如 ICP-AES、化学发光法（chemiluminescence，CL）以及离子色谱法（ion chromatography，IC）。

最近，Birlik 等[68]报道了用甲基丙烯酰氨基组氨酸（methacryloylamidohistidine，MAH）制备了一种 IIP 用于从水溶液中选择性分离 Cr^{3+}离子。其中，MAH 与 Cr^{3+}形成的配合物单体作为模板、EGDMA 作为交联剂、甲苯作为致孔剂、AIBN 作为引发剂，然后在 90℃下反应 3 h。所得颗粒用甲醇和水（6∶4，体积比）混合液洗涤除去模板，其制备过程见图 2-67。

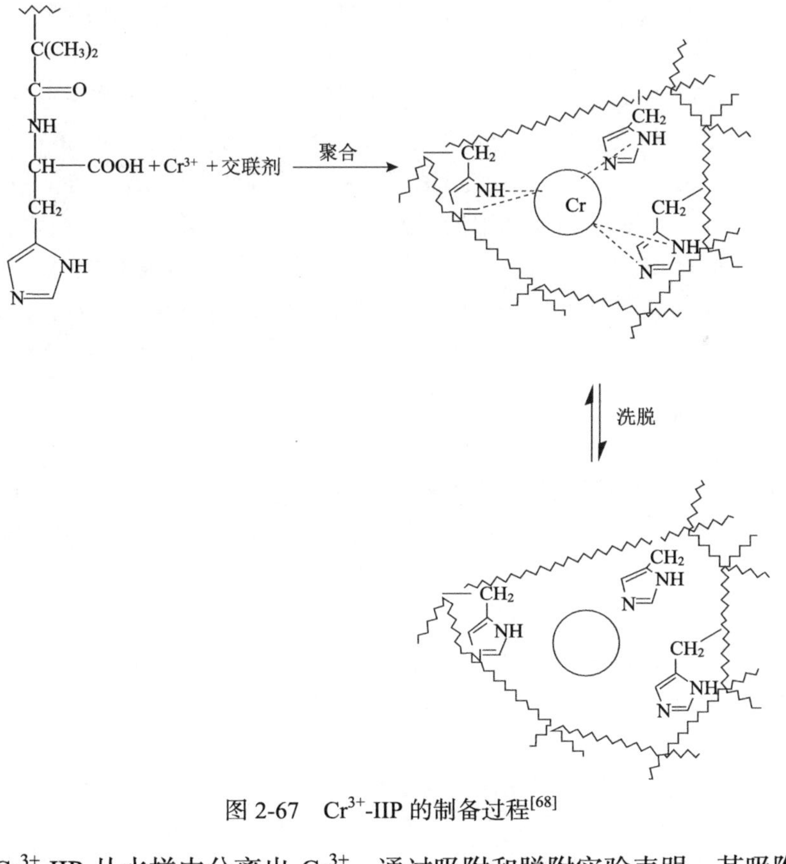

图 2-67　Cr^{3+}-IIP 的制备过程[68]

用 Cr^{3+}-IIP 从水样中分离出 Cr^{3+}。通过吸附和脱附实验表明，其吸附平衡时间约为 30 min，对 Cr^{3+}的最大吸附量为 69.28 mg/g。用 Cr^{3+}-IIP 分别对 Co^{2+}、Ni^{2+}、Cr^{3+}及 Cr^{6+}离子进行了吸附实验，结果发现，所得印迹聚合物对 Cr^{3+}的吸附量要远高于其他离子，说明其对 Cr^{3+}有较好的选择性。另外，该印迹聚合物还有较好的可重复使用性能。

5. Bi^{3+}

铋是地壳中的一种稀有金属。Bi 特有的物理和化学特性使其在不同领域有重要的应用。目前，一些铋盐(枸橼酸铋、没食子酸铋)的胶体具有杀菌、收敛、利尿等特性，因此除了用于化妆品外，也可以作为抗溃疡、抗菌、抗艾滋病、放射治疗剂等用于医疗领域。而对亚微克级铋的分离、富集、纯化和检测对于研究者来说确实是一个具有挑战性的工作，因为在天然样品中，Bi 的含量是极低的，而且受到样品基质的强烈干扰。虽然 ETAAS 和电感耦合等离子体发射光谱法(inductively coupled plasma optical emission spectrometry，ICP-OES)可以用于痕量金属的检测，但是铋的浓度还是不能达到这些技术的检测限。因此，为了得到精确和可靠的结果，对样品进行富集是必要的步骤，而 IIP-SPE 就是一种有效的手段。

Ashkenani 和 Taher[69]用 2-(5-溴-2-吡啶偶氮)-5-二乙基氨基苯酚与 Bi^{3+}形成配合物，用 EGDMA 作交联剂、MAA 作为单体、AIBN 作引发剂，在 60℃聚合 24 h，然后用 2 mol/L 的 HCl 洗脱除去印迹离子，最后得到所需的 Bi^{3+}-IIP。最后，将所得 Bi^{3+}-IIP 用于从水和生物样品中选择性分离超痕量的 Bi^{3+}。结果表明，Bi^{3+}-IIP 吸附的最优 pH 为 2.5～3.5，对于 Bi^{3+}的最大吸附量和富集因子分别是 35.9 mg/g 和 300。该方法的相对标准偏差是±4.1%，而检测限是 8.6 ng/L。实验证明该方法具有简单、选择性好、灵敏度高等特点，因此可以用于水、生物及植物样品中 Bi^{3+}的检测。

6. Er^{3+}

对于化学家来说，镧系元素的分离是一个具有挑战性的工作，因为它们具有相似的化学性质，这点从传统的有关离子交换和液-液萃取分离的相关文献中可以很清晰地看出。但是，尽管有著名的镧系收缩现象，它们在物理性质如原子半径、离子半径还是有细小的差别。对于 IIP 来说，除了合适配体提供的选择性之外，另一个重要因素就是当去除印迹离子后所留下的空腔的尺寸大小，后者对于能否重新容纳一个特定的稀土离子发挥重要作用。因此，截至目前，IIP 粒子是解决镧系元素分离困难的一个不错的候选者。

最近，Kala 等[70]用 Er^{3+}与 5,7-二氯喹啉-8-醇(5,7-dichloroquinoline-8-ol，DCQ)以及 VP 形成三元配合物，然后与 MAA(功能性单体)、EGDMA(交联剂)、2-甲氧基乙醇(致孔剂)，在 AIBN 引发下发生聚合反应。再用 50%(体积分数)HCl 将印迹粒子从聚合物颗粒中去除。对照聚合物在没有印迹离子的情况下按照上述相同条件制备而得。将该印迹聚合用于从含有其他镧系元素(Y、Dy、Ho、Tb 和 Tm)离子的溶液中选择性分离 Er^{3+}。当 IIP 粒子的用量低至 50 mg 时，其可以用于对含量为 2.0～250 μg 的 Er^{3+}溶液(250 mL)的富集。通过对含 25 μg Er^{3+}溶液(250

mL) 7 次重复实验，得到其平均吸光度为 0.148，而相对标准偏差为 2.5%。对应于 3 倍空白标准偏差的检测限是 2 μg/250 mL。

7. Lu^{3+}

Lu 是一种稀有金属，对其分离是一种具有挑战性的工作。采用分子印迹技术可以实现其分离和富集。

Lai 等[71]报道了 Lu^{3+}-IIP 的制备与表征。他们选用 Lu^{3+}与 VP 和乙酰丙酮组成的三元配合物作为功能性单体、EGDMA 作为交联剂、AIBN 作为引发剂、甲醇作为致孔剂，在 60℃下反应 24 h 得到聚合物，然后粉碎、碾磨、过筛。最后用 0.1 mol/L 的 EDTA 洗脱除去 Lu^{3+}，从而得到 Lu^{3+}-IIP。结果表明，该聚合物对 Lu^{3+}的最大吸附量是 64.2 mg/g，吸附平衡时间是 30 min，最优 pH 为 5.5。与其他离子相比，该聚合物对 Lu^{3+}具有较好的选择性识别能力，还有较好的热稳定性。

8. Tl^{3+}

Tl 是一种重金属元素，在自然环境中一般与其他元素共存(主要是氧、硫和卤素)形成无机化合物。在自然中有 Tl^{+}和 Tl^{3+}存在，但是其单价态更稳定，而其三价态形成配位物也很稳定。每种价态的物质表现出不同的生物利用度和毒性。因此，在环境中 Tl 的形态很重要。由于在水环境中 Tl 的总浓度很低，因此很有必要开发对其有高选择性和低检测限的分析方法。

Arbab-Zavar 等[72]制备了纳米级多孔状 Tl^{3+}-IIP，并将其作为 Tl^{3+}分离和富集的吸附剂。他们选用 Tl^{3+}与 DCQ 和 VP 形成三元配合物，然后与 MAA(功能性单体)、EGDMA(交联剂)、乙腈(致孔剂)，在 AIBN 引发下发生聚合反应。然后用 5 mol/L HNO_3 洗脱除去印迹离子。该印迹聚合物对于水溶液中的 Tl^{3+}有较好的吸附和富集能力。其对 Tl^{3+}的最大吸附量为 9.6 mg/g，而最优 pH 出现在 6.8±0.2。即使体系中存在 Cu^{2+}和 Mg^{2+}，它们与 Tl^{3+}具有相似的离子半径，该 Tl^{3+}-IIP 仍然对 Tl^{3+}有较好的选择性吸附特性。该物质有望作为 SPE 吸附剂用于从水溶液中分离和富集 Tl^{3+}。

9. Y^{3+}

制备纯的氧化钇具有重要意义，因为它有很广泛的应用：①作为荧光粉用于电视、电脑显示器、三基色荧光灯、X 射线增感屏中；②在陶瓷中作为氧化锆的稳定剂；③作为微波雷达组件、数字通信元件、非线性光学器件用于电子产品中；④用作催化剂、高温合金以及高温超导体。Y 通常与 Dy、Gd 和 Tb 共存于重金属稀土的氯化物组分中。因此，将其从镧系重金属中分离是很有必要的。

Sarabadani 等[73]用 Y^{3+}与 1-羟基-4-(丙-2-烯基氧基)-9,10-蒽醌[1-hydroxy-4-(prop-2-enyloxy)-9,10-anthraquinone]形成配合物，然后将其与 MAA(功能性单

体）、EGDMA（交联剂）、2-甲氧基乙醇（致孔剂）在 AIBN 引发下发生沉淀聚合，最后用 3 mol/L HCl 将印迹离子洗脱除去。该聚合物作为吸附剂可以对 Y^{3+}粒子进行快速和选择性分离。

10. Nd^{3+}

钕属于镧系元素，位于轻稀土元素的中间。将其从其他轻稀土元素中分离出来是很有意义的，必须经过萃取、富集和分离等步骤。

最近，Guo 等[74]报道了 Nd^{3+}-IIP 的制备、表征和选择性识别。他们选用 Nd^{3+}离子与 DCQ 和 VP 组成三元配合物，然后与苯乙烯（功能性单体）、二乙烯基苯（交联剂）、DMF（致孔剂）混合，在 AIBN 引发下在 65℃聚合 12 h，最后用 6 mol/L HCl 洗脱除去模板离子，其制备过程见图 2-68。

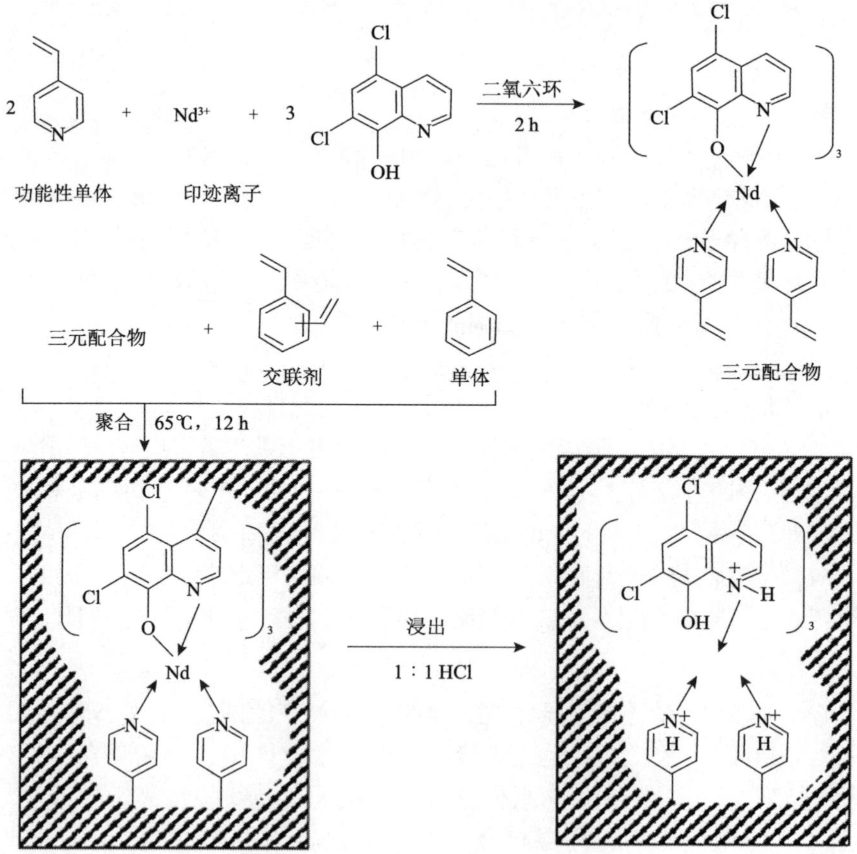

图 2-68 Nd^{3+}-IIP 的制备过程[74]

所合成的 Nd^{3+}-IIP 对 Nd^{3+}的吸附量为 35.18 mg/g。当有竞争性离子如 La^{3+}、Ce^{3+}、Pr^{3+}和 Sm^{3+}存在的条件下，其最大选择性因子为 110。他们还采用两种认证的参考材料对其检验，结果发现其检测结果与标准值一致。该方法能够很方便地从复杂基质中选择性检测痕量 Nd^{3+}。

11. Gd^{3+}

Gd 是镧系元素之一， 它与二乙烯二胺五乙酸的络合物在医疗领域中可用作磁共振成像的调节剂；在工业上可以用于制造磁冷冻制冷器、制造磁泡记忆装置，也可以用于制造光纤和光盘；在核能领域可以用作反应堆的控制棒和中子吸收剂。由于其用途广，因此对其分离和富集是很有意义的。

Garcia 等[75]用三丙烯酸酯钆与二乙烯基苯和苯乙烯共聚得到了 Gd^{3+}-IIP，其制备过程见图 2-69。

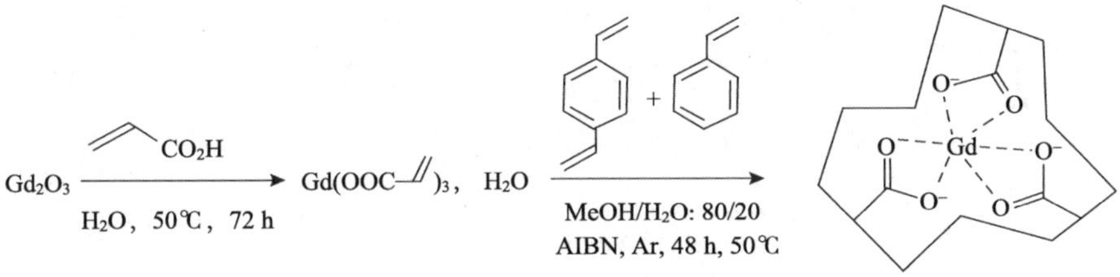

图 2-69 基于三丙烯酸酯钆的 Gd^{3+}-IIP 制备过程[75]

将该聚合物用于提取竞争性离子 Gd^{3+}和 La^{3+}，然后用 ICP 检测所提取离子的含量，发现所得的聚合物对 Gd^{3+}有较高的选择性吸附能力。结果表明该聚合物对 Gd^{3+}/La^{3+}的相对选择性因子为 3.5。

考虑到二亚乙基三胺五乙酸（diethylene triamine pentaacetic acid，DTPA）是一种更高效的配体，它与 Gd^{3+}的配位常数很高：$\lg K(Gd^{3+})=22.5$。因此，Vigneau 等[76]用对乙烯基苯胺与市售的 DTPA 二酐[图 2-70（a）]反应制得一种可聚合 DTPA 的衍生物[图 2-70（b）]，然后将其与二乙烯基苯在 $Gd(NO_3)_3$ 存在下发生共聚反应，其制备过程如图 2-70 所示。结果表明，该聚合物对 Gd^{3+}/La^{3+}的相对选择性因子为 8.3。

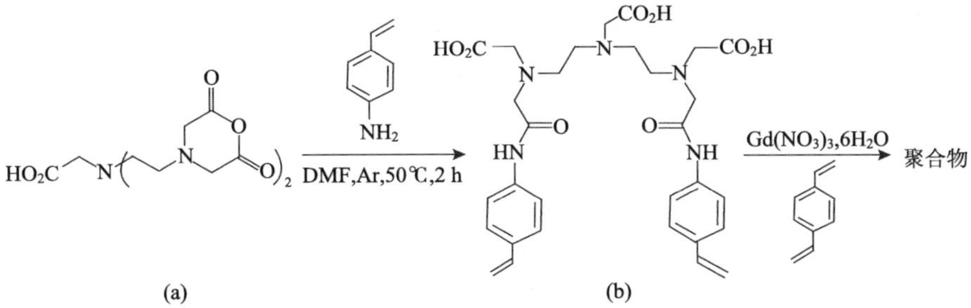

图 2-70 基于 DTPA 的 Gd^{3+}-IIP 制备过程[76]

12. Sb^{3+}

锑是一种有毒重金属，它对人体具有潜在危害，其生理功能尚不清楚。Sb 通过采矿活动、燃烧化石燃料、冶炼矿石以及制造阻燃剂、电池、合金、陶瓷、玻璃、塑料等进入人类的环境中。在聚对苯二甲酸乙二醇酯(polyethylene terephthalate，PET)的制备中，Sb_2O_3 是一种重要的催化剂。在没有污染的天然水和自来水中，含有极低浓度的 Sb。但是，在瓶装水中，Sb 的浓度要高很多，因为它会从储存容器聚酯中渗出。由聚酯制造的塑料一般每千克含有数百毫克(mg)的 Sb，因而每升瓶装水中一般含有数百纳克(ng)的 Sb。当然，总的来说，在环境水样中，Sb 的浓度都较低，大约在 0.2 μg/L。现在人们已经知道三价 Sb 的化合物比五价的毒性更大，而且无机锑的毒性要比有机锑的大。因此，检测总的锑含量还不能提供关于毒性和生物利用度的完整信息，对低价态物质浓度的检测则显得更重要。而对痕量物质的分析来说，分离与富集是其检测的必备步骤。

Shakerian 等[77]制备了一种 IIP 用于 Sb^{3+}的分离与富集。他们用吡咯烷二硫代氨基甲酸铵(ammonium pyrrolidine dithiocarbamate，APDC)与 $SbCl_3$ 在 2-甲氧基乙醇中反应形成 Sb^{3+}-APDC 配合物，然后与苯乙烯(单体)、EGDMA(交联剂)、AIBN(引发剂)一起在 55℃反应 24 h，用 50%(体积分数)HCl 洗脱除去印迹离子。将所得聚合物用于 Sb^{3+}离子的分离和富集，然后用 ETAAS 检测其含量。通过对 60 mL 样品的富集处理，结果得到富集因子为 232，检测限为 3.9 ng/L。用 KI 和抗坏血酸将 Sb^{5+}还原为 Sb^{3+}，然后按照上述方法检测其总锑含量。总锑含量减去 Sb^{3+}的含量得到 Sb^{5+}的含量。而该方法可以用于水样中无机锑形态分析以及果汁中总锑含量的检测。

13. Dy^{3+}

镝为银白色稀土金属，它在地壳中的含量为 0.00045%，与其他稀土元素存在于多中矿物中。镝具有广泛的用途，它可以用作制造永磁体、荧光粉添加剂、合金、新型照明光源镝灯、核反应堆的控制材料、炼油工业中的催化剂等。

Biju 等[78]报道了一种 Dy^{3+}的分子印迹聚合物的制备，并将其用于从含 Y^{3+}、Nd^{3+}、Lu^{3+}和 La^{3+}的溶液中分离 Dy^{3+}。制备过程(图 2-71)主要包括两步：①三元配合物形成；②三元配合物与苯乙烯和二乙烯基苯共聚。三元配合物由 Dy^{3+}离子与 DCQ 和 VP 反应而得。然后，三元配合物被印迹到苯乙烯和二乙烯基苯共聚物中，其中，VP 不仅在三元配体中起到配体作用，而且在聚合中起到功能性单体的作用，其中，二乙烯基苯则作为交联剂、2-甲氧基乙醇作为致孔剂、AIBN 作为引发剂。最后所得到的聚合物用 1∶1 HCl 洗脱除去印迹离子 Dy^{3+}。

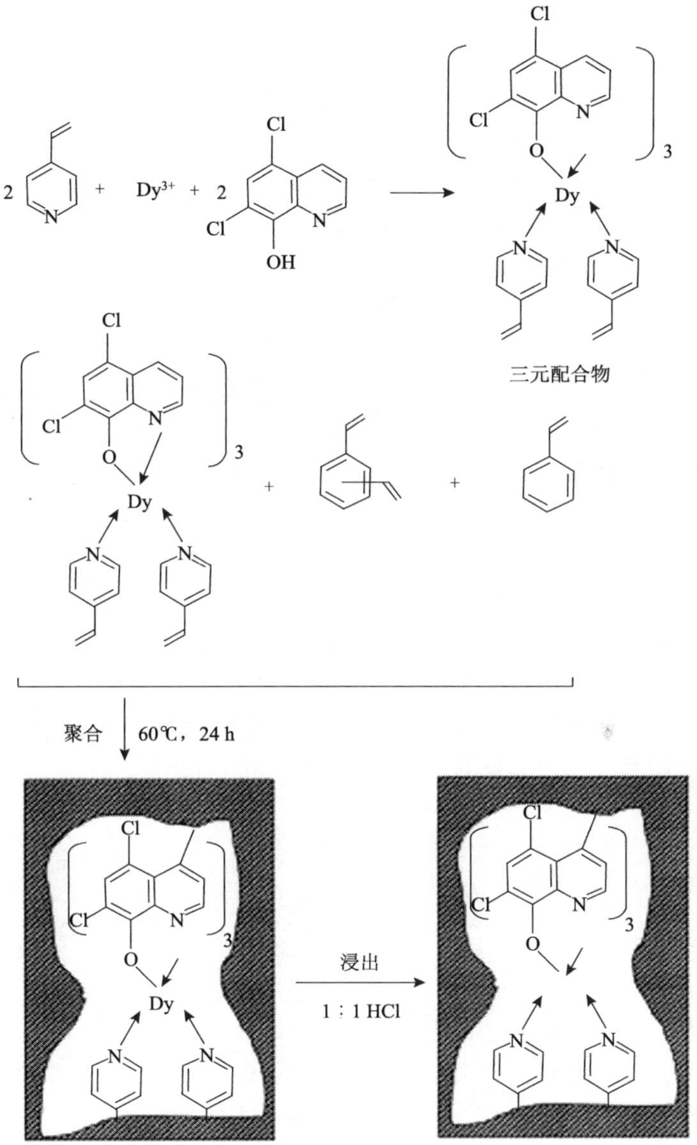

图 2-71 Dy^{3+}-IIP 的制备过程[78]

他们用 Dy^{3+}-IIP 对水溶液中的 Dy^{3+}离子进行了富集实验，然后用分光光度法予以检测。富集实验的最优 pH 范围为 6～9，其吸附量为 40.15 mg/g。印迹聚合物对 Dy^{3+}离子的选择性因子是非印迹聚合物的 40 倍。该法所得 Dy^{3+}/Lu^{3+}的选择性因子要高于传统液-液萃取法。对于 250 mL 溶液中含 50 μg Dy^{3+}的样品重复 5 次实验，得到的平均吸光度为 0.150，相对标准偏差为 2.42%，检测限(3 倍空白标准偏差)为 2 μg/250 mL。

(四)四价离子 Th^{4+}

钍是一种重要的元素，不仅在工业上有重要的应用，也在能源、环境方面受到人们的关注。Th 与其他稀土元素通常在矿石和废水中共存。但是，将 Th 从其他稀土中分离出来比较困难，因为含 Th 化合物与其他稀土化合物的性质很相似。基于此，研究者开发了多种分离和纯化 Th 的方法。虽然液-液萃取已广泛使用，但是该技术很费时间。色谱、功能化树脂、不同吸附剂都广泛地应用于 Th^{4+}离子的分离和富集。使用离子印迹聚合物的固相萃取技术(IIP-SPE)是分离和富集痕量金属比较流行的方法。

Büyüktiryaki 等[79]使用 Th^{4+}-印迹聚合物从混有 UO_2^{2+}、Ce^{3+}和 La^{3+}的溶液中分离 Th^{4+}。采用 Th^{4+}与 MAGA 形成配合物。Th^{4+}是一种硬酸，因此可以与邻苯二酚、羧酸、氨基酸等形成稳定的配合物。之所以选择谷氨酸是因为它可以通过羧基与 Th^{4+}配位，而且二者可以形成较强的配位键。然后用 EGDMA 作交联剂，AIBN 作引发剂、聚乙烯醇作稳定剂，采用悬浮聚合的方法制备聚合物。印迹离子则用 8 mol/L HNO_3洗脱除去。吸附实验表明，该聚合物对 Th^{4+}的吸附较快，其穿透容量为 40.44 mg/g。该体系对 Th^{4+}的吸附能够很快达到平衡，可能与 Th^{4+}和空腔之间具有较强的配位能力以及空间结合力。该法对 Th^{4+}/UO_2^{2+}、Th^{4+}/La^{3+}和 Th^{4+}/Ce^{3+}的相对选择性因子分别是 68、97 和 116。而且，该 Th^{4+}-IIP 能够重复多次使用而其穿透容量不会明显降低。

(五)含氧阴离子

1. CrO_4^{2-}或 $Cr_2O_7^{2-}$

铬有很宽的价态(从−2 到+6，少数情况有−4 和−3)。其中，在陆地表面和水生环境中，两种价态较稳定(即三价态和六价态)。所有六价态的 Cr(Ⅵ)都是溶解度较高的含氧酸或盐（即铬酸根 CrO_4^{2-}、铬酸氢根 $HCrO_4^-$及重铬酸根 $Cr_2O_7^{2-}$）。Cr(Ⅵ)阴离子是强氧化剂，它在生物系统中会构成致癌物、诱变剂和致畸剂。与 Cr(Ⅵ)阴离子结构相似的无机阴离子如 SO_4^{2-}和 PO_4^{3-}，它们通过硫酸的传输系统可以很方便地穿越细胞膜。细胞中引入 Cr(Ⅵ)阴离子会氧化生物分子。相反，水溶性的 Cr(Ⅲ)离子则不会自动生成，同时也在环境中不稳定。Cr(Ⅲ)离子在很强的酸(pH<5)中或者很强的碱性条件(pH>14)下是可溶的。因此，由于有限的生物利用度和可溶性，Cr(Ⅲ)离子的毒性相对较低。与此相反，Cr(Ⅵ)阴离子则有高溶解性和高生物利用度，因此成为一个特定的环境问题受到人们关注。

Bayramoglu 和 Arica[80]报道了一种 CrO_4^{2-}的分子印迹聚合物的制备方法，并考察了对 Cr(Ⅵ)阴离子的吸附性能。他们先使 CrO_4^{2-}与 VP 在水和异丙醇混合液中反应 1 h 形成金属-单体配合物 VP-Cr(Ⅵ)，然后加入 HEMA(功能单体)、EGDMA(交联剂)和 AIBN(引发剂)，在紫外光辐照下反应 2 h。而印迹离子则用酸化的硫脲溶液(0.5%的硫脲溶于 0.5 mol/L HCl 中)。其制备过程见图 2-72。

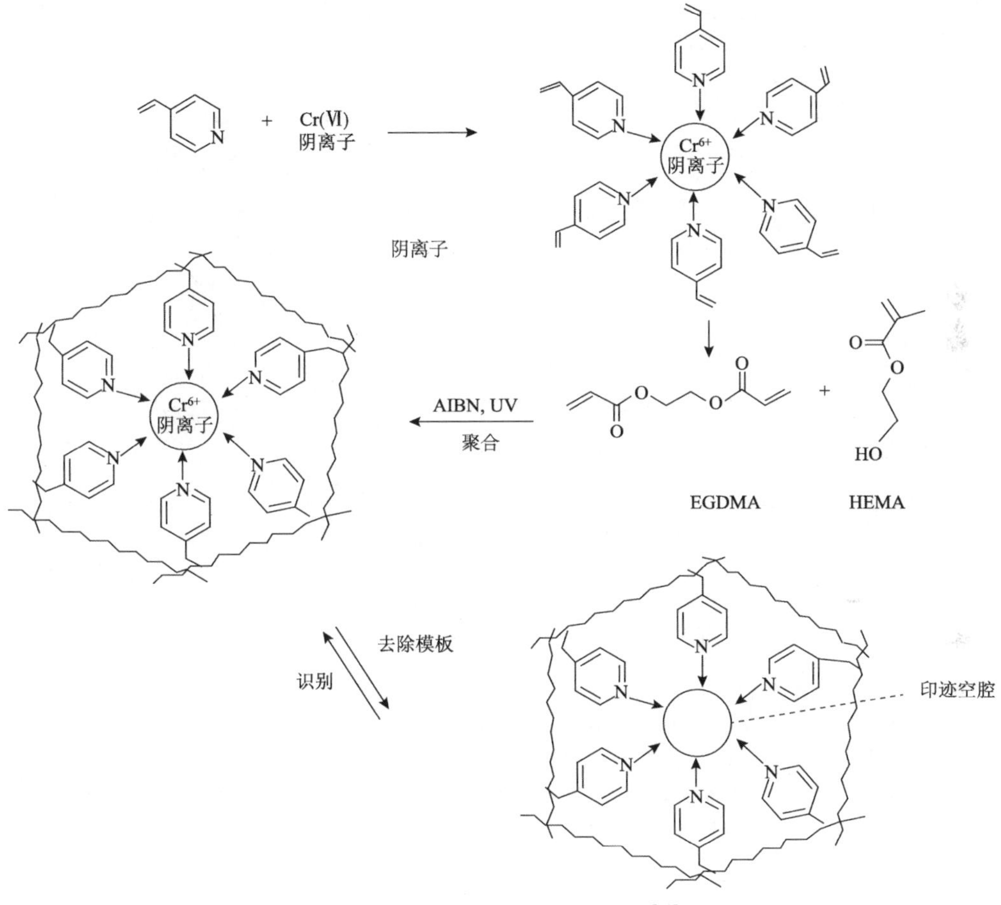

图 2-72 CrO_4^{2-}-IIP 的制备过程[80]

该印迹聚合物粒子的表面积为 34.5 m^2/g，其粒径在 75～150 μm 范围内，而其溶胀为在 108%。对 Cr(Ⅵ)离子的最大吸附量为 3.31 mmol/g。在竞争条件下，对 Cr(Ⅵ)离子的吸附量分别是 Cr(Ⅲ)和 Ni(Ⅱ)离子的 13.8 倍和 11.7 倍。该体系比较适合于 Langmuir 吸附等温线方程。另外，该印迹聚合物可以重复多次使用而其吸附量没有明显下降。

最近，Pakade 等[81]报道了一种 $Cr_2O_7^{2-}$-IIP 的制备。他们用 4-乙烯基吡啶和苯乙烯制备了一种线型共聚物。采用季铵化线型共聚物(用 1,4-二氯丁烷季铵化)作为配体、2-乙烯基吡啶(作为功能性单体)、EGDMA(作为交联剂)、AIBN 作为引发剂、$(NH_4)_2Cr_2O_7$ 作为模板、甲醇作为致孔剂，然后将上述物质一起共聚。

用 4 mol/L HNO_3 洗脱除去模板离子。其制备过程见图 2-73。

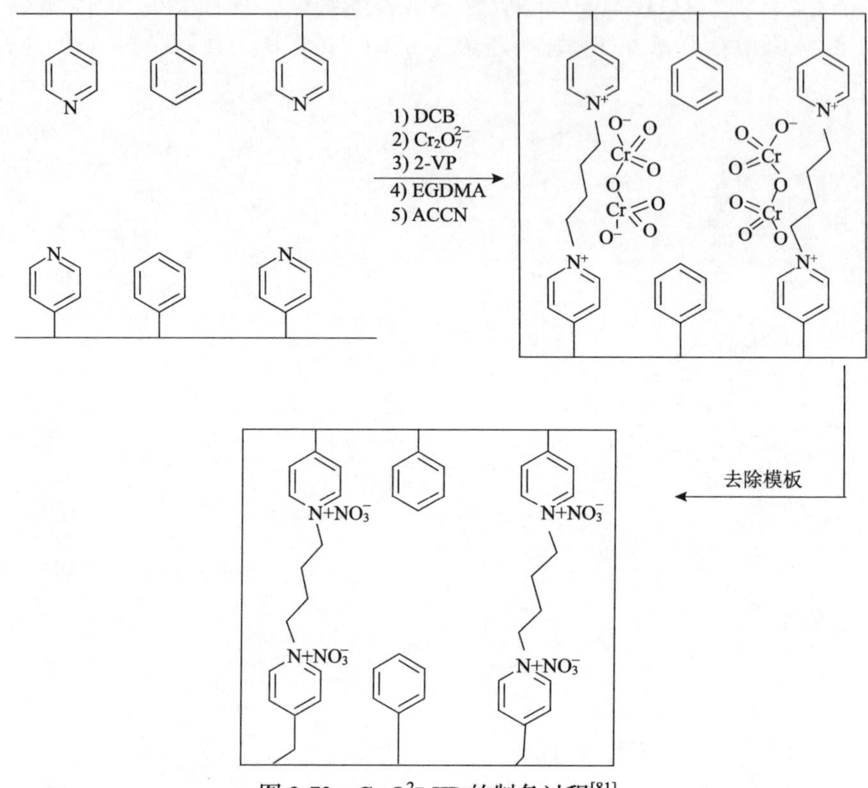

图 2-73　$Cr_2O_7^{2-}$-IIP 的制备过程[81]

对该体系来说，他们发现在没有高浓度硫酸根离子存在下，印迹聚合物和非印迹聚合物对 $Cr_2O_7^{2-}$的吸附没有差别。但是，如果有高浓度的硫酸根离子的存在条件下，非印迹聚合物立即坍塌。这表明所制得的印迹聚合物是从酸性矿井水选择性分离 $Cr_2O_7^{2-}$。

2. AsO_4^{3-}

在各种的金属或类金属污染物中，砷对环境具有极重要的影响，因为它对人具有致癌作用，并导致人和动物急性中毒。自然过程(如风化和火山喷发等)以及人类的一些活动(包括采矿、使用杀虫剂以及化石燃料的燃烧等)都会给环境带来大量的砷。在自然界的水体系中，As 的含量一般低于 10 μg/L，因此对这样痕量的 As 进行检测必须先将 As 从复杂基质中选择性分离出来。IIP-SPE 技术就是一种有效的手段。

Tsoi 等[82]报道了 As-IIP 的制备及相关性能。他们制备了三种 As-IIP，每种聚合物分别使用 1-乙烯基咪唑、4-乙烯基吡啶或苯乙烯一种单体，采用本体聚合而得。具体为：先将砷酸与上述一种单体溶解在25%(体积分数)乙酸/甲醇溶液中。然后加入EGDMA(交联剂)和AIBN(引发剂)，在60℃下反应24 h。印迹离子则用2 mol/L HNO_3洗脱除去。

研究表明，从选择性以及与非印迹分子比较的印迹效果方面来看，基于1-乙烯基咪唑的As-IIP表现出更好的识别性能,其吸附量在0.048～4.925 μmol/g。该吸附剂可以重复20次，表现出较好的重复使用性，其工作pH范围较宽(为5～7)。该As-IIP-SPE法(结合ICP-MS检测)的检测限(limit of detection，LOD)为0.025 μmol/L，而定量限(limit of quantification，LOQ)为0.083 μmol/L。

3. VO_3^-

钒可从天然资源、石油的燃烧以及一些工业过程(包括染料、陶瓷、油墨、催化剂、钢铁等的制造或使用)等进入我们生活的环境。对于大多数生物来说，V是一种很重要的元素。有几类组织会积累V，然后将其带入生理过程中。V也是一种与生理活动相关的元素，现在已经开发了许多基于V的药物，它们可以治疗糖尿病、癌症以及由寄生虫引起的疾病。因此，V可以通过药物、饮用水、食品进入人体。虽然每升毫克级的V对细胞生长和疾病的治疗都有益，但是，当其浓度较高时则对人有毒害作用。因此，检测药物、水、食品中痕量的V是一个重要的工作。其中一种方法是ETAAS，但是该法存在光谱和非光谱干扰，因此该法对于复杂基质中痕量V的检测有一定局限。为此，要想得到精度高和可靠的结果，在用ETAAS检测之前，必须对样品中V进行分离和富集。IIP-SPE是一种较为合成的前处理方法。

最近，Dadfarnia 等[83]设计制备了一种基于 V(Ⅴ)-*N*-苯甲酰基-*N*-苯基羟胺(*N*-benzoyl-*N*-phenyl hydroxyl amine，BPHA)配合物的选择性IIP。该IIP通过本体聚合制备。首先，用NH_4VO_3与BPHA反应形成配合物V(Ⅴ)-BPHA。然后与4-VP(功能性单体)、EGDMA(交联剂)一起，在AIBN引发下60℃反应24 h。VO_3^-离子则用5.0 mol/L HNO_3洗脱除去。

该聚合物用作V(Ⅴ)离子SPE的吸附剂，然后用ETAAS检测其含量。该法的最大吸附量为26.7 mg/g(pH=4.0)。在最优条件下，对于250 mL样品来说，其富集因子为289.0，检测限为6.4 ng/L。该方法成功用于香菜、南瓜、红茶、大米和水样中的V的检测。

(六)含氧阳离子

由于铀对组织的生物学效应具有双重性，因此铀的毒理学是很复杂的。在很多情况下，人们接触的铀浓度是很低的，而干扰基质的高浓度导致无法直接检测铀的浓度。因此，在分析前必须经过分离和富集。很多方法用于从不同阳离子混合物中分离铀。

Saunders 等[84]采用分子印迹技术制备了一种铀酰离子的选择性萃取剂。他们使用氯丙烯酸（chloroacrylic aicd，CAA）与 UO_2^{2+}形成的配合物作为模板[图 2-74(a)]。对于 $UO_2(CAA)_2(OH)_2$的 ^{13}C NMR 研究（CD_2Cl_2）表明，这个配合物包含一个铀酰离子被两个双齿氯代丙烯酸配体和两个水分子配位。通过自由基聚合可以将所制的配合物 $UO_2(CAA)_2(OH)_2$作为模板与 EGDMA（交联剂），在二氯甲烷中用 AIBN 引发聚合。然后，用浓 HNO_3可以除去印迹离子。其制备过程见图 2-74。

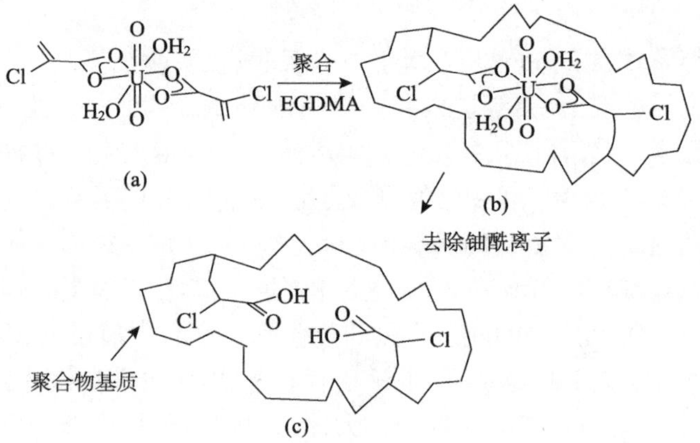

聚合
EGDMA
(a)
(b)
去除铀酰离子
聚合物基质
(c)

图 2-74　UO_2^{2+}-IIP 的制备过程[84]

印迹聚合物和非印迹聚合物对铀酰离子的结合行为具有可逆性（即聚合物能够重复使用）。在较低浓度（约 10%）和较高的浓度（>98%）之间对铀酰离子的吸附行为表现出平稳过渡。另外，该印迹聚合物对铀酰离子具有较高的选择性吸附。

（七）两种目标离子

1. Ni^{2+}和 Pb^{2+}

Ni 和 Pb 对于生态系统来说是有毒害的。两种元素通过岩石和土壤的风化溶解、大气排放以及工业生产和污水排放等进入水环境。而这两种重金属在河水和海水中的浓度都很低，相反，伴生的基质如氯和碱的含量却很高。因此，开发对 Ni 和 Pb 具有高灵敏和选择性的分离和富集方法很有必要的。

前述的 IIP-SPE 过程都是离线（off-line）工艺，因此处理起来消耗时间。如果 IIP 材料的吸附和脱附具有高的动力学效率以及（或）者速率，那么对离子的富集操作就不需要达到热力学平衡，可以在较短时间内完成，因此其操作就适合在线

(on-line)富集。

García-Otero 等[85]报道了用两种 IIP 用于在线同时从海水样品中分离/富集痕量 Ni 和 Pb。将 IIP 填充在一个短填充柱中，后者安装一个自动流动注射的六通阀并通过支管与 ICP-OES 相连。8-HQ 作为配体、2-(二乙氨基) 甲基丙烯酸乙酯[2-(diethylamino) ethylmethacrylate，DEM]作为单体、二乙烯基苯作为交联剂，采用沉淀聚合制备。

结果表明，在最优的负荷流速 2.25 mL/min (2 min)和洗脱速率 2.25 mL/min (1 min)的情况下，对 Ni^{2+}的富集因子为 15。但是，对于 Pb-IIP 来说，其动力学效率以及(或)者速率都很低，当负荷流速 3 mL/min(4 min)和洗脱速率 2.25 mL/min(1 min)的情况下，对 Pb^{2+}的富集因子为 5。该方法对 Ni^{2+}和 Pb^{2+}的检测限分别为 0.33 μg/L 和 1.88 μg/L，而对 Ni^{2+}和 Pb^{2+}的精度则分别为 8%(2.37 μg/L)和 11%(8.38 μg/L)。通过分析经过认证的标准物质，结果发现其测量结果与标准值相近，这说明该法有一定的准确性。同时检测意味着时间要比传统的要短。

2. Gd^{3+}和 Ld^{3+}

Gd^{3+}和 Ld^{3+}两种阳离子具有非常相似的化学和物理性质，如离子电荷、水合离子半径(R_{Gd}=4.69 Å，R_{La}=4.61 Å)、几何构型不固定是因为其配位数从 6 变到 12。

Garcia 等[86]设计制造了 IIP 用于 Ld^{3+}和 Gd^{3+}的同时分离。所采用的原料主要有 VP、AA、二亚乙基三胺五乙酸等。其制备过程见图 2-75。

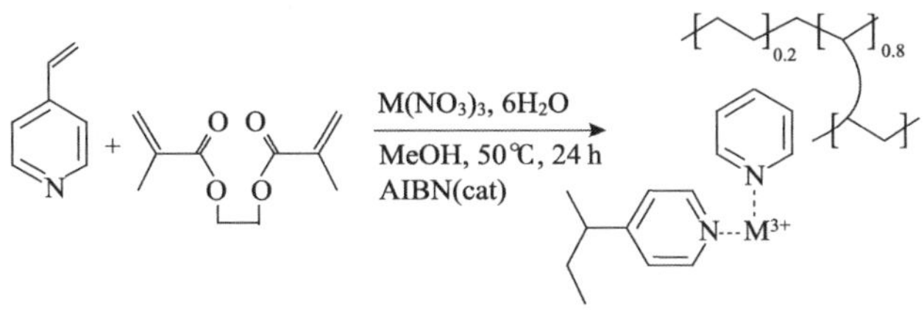

M(NO₃)₃, 6H₂O
MeOH, 50℃, 24 h
AIBN(cat)

图 2-75 Gd^{3+}和 Ld^{3+}印迹聚合物的制备(M=Gd 或 Ld)[86]

虽然有些研究涉及制备 IIP 用于分离两个目标，但是在实际样品的分析中并不适合大多数金属离子。这主要是由于在识别过程中金属离子溶剂化尺寸的不同所致。在实际应用中，两种目标金属离子必须有相同的尺寸并且结合相同的配体。但是，最终的吸附效率受到一些参数诸如配合物的形成常数、稳定性和尺寸的差异等的影响。这些基本参数的局限会使其选择性和吸附能力都不理想，从而离真正应用于实际还有一段距离。

第二节 功能性单体

功能性单体的作用是提供官能团与模板通过共价作用或非共价作用形成配合物(复合物)。模板与单体之间结合的强度影响 MIP 的亲和力，同时也决定其识别位点的准确性和选择性。二者的相互作用越强，配合物(复合物)越稳定，导致 MIP 有较高的结合能力。因此，选择合适的功能性单体对于 MIP 的制备是很重要的。常用的功能性单体见图 2-76。

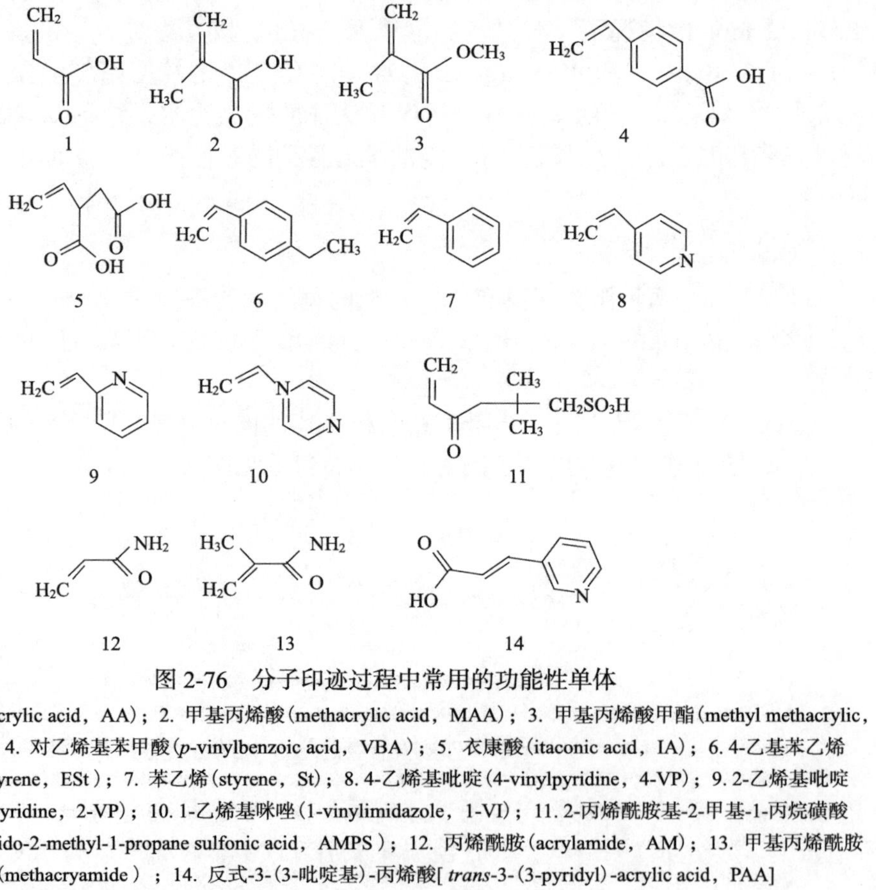

图 2-76 分子印迹过程中常用的功能性单体

1. 丙烯酸(acrylic acid，AA)；2. 甲基丙烯酸(methacrylic acid，MAA)；3. 甲基丙烯酸甲酯(methyl methacrylic，MMA)；4. 对乙烯基苯甲酸(*p*-vinylbenzoic acid，VBA)；5. 衣康酸(itaconic acid，IA)；6. 4-乙基苯乙烯(4-ethystyrene，ESt)；7. 苯乙烯(styrene，St)；8. 4-乙烯基吡啶(4-vinylpyridine，4-VP)；9. 2-乙烯基吡啶(2-vinylpyridine，2-VP)；10. 1-乙烯基咪唑(1-vinylimidazole，1-VI)；11. 2-丙烯酰胺基-2-甲基-1-丙烷磺酸(2-acrylamido-2-methyl-1-propane sulfonic acid，AMPS)；12. 丙烯酰胺(acrylamide，AM)；13. 甲基丙烯酰胺(methacryamide)；14. 反式-3-(3-吡啶基)-丙烯酸[*trans*-3-(3-pyridyl)-acrylic acid，PAA]

一、功能性单体选择的策略

模板和单体的特性以及聚合反应决定了聚合产物的质量和性能。另外，分子印迹聚合物识别位点的数量和质量与聚合前单体-模板相互作用的机理和程度有直接关系[87]。对于共价分子印迹来说，模板与单体投料比的变化的影响不大，因为模板分子通过共价结合可以确定周围功能性单体的数目，而且，功能性单体会通过化学计量方式与模板结合。对于非共价印迹来说，必须通过经验法(改变不同条件)来确定最佳模板/单体投料比。一般地，提高聚合前混合物组分的浓度或配合物的亲和力，将有助于提高印迹聚合物中最终结合位点的数目，从而提高吸附量和选择性因子。

从 MIP 结合位点形成机理来看，单体在结合位点主要用于与模板结合，因此对于非共价体系来说，通常使用过量的单体以有利于实现模板-单体的组装。在印迹准备中,合理匹配单体官能团与模板官能团（如氢键供体和氢键受体搭配)是非常重要的工作，因为只有这样才可以实现配位最大化，从而提高印迹效应。研究发现，双组分单体组成的印迹共聚物与单组分的相比，前者的性能更好，这与其结合位点的结合性能更强有关。下面主要论述选择功能性单体的一些基本策略。

（一）热力学

通用的热力学处理方法可以帮助我们更好地理解 MIP 的识别行为。Nicholls[88]用热力学方法研究了 MIP 的识别行为。他认为配位平衡程度受到模板-功能单体相互作用过程中每种模式吉布斯自由能变化的控制。由于预排列时，体系受到动力学控制，因此，此时单体-模板配合物不会受到构象应变与不利的范德华力作用。另外，在识别过程中，由于体系交联度较高，因此 MIP 只会发生有限的构象改变。由于聚合和重新结合过程一般都是在油性中进行，因此可以不考虑疏水作用的影响。考虑到上述因素，Nicholls[88]对配体-受体相互作用的能量贡献提出了一个简化方程：

$$\Delta G_{\text{bind}}=\Delta G_{\text{t+r}}+\Delta G_{\text{r}}+\Delta G_{\text{vib}}+\sum\Delta G_{\text{p}} \tag{2-4}$$

式中，ΔG_{bind}为配合物形成的吉布斯自由能变化值；$\Delta G_{\text{t+r}}$为平移和转动的吉布斯自由能变化值；ΔG_{r}为配位时转动摩擦的吉布斯自由能变化值；ΔG_{vib}为残余的软转动吉布斯自由能变化值；$\sum\Delta G_{\text{p}}$为极性基团相互作用的吉布斯自由能变化值的总和。

一般来说，选择可以与模板形成更强的、特异性的功能单体，因为它可以提高体系ΔG_{p}的贡献。亲水性功能性单体-模板之间的相互作用会导致形成的加合物更加规整，因而会更加稳定。如果模板与功能单体的共价作用可逆，或者有较强的配位功能如金属离子，这样的模板往往更适于分子印迹。如果所选体系中其模板-单体相互作用更加稳定，则该体系会减少对功能单体的过度使用，反过来会减少由于聚合物中剩余无序功能单体所引起的非特异性作用。更为重要的是，体系内在的结合能，即ΔG_{p}是配体与聚合物基质极性相互作用的平均强度的一个量化值。它包括非特异性结合模式的贡献，即配体与聚合物中剩余无序单体之间的作用以及配体与交联剂的官能团之间的作用。另外，对于反应体系的溶剂来说，其选择的依据是能够优化极性作用的强度，而尽量不参与竞争单体-模板的相互作用。

(二)光谱手段评价模板-单体的相互作用

1. NMR

功能单体-模板之间的非共价作用最直接的证据是由 Shllergren 等[89]通过核磁共振谱(nuclear magnetic resonance，NMR)最先提出的。他们发现模板分子存在很小的自缔合现象，而且配合物高度有序。通过 NMR 可以研究功能单体与模板之间相互作用。在大多数研究中，可以检测出配合物精确结构。例如，Nicholls 等[90]详细研究了尼古丁和 MAA 形成的配合物的特征。他们用 ^{1}H NMR 来确定在预聚合体系中功能性单体-模板相互作用的强度，二者之间的相互作用会导致化学位移的变化，进而可以用其来测定配合物的解离常数。重要的是，NMR 可以提供确定配合物中相互作用结构中的特定位点。他们将乙酸(作为丙烯酸的类似物)连续加入(–)-尼古丁的氯仿或乙腈中。通过测试 NMR，结果发现化学位移(位置靠近碱性吡啶基和吡咯啉基氮原子附近的H)迁移值最大至～1.2 ppm(在乙腈中)，见图 2-77。一般地，迁移的程度意味着质子接近结合位点的程度，即与相互作用有关。较大迁移的 H 更靠近碱性吡咯啉基上的 N，表明叔胺质子化，即模板与单体相互作用，可能是由于羧基阴离子与其形成离子对，导致相邻质子的磁场环境发生明显改变。而邻近吡啶基的 H 的影响不明显，这反映出该位点上的碱性较弱。

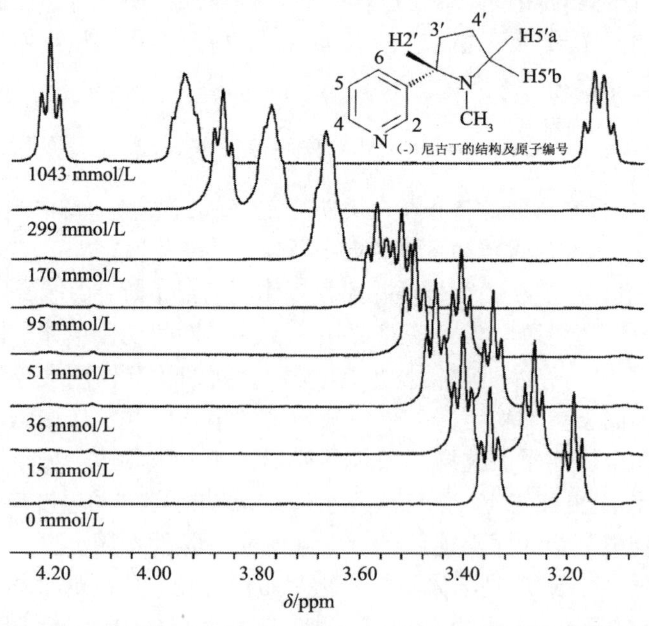

图 2-77 (–)-尼古丁分子 H5′b(3.35 ppm)和 H2′(3.18 ppm)化学位移的变化情况[90]
将乙酸(每个图谱上标明其浓度)连续加到 30 mmol/L(–)-尼古丁的氯仿溶液

这些结果表明，在预聚合的混合物中，有模板自缔合的配合物存在，而且其自缔合的程度与溶剂和单体都有关。因此，由于静电作用，模板的二聚体在氯仿中比在乙腈中更稳定，但是，当有乙酸(丙烯酸的类似物)存在时，尼古丁-尼古丁配合物在乙腈中更稳定。功能性单体能够稳定尼古丁的自缔合，即使在典型分子印迹的浓度时也可以有自缔合发生，从而导致尼古丁与乙酸形成化学计量配合物(1.5∶1)。

另外，通过 ^{1}H NMR 跟踪 MIP 的合成，他们证明了在预聚合的混合物中，有尼古丁-尼古丁-MAA 配合物存在，而且当聚合物凝胶形成后配合物仍然存在，其结果见图 2-78。

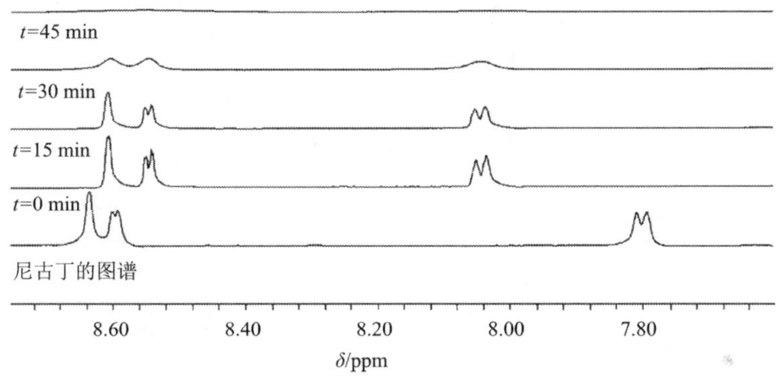

图 2-78　在聚合过程中尼古丁分子中吡啶质子(H2, 8.64 ppm；H6, 8.60 ppm)和 H4(7.81 ppm)的 ^{1}HNMR 图谱[90]

我们知道，在 2,4-二氯苯氧乙酸和 4-乙烯基吡啶体系中，配合物的形成有多种相互作用：模板的酸性基团与碱性单体之间会形成较强的离子对；两个分子之间有苯环的 π-π 堆积作用。这些增加的相互作用对于形成高选择性结合位点是很有必要的。对于去甲麻黄碱-MAA 配合物，NMR 图谱可以证实在去甲麻黄碱的氨基和 MAA 的羟基之间只有静电作用。但是，模板分子内键合导致这种作用减少。因此，有关单体与模板之间的结合作用的信息还不多，另外，在创建特异性识别空腔时其他相互作用必须确定。

2. FTIR

傅里叶变换红外光谱(Fourier transform infrared spectroscopy，FTIR)可以确定分子结构的改性变化。它可以检测液态或固体样品。功能性单体和模板通过氢键形成配合物意味着印迹开始。这种键的形成可以很方便地通过 FTIR 确认，因为羟基或氨基(氢键供体)以及羰基(氢键受体)的伸缩振动频率被代替后会观察到吸收频率的迁移。但是，溶剂的存在会对上述结果产生干扰。这也就是该技术无法分析预聚合体系的原因。

Brune 等[91]用 FTIR 考察了苯酚类化合物和丙酸乙酯(丙烯酸酯类似化合物)正己烷中的相互作用。他们着重考察酚醛模板的—OH 伸缩振动频率。有单体和无单体情况下，通过 FTIR 来检验模板分子是否存在自缔合现象。对于苯酚、2,6-二甲基苯酚来说，体系中是否形成氢键易于用 FTIR 检测，因为一旦形成氢键，那么原来未配位的 OH 尖锐伸缩振动吸附峰就会减弱，进而在低频率方向出现一个较宽的吸收峰。后者证明苯酚和 2,6-二甲基苯酚与丙酸乙酯会形成分子间的氢键。另外，两个吸附峰频率迁移的大小反映出苯酚-丙酸乙酯之间相互作用的强弱信息。2,6-二甲基苯酚所导致的频率迁移要比苯酚小，这意味着 2,6-二甲基苯酚-丙酸乙酯的结合作用要比苯酚-丙酸乙酯弱。对于 2-氯苯酚来说，只有在高浓度的功能性单体存在时才可以观察到氢键的存在。这可解释为，2-氯苯酚分子内—OH 与氯原子之间分子内氢键对模板-单体分子间氢键是一个竞争。当 OH 被两个大基团如叔丁基包围后，丙酸乙酯由于位阻效应而导致二者难以形成氢键，从而导致二者的相互作用较弱。他们通过吸附实验证实了以上结果。其相关结果见图 2-79[91]。

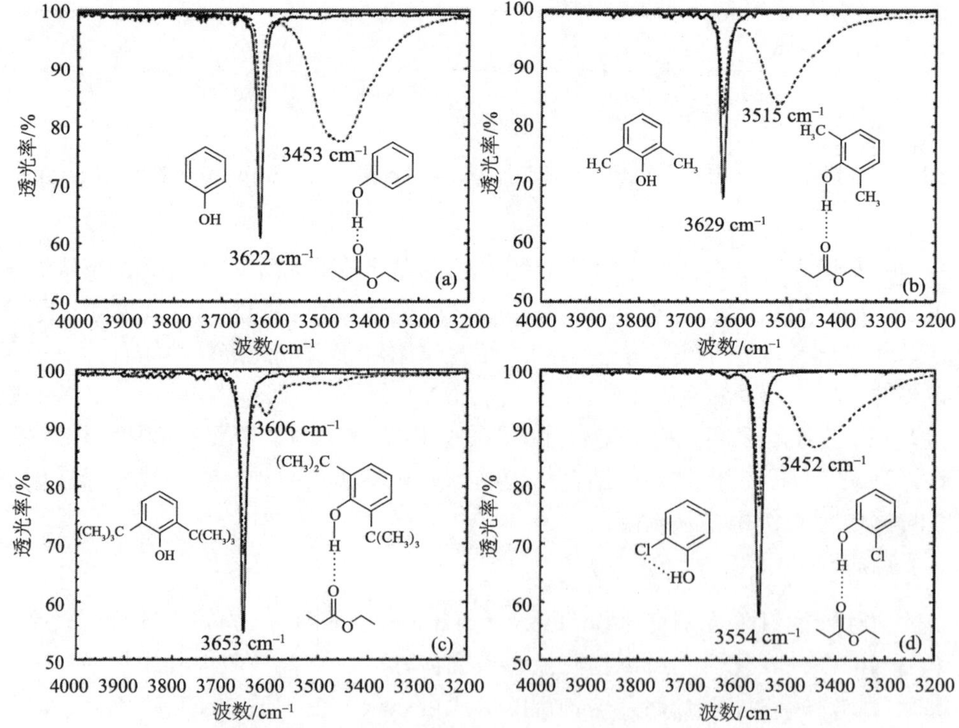

图 2-79　苯酚及取代苯酚在丙酸乙酯存在或不存在情况下的 FTIR 图谱[91]

实线为 12 mmol/L 苯酚或取代苯酚(正己烷作溶剂)的图谱，虚线为同样苯酚或取代苯酚在丙酸乙酯存在下的图谱。所有图谱都是在 20℃测得。对于(a)苯酚和(b)2,6-二甲基苯酚来说，丙酸乙酯的浓度为 35 mmol/L。为了观察分子间的氢键峰，对于(c)2,6-二-叔-丁基苯酚和(d)2-氯苯酚来说，丙酸乙酯的浓度分别为 700 mmol/L 和 500 mmol/L。

这种简单的方法允许人们在选择功能性单体时，如果通过 FTIR 检测到候选单体与模板之间的相互作用最强，那么该单体就可以将其作为 MIP 合成的首选单体。

3. UV

Striegler 和 Tewes[92]用 UV 光谱考察可聚合的 Cu(Ⅱ)配体，以用作糖类化合物印迹的功能单体。首先估算了 Cu(Ⅱ)-配体的稳定性以选择合适的配体，然后评价了含铜配合物单体与不同己糖的表观结合常数。二硝酸(二乙烯三胺)铜[(diehtylenetriamine) copper(Ⅱ) dinitrate]是与糖形成配合物首选可聚合配体。他们发现模板与单体的结合只涉及糖的 C1 和 C2 上的羟基。

Andersson 和 Nicholls[93]采用 UV 光谱法分析了分子印迹“预聚合阶段”，该阶段模板和功能性单体之间的作用受到热力学控制。他们将三种模板：*N*-乙酰基-苯基丙氨酸-L-色氨酸基甲基酯(*N*-acetyl-L-phenylalaninyl-L-tryptophanyl methyl ester)、育亨宾(yohimine)和辛可尼定(cinchonidine)，分别与 MAA 和 EGDMA 共同组成预聚合体，然后研究模板的 UV 光谱变化情况。该法提供了一种检测模板-单体复合程度的方法，可以半经验估算 MIP 的识别位点的数目。该方法有望对新分子印迹体系予以评估。他们将 MAA 分别加入模板溶液中，然后用 UV 光谱检测模板的吸光度。吸光度的最大值对应于单体与模板作用达到饱和状态，然后通过计算得到复合物的解离常数 K_{diss}。将 EGDMA 加入模板中，并没有观察到模板分子的 UV 吸光度的改变，这意味着交联剂与模板的作用不明显，也就是说交联剂与模板的作用很小或可以忽略。他们还考察了功能单体的疏水结构如甲基和双键组分对复合结构的影响。他们用乙酸代替 MAA 进行了实验，发现用乙酸代替 MAA 后，复合物的稳定性下降。这应该是乙酸的极性更强所致。不过值得一提的是，乙酸可以作为评估实验时 MAA 的一个替代品，因为它在更宽 UV 波长范围内可以使用。

(三)计算机模拟

一般地，功能性单体可选用的范围越宽，则使设计适合任何物质的 MIP 成为可能。前述的几种选择最优单体的方法在实际应用中很重要。这些技术上的困难在于要详细完成多组分体系的热力学计算以及对聚合物组合筛选需要大量原料和时间。如果用 100 种单体完成一个简单的 2 组分组合来说，理论上人们需要合成和检测 5000 多个聚合物，这是一个不可能完成的任务。如果实验不同比率则会更加复杂。一种潜在的解决方法是通过分子建模和用计算机来完成热力学计算。

到目前为止，对于配合物如 MIP 来说，由于受到它们的结构和与模板分子可能的作用以及溶剂和其他分子的影响，因此，对其分子建模比较困难，因为对于这样复杂体系来说，其计算工作量非常大。但是，人们通过简化模型降低了计算要求。目前，一种主要假设是，对于分子印迹体系来说，在预聚合前，单体与模板相互作用的强度和种类会决定随后所得聚合物的识别性能。这种假设的基本思想是在单体混合物中形成的配合物在聚合过程中会保持不变，而且它们的结构在聚合物中也会保持不变。因此，不需要对聚合物建模，只要建立单体混合物以及在溶液中单体、交联剂、模板和溶剂的作用模型，因而计算时间大幅度降低。单体与模板作用模型可以量化，可以通过选择合理的单体用于聚合物的制备。虽然目前被报道可聚合的化合物有 4000 多种，理论上它们都可以作为潜在的功能性单体，但是实际上它们很多都具有相似的性质和结构。作为一种假设，我们可以建立一个最小功能性单体库(20～30 个化合物)，然后计算其和目标模板分子之间的可能相互作用，从而达到筛选要求。建立这样的功能性单体库和对其与模板的作用进行筛选是很容易完成的。最初的筛选包括前述的$\sum\Delta G_{p}$、ΔG_{t+r}、ΔG_{r}和ΔG_{vib}。Tripos 公司开发的 Leapfrog^{TM} 算法可以完成上述任务[87]，特别适合用于单体的筛选(通过评估析其与目标模板之间的相互作用而实现)。通过这种方法不仅可以实现对功能单体的筛选，而且可以确定模板与单体的最佳比例。

在实践中，Piletsky 等[94-96]实现了与麻黄素、肌酸和微囊藻毒素-LR 配对组合的功能单体的筛选。下面以其对麻黄素 MIP 的设计为例讨论其模拟过程[94]。

假定模板溶解在功能性单体中，然后分析功能性单体在模板周围的排列。模拟退火是一种分子动力学实验，为了达到在模板周围的构象空间广泛抽样的目的，设定系统的温度随着时间不断循环。其机理是用较高的温度导致系统可以从目前的状态重排，而用较低温度则可以把系统重新带入稳定状态。使用这种方法可以得到相互作用分子系统的低能量构型信息，也可以考察其他影响因素如溶剂、交联剂等对单体-模板相互作用的影响。

将开始退火温度固定在 973 K，然后以 100 K 的步长，连续 7 步将温度降至 273 K(在 7000 fs 内达到动态平衡)。对于每一步骤来说，系统最小化至 0.01 kcal/mol。在程序结束时，即温度达到 273 K，测试功能性单体的数目和位置。

退火实验表明溶剂对配位过程有较大影响。因此，在 THF 存在的情况下，只有一个衣康酸和丙烯酸分子与麻黄素形成氢键。在氯仿溶剂中，甲基丙烯酸和甲基丙烯酸羟乙酯各有两个与一个模板形成氢键(图 2-80)。对于 2-乙烯基吡啶和麻黄素则没有发现氢键的形成。这些结果与实验相吻合(他们通过实验证明甲基丙烯酸和甲基丙烯酸羟乙酯是适合的单体)。

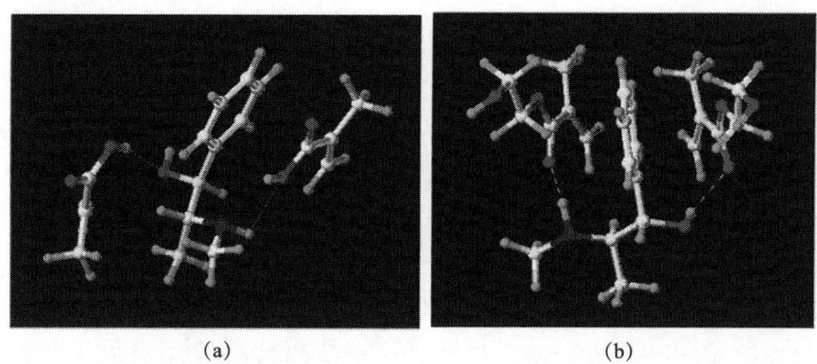

(a)　(b)

图 2-80　麻黄素-甲基丙烯酸(a)或者甲基丙烯酸羟乙酯(b)形成配合物的可能结构[94]

(四)其他应该考虑的因素

对于功能性单体的选择不仅依赖于单体-模板之间相互作用的强度，一些实际因素也会对分子印迹起到干预作用。例如，功能单体的价格就是一个重要因素。大多数单体都可以从市场上买得到，价格相对较便宜，但在某些情况下其价格也会因不明原因上涨较快。这已成为一个重要的选择依据，特别是当 MIP 大量制备用作固相吸附剂时。

对于一个整体聚合物的合成来说，少量溶剂是必需的。这意味着所有物质都要在所选择的溶剂中有较好的溶解性。一些固体单体如丙烯酰胺或衣康酸不适合使用非极性溶剂如甲苯，因为它们在其中的溶解度较低。

在大多数情况下，聚合反应一般通过热引发或 UV 引发。为了保持在聚合过程单体-模板配合物不变，从而有利于形成特异性空腔，模板和单体应该在这些条件下保持足够稳定。另外，单体应该确保不发生竞争性光反应或降解。

对于各种印迹聚合物的制备来说，人们必须面对的一个问题是单体的低反应活性。对于烯丙基胺，这个分子表面看来有足够形成有效的 MIP 的可能，因为它是一个小分子而且有能够形成氢键的伯胺基团。但是，含有烯丙基胺的聚合物并不是一个硬的聚合物，相反却是相当脆，甚至有点类似粉笔一样。 对此的一个解释是该功能性单体不能与交联剂相互键合连接，进而烯丙基胺形成二聚体却没有形成空腔。这个问题可以合成功能性交联剂(可同时起到功能性单体和交联剂的作用)来规避，如使用单一交联剂 *N*,*O*-双异丁烯烯酰乙醇胺(*N*,*O*-bismethacryloyl ethanolamine，NOBE)与模板、引发剂和溶剂反应即可。该配方不需要额外添加功能性单体，也不需要优化功能单体与交联剂、模板的相对比率。单独使用 NOBE 所制备的 MIP，其性能要比引入其他功能性单体的好。

二、“万能型”功能性单体-甲基丙烯酸

在所有的功能性单体中，MAA 被认为是一种“万能型”(universal)功能性单体，因为它具有独特的性质，它既可以作为氢键的供体，也可以作为氢键的受体，因而几乎可以作为大多数印迹过程中与模板相互作用的候选者。Zhang 等[97]解释了为什么 MAA 是一种分子印迹的“万能型”功能性单体。

由于 MIP 结合性能很一般，因此 MIP 的实际应用受到局限。在大多数情况下，在印迹过程中其特殊结构的“保真度”较低，因此只要一小部分结合位点对于模板具有高的亲和力和选择性。这就导致其总体结合能力和选择性要远低于生物识别平台如抗体、酶和核酸适配体。为了解决这些挑战性问题，人们的研究重点在于如何提高印迹过程的效率。因此，人们对印迹过程中的一些参数开展了深入研究和优化，而这些参数主要包括交联度、温度、溶剂、模板的聚集、单体与模板的比率、浓度等。其中，一个参数是最近才开始被研究，它就是功能单体的二聚作用(dimerization)或聚集，它也是在计算机模拟的背景下才开始被研究。出现这种局面的原因之一是人们一般认为单体的二聚作用会与印迹过程竞争，因此对印迹过程不利。但是，Zhang 等[97]认为功能单体的聚集也许是一种积极效应，因为它可以抑制体系生成非选择性背景位点(nonselective background sites)。由于 MAA 具有很强的形成氢键二聚体的趋势，因此他们选择 MAA 来检验上述假设，MAA 的二聚作用见图 2-81。

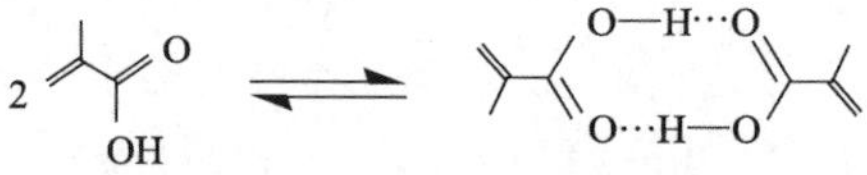

图 2-81　MAA 的二聚作用

一般地，在印迹过程中，为促使单体-模板配合物的形成，人们都会过量使用功能性单体[图 2-82(a)]。这样做的一个副效应是大多数单体单元并没有与模板配位，相反体系形成了大量背景位点。单体的二聚作用有可能减少这些背景位点的形成[图 2-82(b)]。随着识别基团的自缔合被破坏，由二聚单体形成的结合点会很快被解出。

为了解释 MAA 形成二聚体是导致 MAA 作为“万能”功能性单体的原因。他们选用一个被广泛研究的 MAA 基 MIP 体系作为研究对象。将乙基腺嘌呤-9-乙酸乙酯(ethyl adenine-9-acetate，EA9A，一种核碱基)作为模板、EGDMA 作为交联剂、MAA 作为功能性单体，然后在乙腈中聚合。通过表征 MAA 在溶剂中的缔合作用，然后比较 MAA 二聚作用的程度对聚合物结合性能的影响。另外，通过改变溶剂极性来比较非印迹聚合物(non-imprinted polymer，NIP)的情况。最后，采用计算机模拟的方法单独分析 MAA 二聚作用对印迹过程的影响。通过以上手

段，就可以直接考察二聚作用与背景位点的关系[图 2-82(c)和(d)]。

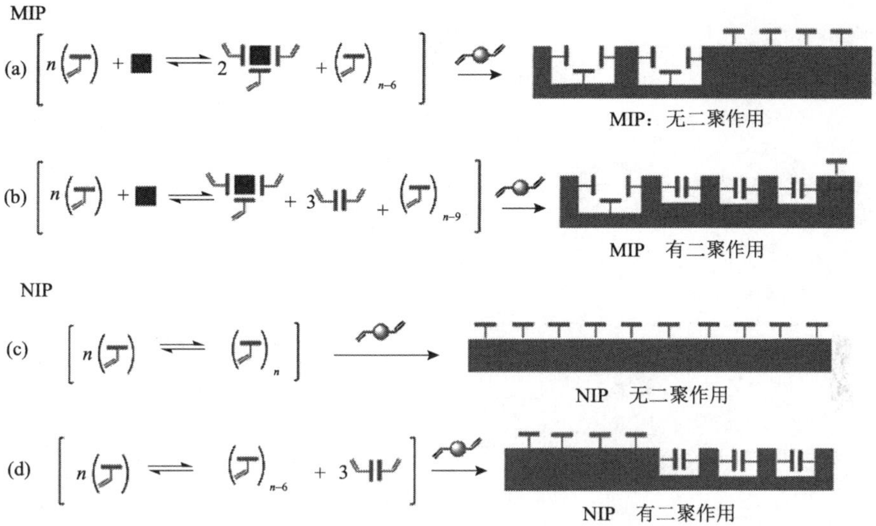

图 2-82　功能性单体有或无二聚作用对 MIP 和 NIP 形成的影响[97]

结果发现，无论是实验还是计算机模拟都支持 MAA 二聚作用会有效地减少 MIP 中背景位点数目。MAA 二聚作用也会减少模板选择性位点数目，但是其总的效应是积极的，因为背景位点降低的程度会更大。通过检测选择性模板位点和背景位点的比例，计算机模拟得出单体二聚作用能够有效地提高印迹效率。实验和计算机模拟都有助于揭示 MAA 在分子印迹中能够扮演一个多功能性单体的原因。该研究表明 MAA 的二聚作用可以适当提高印迹效果。当然，他们的研究是在热引发聚合情况下得到的，对于低温下的光引发来说，这种效应应该更明显。因此，有理由相信对于其他能够形成二聚体或者聚集的单体来说，它们的缔合在牺牲部分结合能力的同时也会提高印迹效率。

最近，Golker 等[98]考察了印迹聚合物的形貌，发现 MAA 组分含量的增加会提高聚合物孔径尺寸，进而提高聚合物的结合能力。

三、其他新型功能性单体

由于通用的功能性单体的数目很有限，因此在某种程度上对 MIP 的选择性和进一步的应用有所限制。设计和制备能够与模板形成强烈相互作用的新型功能单体显得很重要。一般地，一个功能性单体必须包括两种结构单元：一种是识别单元，另一种是可聚合单元，后者主要是乙烯基双键和硅羟基类。基于此，人们设计和制备了一些用乙烯基或硅羟基改性的配体作为新型功能性单体(图 2-83)。

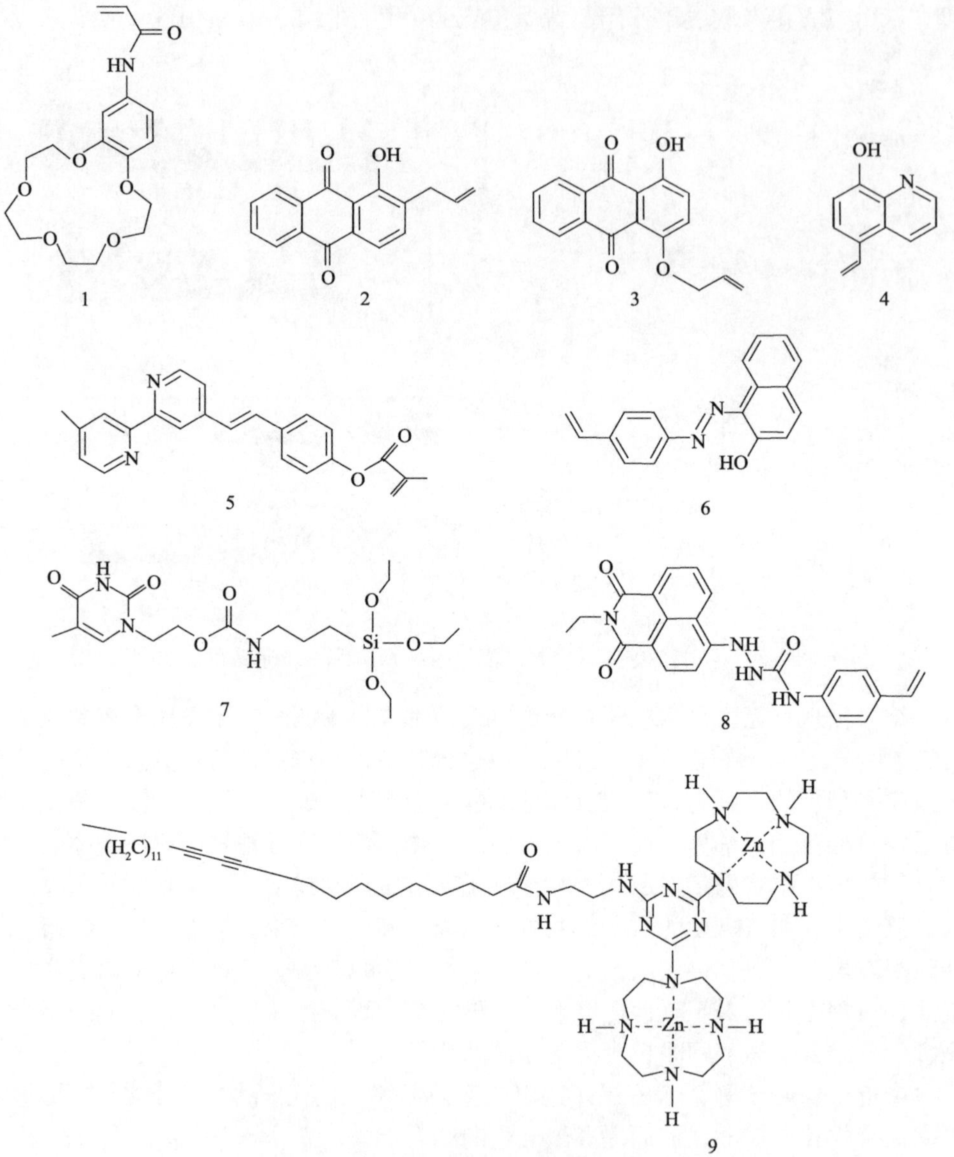

图 2-83　部分新型功能性单体[1]

1. 苯并-15-冠-5-丙烯酰胺(benzo-15-crown-5-acrylamide, B15C5Am)；2. 1-羟基-2-(丙-2′-烯基)-9,10-蒽醌[1-hydroxy-2-(prop-2′-enyl)-9,10-anthraquinone]；3. 1-羟基-4-(丙-2′-烯基氧基)-9,10-蒽醌[1-hydroxyl-4-(prop-2′-enyloxy)-9,10-anthraquinone]；4. 5-乙烯基-8-羟基喹啉(5-vinyl-8-hydroxyquinoline)；5. 4-[(*E*)-2-(4′-甲基-2,2′-联吡啶-4-基)乙烯基]苯基甲基丙烯酸酯{4-[(*E*)-2-(4′-methyl-2,2′-bipydin-4-yl) vinyl]phenyl methacrylate, BSOMe]}；6. 4-乙烯基苯基偶氮-2-萘酚(4-vinylphenylazo-2-naphthol, VPAN)；7. 含胸腺嘧啶碱基的3-异氰酸丙基三乙氧基硅烷(3-isocyanatopropyltriethoxysilane bearing T bases,T-IPTS)；8. *N*-乙基-4-(*N*-[4-乙烯基苯基]肼甲酰胺基)-1,8-萘酰亚胺(*N*-ethyl-4-(*N*-[4-vinylphenyl]hydrazinecarboxamidyl)-1,8-naphthalimide)；9. 二乙炔标记双核锌环烯受体(diacetylene tagged dinuclear zinc cyclen receptor)

Wu 等[99]用 K^+作为模板，用可聚合的苯并-15-冠-5-丙烯酰胺（B15C5Am）捕捉 K^+，然后在水溶液中形成稳定的 2∶1“主-客”配合物，用 *N*-异丙基丙烯酰胺（*N*-isopropylacrylamide，NIPAM）作为温敏共聚单体，通过聚合将其安装到共聚物网络中。聚合完成后，将温度降低到一个较低值[低于聚（NIPAM-co-B15C5Am）的相变温度]，从而使聚合物凝胶在水中溶胀，在这个温度下，如果使用过量的去离子水洗脱，K^+模板就会从“主-客”配合物中去除，因此，K^+-IIP 就得到了，其制备过程见图 2-84。

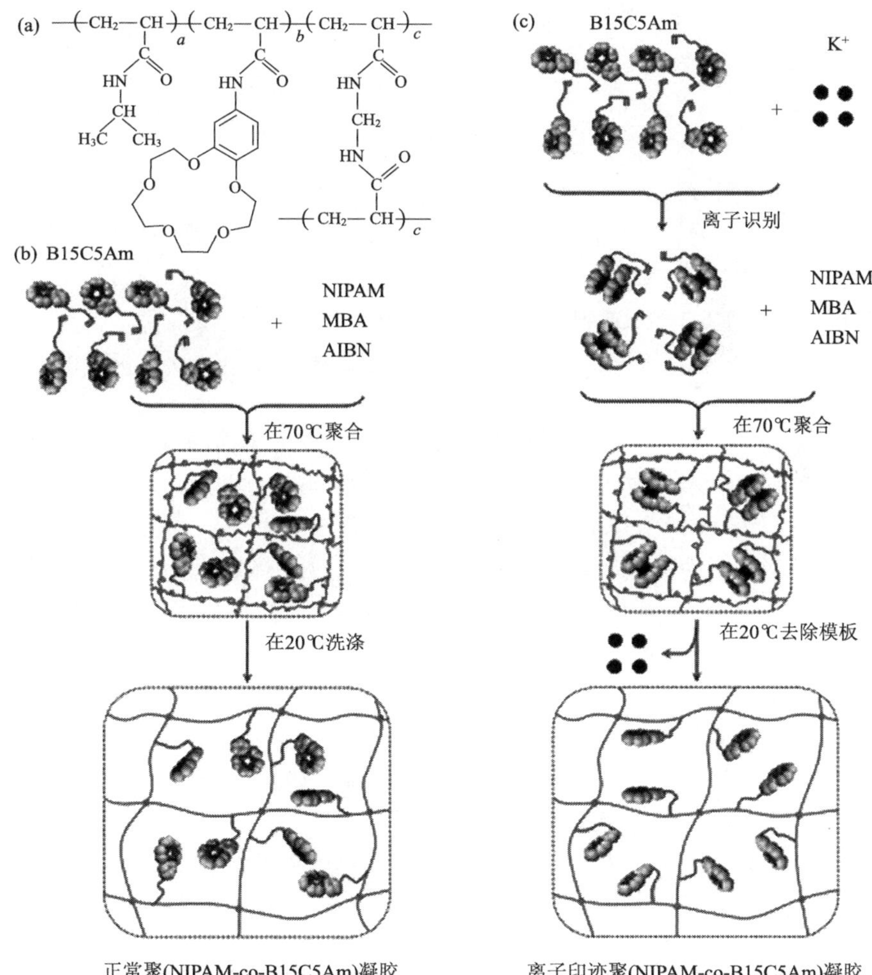

图 2-84 K^+-印迹聚（NIPAM-co-B15C5Am）的制备策略[99]

（a）聚（NIPAM-co-B15C5Am）凝胶的化学结构；（b）正常聚（NIPAM-co-B15C5Am）凝胶的制备过程；（c）K^+-印迹聚（NIPAM-co-B15C5Am）的制备过程

James 等[100]设计了一种可聚合 4-乙烯基苯基偶氮-2-萘酚 (4-vinyl phenylazo-2-naphthol，VPAN) 功能单体，构建了一个二维仿生铀酰传感器，并将其用于天然水的分析。首先用 4-乙烯基苯胺溶解在 1∶1 的 HCl 中，冷却至 5℃以下，然后在搅拌情况下加入 $NaNO_2$ 溶液、4-乙烯基苯胺发生重氮化反应。稍后，将冷的 2-萘酚溶液 (溶于 NaOH 溶液中) 加入反应体系中，待反应完成后冷却后，用浓 HCl 酸化，得到可聚合的可功能性单体 4-乙烯基苯基偶氮-2-萘酚，其制备过程见图 2-85。

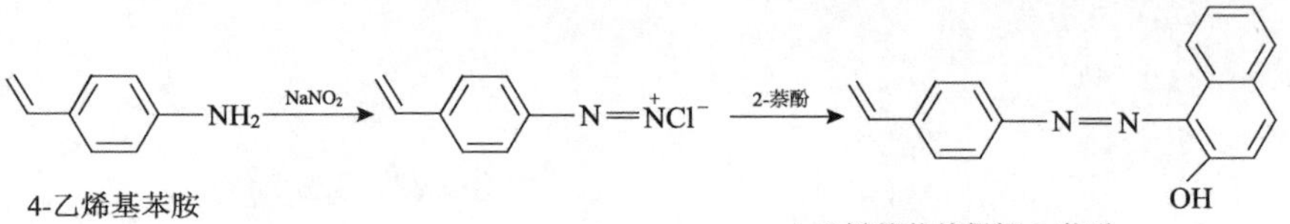

图 2-85　功能性单体 4-乙烯基苯基偶氮-2-萘酚的制备[100]

他们通过热引发聚合的方法制备铀酰离子的印迹聚合物。首先，将铀酰离子与 VPAN 和 4-VP 混合形成配合物，然后与 VP 和 EGDAM 在 AIBN 引发下得到印迹聚合物。铀酰印迹离子通过 5.0 mol/L 的 HCl 溶液洗脱除去。该印迹聚合物形成的传感器对铀酰离子的响应在 0～1.0 μg/L 的范围内呈线性关系，其检测限为 0.18 μg/L，该结果要比使用 4-乙烯基苯基偶氮-2-萘溶液研究所得的好很多 (后者检测限为 1.5 μg/L)。

Wagner 等[101]设计了一种萘酰亚胺基指示剂单体，将制备成荧光分子印迹聚合物。他们选择 4-氨基-取代萘酰亚胺生色团作为骨架结构，因为这类染料通常在波长>500 nm 区域发射出较强的荧光 (该区域有利于荧光分析)，而且能够在 420～450 nm 接近可见光的区域激发 (能够利用低成本激发光源)。另外，4-氨基-取代萘酰亚胺单元是构建荧光探针的一个流行组件，进而可以实现对多种物质的荧光分析，而且它也成功地应用于阴离子响应探针。我们知道，在 MIP 研究中，很多关键目标物如模板/被分析物一般都至少携带一个羧酸基团，这是一个有趣的特性。因此，他们从 4-溴-1,8-萘二甲酸酐作为起始原料，经历三步得到目标分子 *N*-乙基-4-[*N*-(4-乙烯基苯基) 肼甲酰胺基]-1,8-萘酰亚胺 (其制备过程见图 2-86)，从而得到了可聚合的 4-氨基-取代萘酰亚胺基阴离子探针。

为了评估该 4-氨基-取代萘酰亚胺基阴离子单体在颗粒和薄膜方面的性质，他们通过本体聚合制备了 MIP。将单体与所选择的模板按照 1∶1 非共价化学计量配比混合，然后加入 EGDMA 作交联剂。他们对该体系采用热引发聚合而不是光引发聚合，主要原因是避免染料单体发生光漂白作用。根据单体的特性，选择了三种碱性分子作为模板：*Z*-L-谷氨酸 (*Z*-L-glutamic acid, *Z*-L-GLU)、*Z*-L-苯丙氨酸 (*Z*-L-phenylalanine，*Z*-L-Phe) 以及青霉素 G (penicillin G，PenG)。

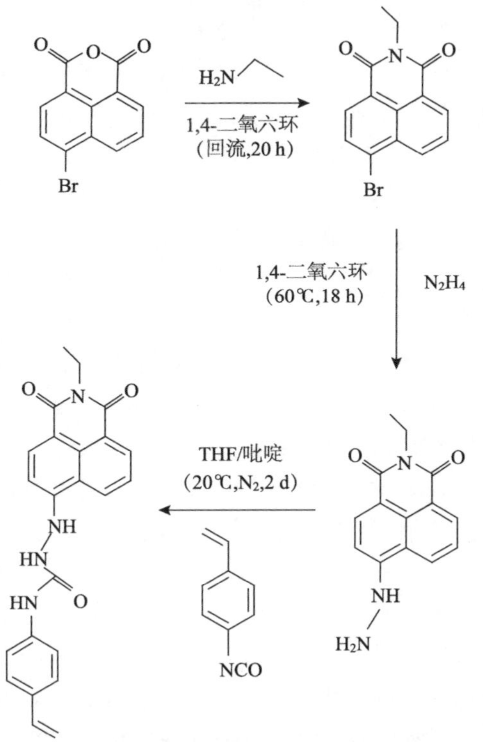

图 2-86　*N*-乙基-4-[*N*-(4-乙烯基苯基)肼甲酰胺基]-1,8-萘酰亚胺的制备过程[101]

为了测试水样品中的 Cu^{2+}离子，Pinheiro 等[102]设计了具有荧光特性且可聚合的配体，进而制备了一种 Cu^{2+}-IIP 作为荧光传感器用于 Cu^{2+}的测定。该单体为 4-[(*E*)-2-(4′-甲基-2,2′-联吡啶-4-基)乙烯基]苯基甲基丙烯酸酯{4-[(*E*)-2-(4′-methyl -2,2′-bipydin-4-yl) vinyl] phenyl methacrylate，BSOMe]}，其制备过程见图 2-87。

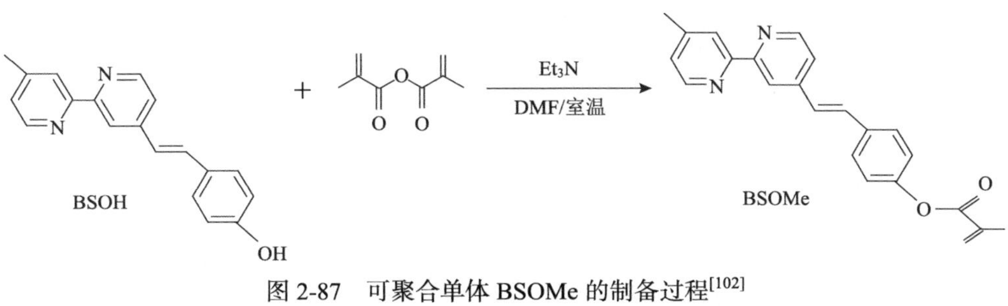

图 2-87　可聚合单体 BSOMe 的制备过程[102]

功能性单体 BSOMe 采用 4-[(*E*)-2-(4′-甲基-2,2′-联吡啶-4-其)乙烯基]苯酚{4-[(*E*)-2-(4′-methyl -2,2′-bipydin-4-yl) vinyl] phenol, BSOH}与甲基丙烯酸酐反应而得。具体操作过程是首先将 BSOH 溶于含有三乙胺的无水二甲基甲酰胺(dimthylformamdie，DMF)溶液中，在通氩气的情况下加入甲基丙烯酸酐，室温下反应 18 h，减压蒸出 DMF，然后用柱色谱提纯。

为了制备 Cu^{2+}-IIP，将 Cu^{2+}与 BSOMe 计量(金属和配体的物质的量比为 1：2)混合溶剂在甲醇溶液中形成配合物。然后在 2,2-二甲氧基-2-苯基苯乙酮(2,2-dimethoxy-2-phenylacetophenone)作引发剂的情况下，用光引发的方法引发聚合。在没有 Cu^{2+}的情况下可以制备得到 NIP。Cu^{2+}-IIP 和 NIP 分别为红色和黄色，这表明在聚合过程中，金属配合物较稳定。用 0.1 mol/L HCl 连续洗涤将 Cu^{2+}离子除去。由于形成交联聚合物网络，在水溶液中被固定的配体不会漏出，因此可以荧光猝灭法测量水溶液中 Cu^{2+}。

在这类新型功能性单体中，有一种化合物值得一提，即图 2-83 中的化合物 7[含胸腺嘧啶基的 3-异氰酸丙基三乙氧基硅烷(3-isocyanatopropyltriethoxysilane，T-IPTS)]。该化合物中含有一个胸腺嘧啶基团(thymine，T)。而最近的研究表明，在一些 Hg^{2+}的高选择性和灵敏性化学传感器中常用到 T 碱基作为配体，因为它们可以形成稳定的 T-Hg^{2+}-T 配合物，而其他金属离子则不会与 T 产生明显的作用。T-Hg^{2+}-T 的特殊作用被广泛用于 Hg^{2+}的检测(比色法、荧光分析和电化学)。

基于此，Xu 等[103]制备了功能性单体 T-IPTS，该化合物中含有 T 碱基(T-IPTS)，T 基团作为识别单元用于印迹 Hg^{2+}，制备过程见图 2-88。首先将 T(4.66 g，37 mmol)溶解在 50 mL 的 DMF 中，然后加入碳酸乙烯(4.9 g, 111 mmol)。 当加入 NaOH(35 mg)后，混合物回流 6 h。减压除去 DMF，再用甲醇洗涤、抽滤，滤液经过真空干燥后用二氯甲烷重结晶得到中间产物 T-OH。

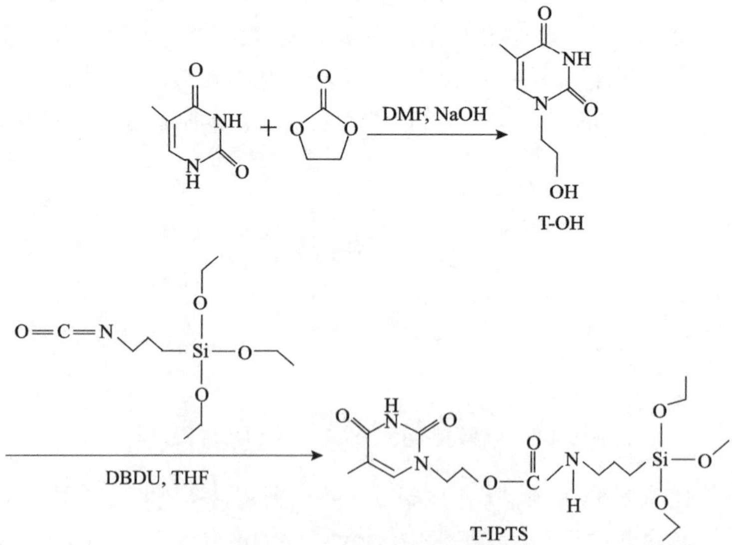

DMF, NaOH

T-OH

DBDU, THF

T-IPTS

图 2-88 T-IPTS 的制备[103]

然后，通过半-共价印迹法制备 T-IPTS。将 T-OH(0.85 g，5 mmol)溶解在

THF(50 mL)中。接着，将 IPTS 在室温下滴加至上述溶液中，再加入 0.3 mL 二月桂酸二丁基锡(dibutyltindilaurate，DBDU)，在 N_2 保护下，将混合物回流 24 h。最后产品经过柱色谱分离提纯。

随后，通过溶胶-凝胶法制备了基于 T-Hg^{2+}-T 相互作用的新型 Hg^{2+}-IIP(图 2-89)。他们将其作为 SPE 吸附剂用于从水样中富集 Hg^{2+}，结果得到一个较满意的回收率(范围为 95.2%～116.3%)。在最优条件下，富集因子是 200，而检测限为 0.03μg/L。与传统的基于 4-VP 的 IIP 相比，该新型 IIP 对 Hg^{2+}表现出较高的选择性和结合能力。

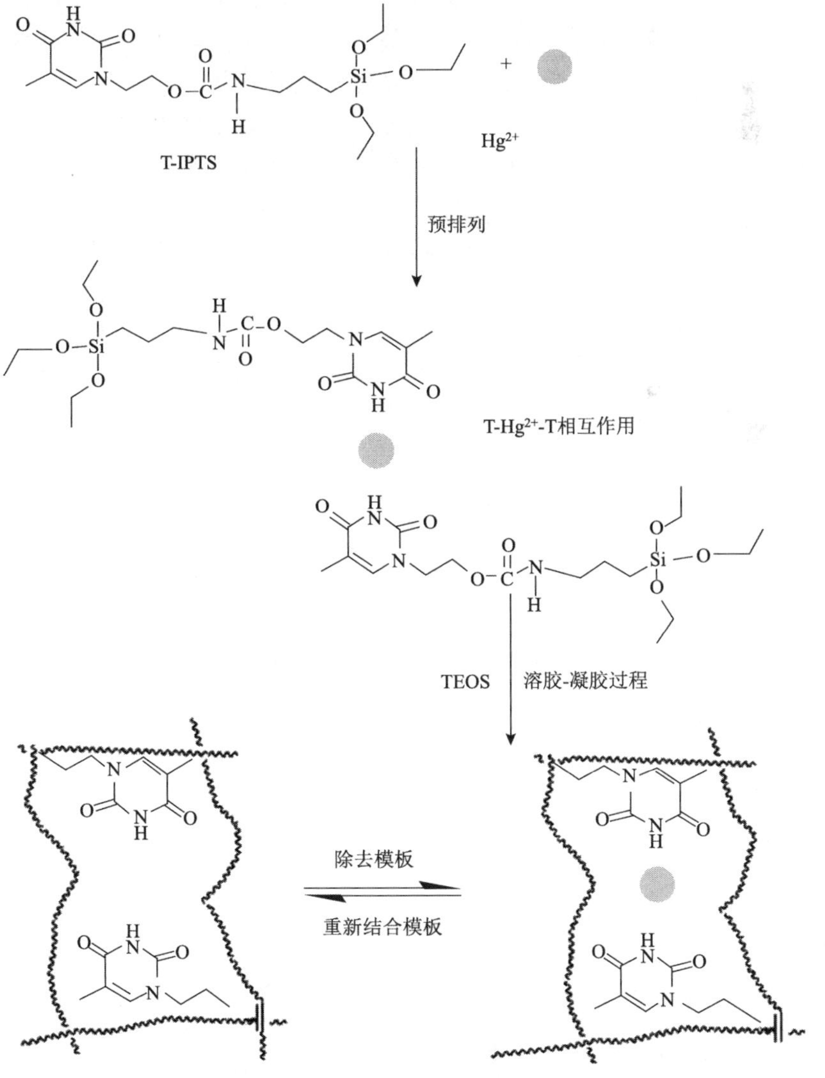

图 2-89 用溶胶-凝胶法制备 Hg^{2+}-IIP[103]

总之，以上的一些研究表明，通过对模板分子“私人定制”(tailor-made)，可以设计和制备一些新型功能性单体，有利于提高 IIP 的选择性和稳定性，这将是 MIT 研究中的一种很有前途方法。

第三节 交 联 剂

对于 MIP 来说，聚合物交联度受到交联剂的种类和用量的影响。交联剂的选择是制备 MIP 中另外一个重要的工作。在印迹聚合物中，交联剂主要有以下功能：首先，交联剂是控制聚合物基质形貌的一个重要因素，因为通过交联剂的调节可以导致 MIP 呈凝胶状、大孔状或微孔状等；其次，交联剂扮演着稳定印迹结合位点的角色；最后，交联剂还承担聚合物机械稳定性的任务。从聚合反应的角度来说，高交联度一般是首选，因为只有这样才能得到具有持久性孔状材料，才能保证聚合物识别位点有足够的稳定性。很显然，高交联度可以使印迹空腔(与模板在形状、官能团方面互补)三维结构不变。因此，为了确保识别位点的稳健性(robustness)，交联剂的用量一般都必须足够高。通常情况下，采用过量 80%的交联剂。另外，少数交联剂能同时与模板配位，因此也承担功能性单体的作用。目前，能够用于分子印迹的交联剂有很多种，主要交联剂见图 2-90[104]。但是，最常用的交联剂仍然是 EGDMA、TRIM、MBAM、DVE 等。

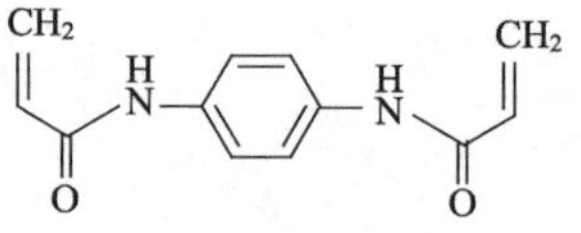

CH_2 H N H N CH_2 O O

1

CH_2 H N H N CH_2 O O

2

CH_2 O CH_3 H_3C O O O

3

CH_2 H N H N CH_2 O O CO_2H

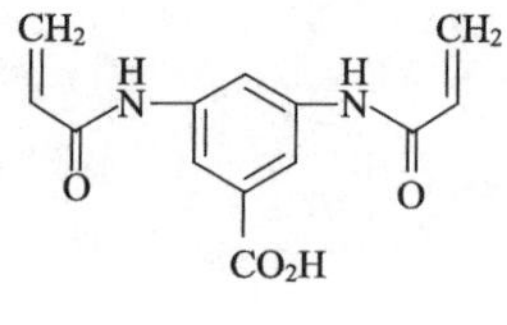

4

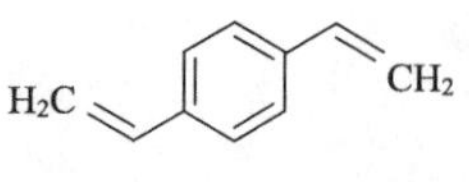

H_2C CH_2

5

CH_2 H N O O O CH_2

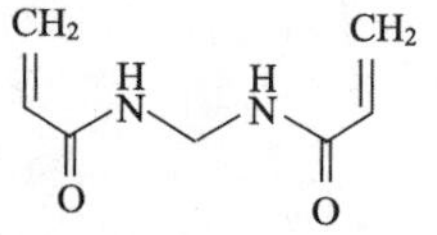

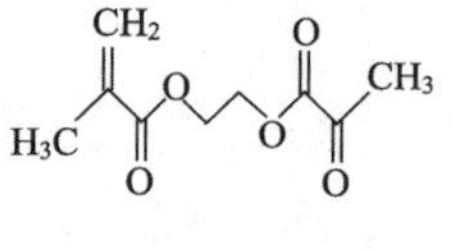

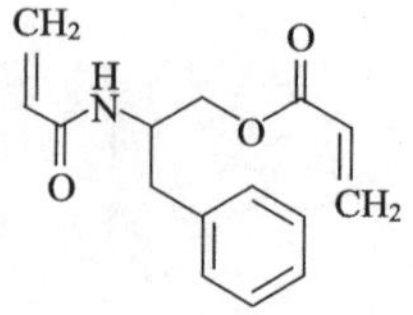

6

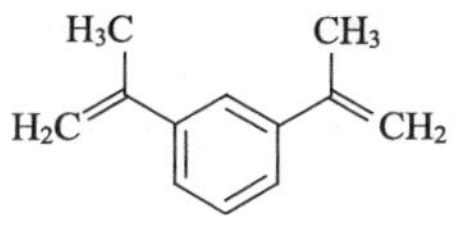

图 2-90　在分子印迹中常用的交联剂[104]

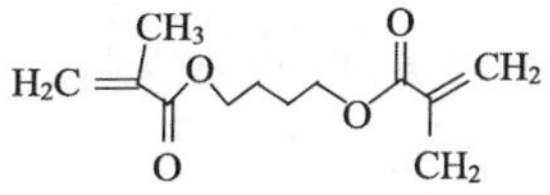

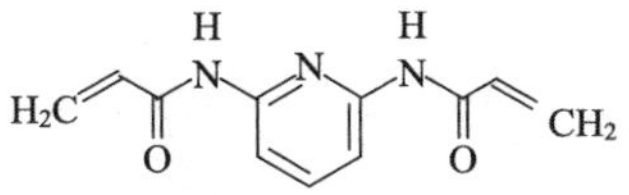

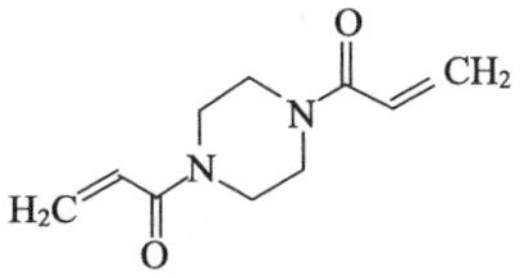

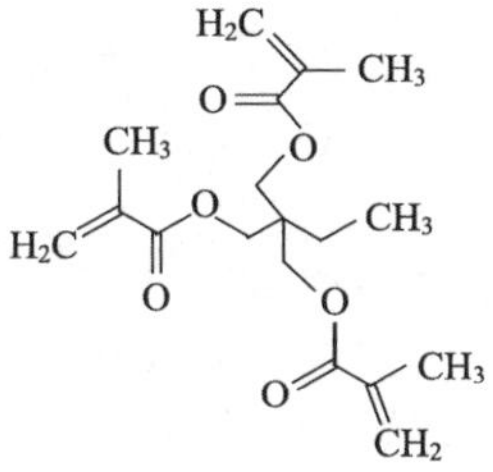

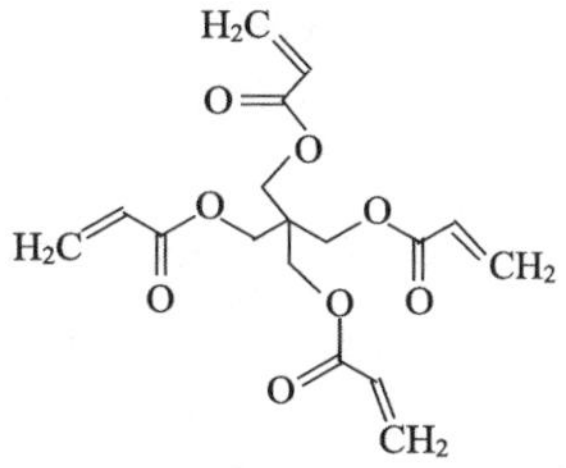

1. *N,N'*-1,4-亚苯基双丙烯酰胺(*N,N'*-1,4-phenylenediacrylamine)；2. *N,N'*-亚甲基双丙烯酰胺(*N,N'*-methylenebiacrylamide, MBAM)；3. 二甲基丙烯酸乙二醇酯(ethylene glycol dimethacrylate, EGDMA)；4. 3,5-二(丙烯酰氨基)苯甲酸[3,5-bis(acryloylamido) benzoic acid]；5.二乙烯基苯(divinylbenzene, DVB)；6. *N,O*-双丙烯酰基-苯丙氨醇(*N,O*-bisacryloyl-phenylalaninol)；7. 1,3-二异丙烯基苯(1,3-diisopropenyl benzene)；8. 1,4-丁二醇二甲基丙烯酸酯(tetramethylene dimethacrylate)；9. 2,6-双丙烯酰氨基吡啶(2,6-bisacryloylamidopyridine)；10. 1,4-二丙烯酰基哌嗪(1,4-diacryloyl piperazine)；11. 三羟甲基丙烷三丙烯酸酯(trimethyloylpropane trimethacrylate, TRIM)；12. 季戊四醇四丙烯酸酯(pentaertyritol tetraacrylate, PETA)

第四节　引　发　剂

众所周知，大部分 MIP 都是通过自由基聚合制备的。很多带有不同化学性质的化学引发剂可以作为自由基聚合的引发剂。正常情况下，它们的用量相比单体来说要小得多，一般为体系可聚合双键物质的 1%(质量分数或摩尔分数)。根据引发剂的化学结构，可以选择热、光、和化学/电化学方法来激发引发剂，不同激发方式产生自由基的速率和模式是不同的。例如，AIBN 能够很方便地用光解(UV)或热解的方法产生稳定的 C · 自由基来引发乙烯基单体。

氧气会阻碍自由基聚合，因此在聚合前必须除去体系的氧气，一般获得足够的链传递速率，从而确保不同批次聚合反应具有可重复性。为了去除溶解的氧气，可以通过超声波处理或者向单体溶液吹送惰性气体如氮气或氩气。

用于自由基聚合的引发剂主要是偶氮类和过氧类化合物，部分引发剂的结构见图 2-91。在这些引发剂中，AIBN 是最常用的引发剂，其引发温度为 50～70℃，使用起来极其方便。

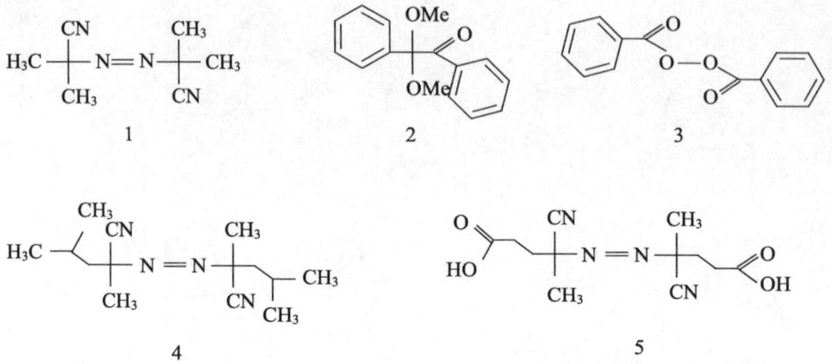

图 2-91　分子印迹聚合中常用的引发剂[104]

1. 偶氮二异丁腈(azobisisobutyronitrile，AIBN)；2. 二苯基乙二酮的二甲基缩醛 (dimethylacetal of benzil，BDK)；3. 过氧化苯甲酰(benzoylperoxide，BPO)；4. 偶氮二异庚腈(azobisdimethyvaleronitrile，ABVN)；5. 4, 4′-偶氮二(4 -氰戊酸)[4,4′-zaobis(4-cyanovaleric acid)，ACVA]

第五节　致　孔　剂

一、概述

致孔剂在孔状 MIP 的制备过程中起着重要作用。致孔剂的性质和用量决定着模板与单体之间非共价作用的强度、聚合物的形貌及聚合物的性能。因为，首先模板分子、引发剂、单体和交联剂都必须溶解在致孔剂中。其次，致孔剂导致聚合物产生大量孔隙，从而保证聚合物使用时所吸附的液体有好的流动性能。最后，致孔剂的极性相对要低，以减弱对模板与单体相互作用的干扰，因为后者是保证 MIP 高选择性的基础。

如果使用的致孔剂溶解性较低，聚合中会提前导致相分离，因而会在聚合物中产生较大的孔隙，且聚合物的表面积较小。相反，如果使用的致孔剂溶解性较高，则相分离会延后，最后所得聚合物的孔隙较小而表面积则较大。更具体地，如果使用热力学上的良溶剂，聚合物的孔隙结构发育良好，因而会有较好的选择性，如果使用热力学上的劣溶剂，聚合物的孔隙结构发育较差，进而会有较差的选择性。虽然 MIP 的分子识别性能随着致孔剂的极性增加而降低，但是，必须强调的是在某情况下，足够强的模板-单体相互作用也可以在较强的极性溶剂(如甲醇/水)中保持存在。当然，MIP 的结合能力和选择性不仅仅取决于孔隙结构。

增加致孔剂的用量，就会增加聚合物中孔隙量。除了其作为溶剂和致孔剂的双重作用外，对于非共价印迹聚合体系，溶剂还可以有助于形成更多的模板-单体配合物。一般地，为了得到较好的印迹效率，对于非共价印迹过程来说，低极性的非质子性有机溶剂，如甲苯、乙腈和氯仿都是优先选择的对象。当然也有例外，如 2-甲氧基乙醇、甲醇、THF、DMF 也常被用到。

二、理论计算

为了评估溶剂对分子印迹过程及 MIP 的选择性的影响，必须从理论对其进行研究。采用理论计算可以最大限度地减少实验的次数，从而为特定实验选择最合适的化合物。基于计算机技术的计算，可以从备选化合物中很快筛选出最合适的化合物，从而加速实验进程，最大限度地提高成本效率。Saloni 等[105]考察了溶剂对硝基化合物(如 TNT)分子印迹过程中单体-模板的结合能的影响。他们选择了 4 种常用溶剂(丙酮、乙腈、氯仿和甲醇)，考察了它们对 1∶1 单体-模板体系的影响。对于 TNT 印迹过程，他们首先设计了一个 1∶1 模型，即一个单体与 TNT 形成一个单一氢键。虽然单体可以与 TNT 形成三个可能的异构体(邻位、间位和对位)，但是，该模型主要基于邻位配合物具有最低能量的观点。该模型见图 2-92，可以看出，单体(丙烯醛)与 TNT 的甲基和邻位硝基通过氢键结合。

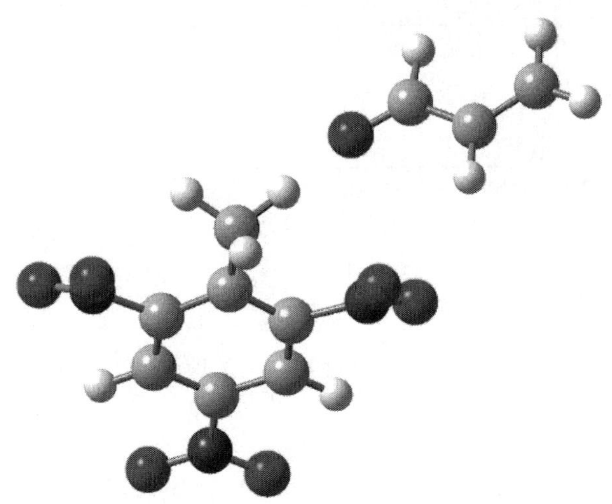

图 2-92 单体(丙烯醛)与 TNT 1∶1 相互作用模型[105]

上为丙烯醛，下为 TNT

他们应用密度泛函理论(density functional theory，DFT)来优化单体和溶剂的选择。基于 DFT 理论，他们考察了在自组装过程中，溶剂对单体-模板之间氢键强度的影响。具体研究了丙酮、乙腈、氯仿和甲醇对结合能(binding energy，BE)的影响，结果见表 2-4。

表 2-4 不同溶剂对单体-模板配合物结合能、氢键距离的影响[105]

单体	BE*	氢键类型	氢键距离	甲醇中的BE	丙酮中的BE	氯仿中的BE	乙腈中的BE
丙烯醛	5.83	C═O···H—C	2.417	2.42	2.48	3.12	2.36
		C—H···O—N	2.585				
乙腈	5.69	C≡N···H—C	2.516	1.76	1.74	2.48	1.67
		C—H···O—N	2.549				
		C—H···O—N	2.886				
2,6-双丙烯酰胺吡啶	6.04	N—H···O—N	2.327	−0.66	−0.07	1.15	−0.42
		N—H···O—N	2.364				
		环 N···H—C	2.868	−0.61	−0.77	0.57	−0.95
4-乙烯基苯甲酸	7.05	O—H···O—N	1.931				
		C═O···C 环	3.095				
甲基丙烯酸甲酯	6.22	C═O···H—C	2.182	2.42	2.29	3.03	2.26
		C—H···O—N	2.391				
		C—H···O—N	2.467				
2-乙烯基吡啶	3.1	环 N···H—C	2.438	0.71	0.57	2.36	0.56
		C—H···O—N	2.508				
		C—H···O—N	2.547				

注：BE 的单位为 kcal/mol，而距离的单位为 Å。

*表示气相。

从表 2-4 可以看出，与气相情况相比，溶剂对单体-模板配合物的 BE 有很大影响。加入丙酮、乙腈和甲醇后，含有芳香基团的 2,6-双丙烯酰胺吡啶-TNT 和 4-乙烯基苯甲酸-TNT 体系受到的影响最大，几乎使配合物解体（没有观察到单体-模板相互作用）。因此，这三种溶剂不适合用于上述体系。在这四种溶剂中，只有 2-乙烯基吡啶有望用于 TNT 分子印迹。另外，可以看出，对于所有单体来说，氯仿更适合用作 TNT 分子印迹的致孔剂。而丙酮、乙腈和甲醇则更适合用于脂肪族单体的体系。

三、离子液体的应用

最近，室温离子液体（room temperature ionic liquid，RTIL）由于独特性能被应用到 MIP 的研究领域。RTIL 的蒸气压较大，有助于避免 MIP 制备出现收缩问题，因此也可以作为致孔剂用于聚合反应。另外，RTIL 能够加速制备过程，提高对模板的选择性和吸附能力。

Booker 等[106]研究了离子液体对普萘洛尔 MIP 的选择性和结合能力的影响。他们选用的致孔剂有离子液体[BMIM][BF_4]、[BMIM][PF_6]、[HMIM][PF_6]和[OMIM][PF_6]，对照溶剂为 $CHCl_3$。RTIL 与传统溶剂最大的差异是在液态时许多 RTIL 会表现出非均相特性，而且会随着咪唑基 RTIL 侧链上烷基长度增加而增加。对于 MIP_{BF_4}、MIP_{PF_6}、MIP_{CHCl_3} 来说，其印迹因子(imprinting factor, IF)分别是 1.0、1.98 和 4.64。含长链的 IMIM 和 OMIM 体系则得到较低的 IF(分别为 1.1 和 2.3)。MIP_{PF_6} 与 MIP_{CHCl_3} 相比，其结合能力下降约 25%(分别是 5 μmol/g 和 7 μmol/g)。MIP_{CHCl_3} 与 MIP_{PF_6} 的差别表现在以下方面：BET(Brunauer-Emmett-Teller)比表面积(分别是 306 m^2/g 和 185 m^2/g)、孔径尺寸(分别是 1.10～2.19 nm 和 0.97～7.06 nm)、孔的相对数目(分别是 7.5%和 3.0%)以及表面 ζ 电位(分别是–37.9 mV 和–20.3 mV)。减少 RTIL 的用量对聚合物的形貌影响不大，但是会使 IF 和结合能力都有所下降(IF 从 2.6 降到 2.3，而结合能力则从 30%降到 19%)。由于离子液体本身组成较复杂，其对模板-单体的相互作用的影响机理也很复杂，因此相关报道尚不多，不过这是今后值得研究的一个方向。

参 考 文 献

[1] Chen L X, Wang X Y, Lu W H, et al. Molecular imprinting: Perspectives and applications. Chemical Society Reviews, 2016,45:2137-2211.

[2] Yang J C, Shin H K, Hong S W, et al. Lithographically patterned molecularly imprinted μpolymer for gravimetric detection of trace atrazine. Sensors and Actuators B: Chemical, 2015, 216: 476-481.

[3] Djozan D, Ebrahimi B. Preparation of new solid phase microextraction fiber on the basis of atrazine-molecular imprinted polymer: Application for GC and GC/MS screening of triazine herbicides in water, rice and onion. Analytica Chimica Acta, 2008,616(1-2): 152-129.

[4] Liu X F, Zhu Q F, Chen H X, et al. Preparation of 2,4-dichlorophenoxyacetic acid imprinted organic–inorganic hybrid monolithic column and application to selective solid-phase microextraction. Journal of Chromatography B, 2014, 951-952: 32-37.

[5] Wang X Y, Yu J L, Wu X Q, et al. A molecular imprinting-based turn-on Ratiometric fluorescencesensor for highly selective and sensitive detection of 2,4-dichlorophenoxyaceticacid (2,4-D). Biosensors and Bioelectronics, 2016,81:438-444.

[6] Turiel E, Tadeo J L, Cormack P A G, et al. HPLC imprinted-stationary phase prepared by precipitation polymerization for the determination of thiabendazole in fruit. Analyst, 2005, 130:1601-1607.

[7] Cacho C, Turiel E, Pérez-Conde C. Molecularly imprinted polymers: An analytical tool for the determination of benzimidazole compounds in water samples. Talanta, 2009,78:1029-1035.

[8] Ragavan K V, Rastogi N K, Thakur M S. Sensors and biosensors for analysis of bisphenol-A. Trends in Analytical Chemistry, 2013, 52: 248-260.

[9] Huang J, Zhang X, Liu S, et al. Electrochemical sensor for bisphenol A detection based on molecularly imprinted polymers and gold nanoparticles. Journal of Applied Electrochemistry, 2011, 41:1323-1328.

[10] Apodaca D C, Pernites R B, Ponnapati R, et al. Electropolymerized molecularly imprinted polymer film: EIS sensing of bisphenol A. Macromolecules, 2011, 44: 6669-6682.

[11] Kou L, Liang R, Wang X, et al. Potentiometric sensor for determination of neutral bisphenol A using a molecularly imprinted polymer as a receptor. Analytical and Bioanalytical Chemistry, 2013,405: 4931-4936.

[12] Deng P, Xu Z, Li J, et al. Acetylene black paste electrode modified with a molecularly imprinted chitosan film for the detection of bisphenol A. Microchimica Acta, 2013, 180: 861-869.

[13] Lu B, Liu M, Shi H, et al. A novel photoelectrochemical sensor for bisphenol A with high sensitivity and selectivity based on surface molecularly imprinted polypyrrole modified TiO_2 nanotubes, Electroanalysis, 2013,25: 771-779.

[14] Xue J, Li D, Qu L, et al. Surface-imprinted core-shell Au nanoparticles for selective detection of bisphenol A based on surface-enhanced Raman scattering. Analytica Chimica Acta , 2013,777: 57-62.

[15] Xie J Q, Cai C Q, Lai S Z, et al. Synthesis and application of a molecularly imprinted polymer as a filter to reduce polycyclic aromatic hydrocarbon levels in mainstream cigarette smoke. Reactive & Function Polymers, 2013, 73: 1606-1611.

[16] Krupadam R J, Nesterov E E, Spivak D A. Highly selective detection of oil spill polycyclic aromatic hydrocarbons using molecularly imprinted polymers for marine ecosystems. Journal of Hazardous Materials, 2014, 274: 1-7.

[17] Yang Y, Lai E P C. An investigation of porous structure in molecularly imprinted polymer for sensor development:Non-linear fluorescence quenching of 17β-estradiol bound inside MIP submicron particles by sodium nitrite and methacrylamide. Journal of Photochemistry and Photobiology A: Chemistry, 2010, 213 : 123-128.

[18] Ma J, Yuan L H, Ding M J, et al. The study of core-shell molecularly imprinted polymers of 17-estradiol on the surface of silica nanoparticles. Biosensors and Bioelectronics, 2011, 26: 2791-2795.

[19] Zhang Z B, Hu J. Selective removal of estrogenic compounds by molecular imprinted polymer (MIP). Water Research, 2008,42: 4101-4108.

[20] Xie C G, Zhang Z P, Wang D P, et al. Surface molecular self-assembly strategy for TNT imprinting of polymer nanowire/nanotube arrays. Analytical Chemistry, 2006, 78: 8339-8346.

[21] Zhao C Y, Dai J D, Zhou Z P, et al. One-pot method for obtaining hydrophilic tetracycline-imprinted particles via precipitation polymerization in ethanol. Journal of Applied Polymer, 2014, 131: 40071-40083.

[22] Moreno-González D, Lara F J, Gámiz-Gracia L, et al. Molecularly imprinted polymer as in-line concentrator in capillary electrophoresis coupled with mass spectrometry for the determination

of quinolones in bovine milk samples. Journal of Chromatography A, 2014,1360:1-8.

[23] Sun H W, Qiao F X. Recognition mechanism of water-compatible molecularly imprinted solid-phase extraction and determination of nine quinolones in urine by high performance liquid chromatography. Journal of Chromatography A, 2008, 1212: 1-9.

[24] Suedee R, Naklua W, Laengchokshoi S, et al. Investigation of a self-assembling microgel containing an (*S*)-propranolol molecularly imprinted polymer in a native tissue microenvironment: Part Ⅰ. Preparation and characterization. Process Biochemistry, 2015, 50: 517-544.

[25] Zhang J K, Li M, Xu P D, et al. Directly fast detection of digoxin in the serum sample by the synthetic receptor sensor. Materials Science and Engineering B, 2013, 178: 1191-1194.

[26] Kong X, Cao R X, He X W, et al. Synthesis and characterization of the core-shell magnetic molecularly imprinted polymers (Fe_3O_4@MIPs) adsorbents for effective extraction and determination of sulfonamides in the poultry feed. Journal of Chromatography A, 2012,1245: 8-16.

[27] Zheng N, Fu Q, Li Y Z, et al. Chromatographic characterization of sulfonamide imprinted polymers. Microchemical Journal, 2001, 69: 53-158.

[28] Matsui J, Nicholls I A, Takeuchi T. Highly stereoselective molecularly imprinted polymer synthetic receptors for cinchona alkaloids. Tetrahedron: Asymmetry, 1996,7: 1357-1361.

[29] Liang H J, Ling T R, Rick J F, et al.Molecularly imprinted electrochemical sensor able to enantroselectivly recognize D and L-tyrosine. Analytica Chimica Acta, 2005, 542: 83-89.

[30] Zhu F L, Yan X Y, Liu S M. Preparation and recognition characteristics of alanine surface molecularly imprinted polymers. Analytical Methods, 2015, 7: 8740-8749.

[31] Dincer A, Zihnioğlu F. Preparation of glutathione imprinted polymer. Preparative Biochemistry & Biotechnology, 2010, 40:188-197.

[32] Yu Z R, Xu Z G, Li He, et al. Recognition and neutralization of angiotensins Ⅰ and Ⅱ using an artificial nanogel receptor fabricated by ligands pecificity determinant imprinting. Chemical Communications, 2014, 50: 2728-273.

[33] Tai D F, Lin Y F. Molecularly imprinted cavities template the macrocyclization of tetrapeptides. Chemical Communications, 2008, 43: 5598-5600.

[34] Schumacher S, Grüneberger F, Katterle M, et al. Molecular imprinting of fructose using a polymerizable benzoboroxole: Effective complexation at pH7. 4Polymer, 2011, 52: 2485-2491.

[35] Chen G H, Guan Z B, Chen C T, et al. A glucose-sensing polymer. Nature Biotechnology, 1997, 15:354-357.

[36] Yu S, Luo A Q, Biswal D, et al. Lysozyme-imprinted polymer synthesized using UV free-radical polymerization. Talanta, 2010, 83: 156-161.

[37] Cao B J, Fu H Y, Li Y B, et al. Preparation of surface molecularly imprinted polymeric microspheres and their recognition property for basic protein lysozyme. Journal of Chromatography B, 2010, 878: 1731-1738.

[38] Mikulska A, Inoue M, Kuroda K, et al. Polymeric/silicagel hybrid molecularly photoimprinted adsorbents for adenosine and its derivatives. European Polymer Journal, 2014, 59: 230-238.

[39] Wandelt B, Mielniczak A, Cywinski P. Monitoring of cAMP-imprinted polymer by fluorescence

spectroscopy. Biosensors and Bioelectronics, 2004, 20: 1031-1039.

[40] Prasad B B, Prasad A, Tiwari M P. Multiwalled carbon nanotubes-ceramic electrode modified with substrate-selective imprinted polymer for ultra-traced etection of bovine serum albumin. Biosensors and Bioelectronics, 2013, 39: 236-243.

[41] Hayden O, Lieberzeit P A, Blaas D, et al. Artificial antibodies for bioanalyte detection-sensing viruses and proteins. Advanced Functional Materials, 2006, 16: 1269-1278.

[42] Knez M, Sumser A, Bittner M, et al. Binding the tobacco mosaic virus to inorganic surfaces. Langmuir, 2004, 20: 441-447.

[43] Bolisay L D, Culver J N, Kofinas P. Molecularly imprinted polymers for tobacco mosaic virus recognition. Biomaterials, 2006, 27: 4165-4168.

[44] Callebaut I, Portetelle D, Burny A, et al. Identification of functional sites on bovine leukemia virus envelope glycoproteins using structural and immunological data. European Journal of Biochemistry, 1994, 222: 405-414.

[45] Ramanaviciene I, Ramanavicius A. Molecularly imprinted polypyrrole-based synthetic receptor for direct detection of bovine leukemia virus glycoproteins. Biosensors and Bioelectronics, 2004, 20: 1076-1082.

[46] Rajabi H R, Shamsipur M, Pourmortazavi S M. Preparation of a novel potassium ion imprinted polymeric nanoparticles based on dicyclohexyl 18C6 for selective determination of K^+ ion in different water samples. Materials Science and Engineering C, 2013, 33: 3374-3381.

[47] Dadfarnia S, Shabani A M H, Kazemi E, et al. Synthesis of nano-pore size Ag（Ⅰ）-imprinted polymer for the extraction and preconcentration of silver ions followed by its determination with flame atomic absorption spectrometry and spectrophotometry using localized surface plasmon resonance peak of silver nanoparticles. Journal of the Brazilian Chemical Society, 2015, 26: 1180-1190.

[48] Bahrami A, Besharati-Seidani, Abbaspour A, et al. A highly selective voltammetric sensor for sub-nanomolar detection of lead ions using a carbon paste electrode impregnated with novel ion imprinted polymeric nanobeads. Electrochimica Acta, 2014, 118: 92-99.

[49] Shamsipur M, Rajabi H R, Pourmortazavi S M, et al. Ion imprinted polymeric nanoparticles for selective separation and sensitive determination of zinc ions in different matrices. Spectrochimica Acta Part A: Molecular and Biomolecular Spectroscopy, 2014, 117: 24-33.

[50] Daniel S, Babu PE, Rao T P. Preconcentrative separation of palladium（Ⅱ）using palladium（Ⅱ）ion-imprinted polymer particles formed with different quinolone derivatives and evaluation of binding parameters based on adsorption isotherm models. Talanta, 2005, 65:441-452.

[51] Zhai Y H, Liu Y W, Chang X, et al. Selective solid-phase extraction of trace cadmium（Ⅱ）with anionic imprinted polymer prepared froma dual-ligand monomer. Analytica Chimica Acta, 2007, 593: 123-128.

[52] Tajodini N, Moghimip A. Preconcentration and determination of ultra trace cobalt（Ⅱ）in water samples using Co（Ⅱ）-imprinted diazoaminobenzene-vinylpyridine copolymers. Asian Journal of Chemistry. 2010, 22: 3335-3344.

[53] Otero-Romaní J, Moreda-Piñeiro A, Bermejo-Barrera P, et al. Synthesis, characterization and

evaluation of ionic-imprinted polymers for solid-phase extraction of nickel from seawater. Analytica Chimica Acta, 2008, 630:1-9.

[54] Wang S, Zhang R F. Selective solid-phase extraction of trace copper ions in aqueous solution with a Cu(Ⅱ)-imprinted interpenetrating polymer network gel prepared by ionic imprinted polymer(IIP) technique. Microchim Acta, 2006, 154:73-80.

[55] Leśniewska B, Kosińska M, Godlewska-Żyłkiewicz B, et al. Selective solid phase extraction of platinum on an ion imprinted polymers for its electrothermal atomic absorption spectrometric determination in environmental samples. MicrochimActa, 2011, 175: 273-282.

[56] Liu Y W, Chang X J, Yang D, et al. Highly selective determination of inorganic mercury(Ⅱ) after preconcentration with Hg(Ⅱ)-imprinted diazoaminobenzene–vinylpyridine copolymers. Analytica Chimica Acta, 2005, 538: 85-91.

[57] Wu G H, Wang Z Q, Wang J, et al. Hierarchically imprinted organic-inorganic hybrid sorbent for selective separation of mercury ion from aqueous solution. Analytica Chimica Acta, 2007, 582: 304-310.

[58] Fan Z F. Hg(Ⅱ)-imprinted thiol-functionalized mesoporous sorbent micro-column preconcentration of trace mercury and determination by inductively coupled plasma optical emission spectrometry. Talanta, 2006, 70: 1164-1169.

[59] Dakova I, Karadjova I, Georgieva V, et al. Ion-imprinted polymethacrylic microbeads as new sorbent for preconcentration and speciation of mercury. Talanta, 2009, 78: 523-529.

[60] Andac M, Mirel S, Senel S, et al. Ion-imprinted beads for molecular recognition based mercury removal from human serum. International Journal of Biological Macromolecules, 2007, 30, 159-166.

[61] Singh D K, Mishra S. Synthesis and characterization of Hg(Ⅱ)-ion-imprinted polymer: Kinetic and isothermstudies. Desalination, 2010, 257:177-183.

[62] Khajeh M, Sanchooli E. Synthesis of ion-selective imprinted polymer for manganese removal from environmental water. Polymer Bulletin, 2011, 67: 413-425.

[63] Andac M, Özyap E, Senel S, et al. Ion-selective imprinted beads for aluminum removal from aqueous solutions. Industrial & Engineering Chemistry Research, 2006, 45: 1780-1786.

[64] Shakerian F, Dadfarina S, Shabani A M H. Synthesis of nano-pore size Al(Ⅲ)-imprinted polymer for the extraction and preconcentration of aluminum ions. Journal of the Iranian Chemical Society, 2013, 10: 669-676.

[65] Singh D K, Mishra S. Synthesis and characterization of Fe(Ⅲ)-ion imprintd polymer for recovery of Fe(Ⅲ) from water samples. Journal of Scientific & Industrial Research. 2010, 69: 767-772.

[66] Yavuz H, Say R, Denizli A. Iron removal from human plasma based on molecular recognition using imprinted beads. Materials Science and Engineering C, 2005, 25: 521-528.

[67] Godlewska-Żyłkiewicz B, Zambrzycka E, Leśniewska B, et al. Separation of ruthenium from environmental samples on polymeric sorbent based on imprinted Ru(Ⅲ)-allyl acetoacetate complex. Talanta, 2012, 89: 352-359.

[68] Birlik E, Ersöz A, Açıkkalp E, et al. Cr(Ⅲ)-imprinted polymeric beads: Sorption and

preconcentration studies. Journal of Hazardous Materials, 2007, 140: 110-116.

[69] Ashkenani H, Taher M A. Application of a new ion-imprinted polymer for solid-phase extraction of bismuth from various samples and its determination by ETAAS. International Journal of Environmental Analytical Chemistry, 2013, 93: 1132-1145.

[70] Kala R, Gladis M J, Rao T P. Preconcentrative separation of erbium from Y, Dy, Ho, Tb and Tm by using ion imprinted polymer particles via solid phase extraction. Analytica Chimica Acta, 2004, 518: 143-150.

[71] Lai X Q, Hu Y L, Fu Y Q, et al. Synthesis and characterization of Lu(Ⅲ) ion imprinted polymer. Journal of Inorganic and Organometallic Polymers and Materials, 2012, 22: 112-118.

[72] Arbab-Zavar M H, Chamsaz M, Zohuri G, et al. Synthesis and characterization of nano-pore thallium(Ⅲ) ion-imprinted polymer as a new sorbent for separation and preconcentration of thallium. Journal of Hazardous Materials, 2011, 185: 38-43.

[73] Sarabadani P, Payehghadr M, Sadeghi M, et al. Solid phase extraction of radioyttrium from irradiated strontium target using nanostructure ion imprinted polymer formed with 1-hydroxy-4-(prop-2-enyloxy)-9,10-anthraquinone. Applied Radiation and Isotopes, 2014, 90: 8-14.

[74] Guo J J, Cai J B, Su Q D. Ion imprinted polymer particles of neodymium: Synthesis, characterization and selective recognition. Journal of Rare Earths, 2009, 27: 22-27.

[75] Garcia R, Pinel C, Madic C, et al. Ionic imprinting effect in gadolinium/lanthanum separation. Tetrahedron Letters, 1998,39: 8651-8654.

[76] Vigneau O, Pinel C, Lemaire M. Ionic imprinted resins based on EDTA and DTPA derivatives for lanthanides(Ⅲ) separation. Analytica Chimica Acta, 2001, 435: 75-82.

[77] Shakerian F, Dadfarnia S, Shabani A M H, et al. Synthesis and characterization of nano-pore antimony imprinted polymer and its use in the extraction and determination of antimony in water and fruit juice samples. Food Chemistry, 2014, 145: 571-577.

[78] Biju V M, Gladis J M, Rao T P. Ion imprinted polymer particles: Synthesis, characterization and dysprosium ion uptake properties suitable for analytical applications. Analytica Chimica Acta, 2003, 478: 43-51.

[79] Büyüktiryaki S, Say R, Ersöz A, et al. Selective preconcentration of thorium in the presence of UO_2^{2+}, Ce^{3+} and La^{3+} using Th(Ⅳ)-imprinted polymer. Talanta, 2005, 67: 640-645.

[80] Bayramoglu G, Arica M Y. Synthesis of Cr(Ⅵ)-imprinted poly(4-vinylpyridine-co-hydroxyethyl methacrylate) particles:Its adsorption propensity to Cr(Ⅵ). Journal of Hazardous Materials, 2011,187: 213-221.

[81] Pakade V, Cukrowska E, Darkwa J. Selective removal of chromium (Ⅵ) from sulphates and other metal anions using an ion-imprinted polymer. Water Sa, 2011, 37: 529-538.

[82] Tsoi Y K, Ho Y M, Leung S Y. Selective recognition of arsenic by tailoring ion-imprinted polymer for ICP-MS quantification. Talanta, 2012, 89: 162-168.

[83] Dadfarnia S, Shabani A M H, Dehghanpoor S, et al. Synthesis and application of ananoporous ion-imprinted polymer for the separation and preconcentration of trace amounts of vanadium from food samples before determination by electrothermal atomic absorption spectrometry.

Journal of Separation Science, 2016, 39: 1509-1517.

[84] Saunders G D, Foxon S P, Walton P H, et al. A selective uranium extraction agent prepared by polymer imprinting. Chemical Communications, 2000, 273-274.

[85] García-Otero N, Teijeiro-Valiño C, Otero-Romaní J, et al. On-line ionic imprinted polymer selective solid-phase extraction of nickel and lead from sea water and their determination by inductively coupled plasma-optical emission spectrometry. Analytical and Bioanalytical Chemistry, 2009, 395: 1107-1115.

[86] Garcia R, Vigneau O, Pinel C, et al. Solid-liquid lanthanide extraction with ionic-imprinted polymers. Separation Science and Technology, 2002, 37: 2839-2857.

[87] Karim K, Breton F, Rouillon R, et al. How to find effective functional monomers for effective molecularly imprinted polymers? Advanced Drug Delivery Reviews, 2005, 57: 1795-1808.

[88] Nicholls I A. Thermodynamic considerations for the design of and ligand recognition by molecularly imprinted polymers. Chemistry Letters, 1995, 24:1035-1036.

[89] Sellergren B, Lepistö M, Mosbach K. Highly enantioselective and substrate-selective polymers obtained by molecular imprinting utilizing noncovalent interactions. NMR and chromatographic studies on the nature of recognition. Journal of the American Chemical Society, 1988, 110: 5853-5860.

[90] Svenson J, Karlsson J G, Nicholls I A. ^{1}H nuclear magnetic resonance study of the molecular imprinting of (–)-nicotine: Template self-association, a molecular basis for cooperative ligand binding. Journal of Chromatography A, 2004, 1024: 39-44.

[91] Brune J, Koehler J A, Smith P J, et al. Correlation between adsorption and small molecule hydrogen bonding. Langmuir, 1999, 15: 3987-3992.

[92] Striegler S, Tewes E. Investigation of sugar-binding sites in ternary ligand-copper(Ⅱ)-carbohydrate complexes. European Journal of Inorganic Chemistry, 2002,(2): 487-495.

[93] Andersson H S, Nicholls A. Spectroscopic evaluation of molecular imprinting polymerization system. Bioorganic Chemistry, 1997, 25: 203-211.

[94] Piletsky S A, Karim K, Piletska E V, et al. Recognition of ephedrine enantiomers by molecularly imprinted polymers designed using a computational approach. Analyst, 2001, 126: 1826-1830.

[95] Subrahmanyam S, Piletsky S A, Piletska E V, et al. “Bite-and-switch” approach using computationally designed molecularly imprinted polymers for sensing of creatine. Biosensors and Bioelectronics, 2001, 16: 631-637.

[96] Chianella I, Lotierzo M, Piletsky S A, et al. Rational design of a polymer for microcystin-LR using a computational approach. Analytical Chemistry, 2002, 74: 1288-1293.

[97] Zhang Y, Song D, Lanni L M, et al. Importance of functional monomer dimerization in the molecular imprinting process. Macromolecules, 2010, 43: 6284-6294.

[98] Golker K, Karlsson B C G, Olsson G D, et al. Influence of composition and morphology on template recognition in molecularly imprinted polymers.Macromolecules, 2013, 46: 1408-1414.

[99] Wu H G, Ju X J, Xie R, et al. A novel ion-imprinted hydrogel for recognition of potassium ions with rapid response. Polymers for Advanced Technologies, 2011, 22:1389-139.

[100] James D, Gladis J M, Pandey A K, et al. Design of two-dimensional biomimetic uranyl optrode

and its application to the analysis of natural waters. Talanta, 2008, 74: 1420-1427.

[101] Wagner R, Wan W, Biyikal M, et al. Synthesis, spectroscopic, and analyte-responsive behavior of a polymerizable naphthalimide-based carboxylate probe and molecularly imprinted polymers prepared thereof. The Journal of Organic Chemistry, 2013,78:1377-1389.

[102] Pinheiro S C, Descalzo A B, Raimundo Jr I M, et al. Fluorescent ion-imprinted polymers for selective Cu(Ⅱ) optosensing. Analytical and Bioanalytical Chemistry, 2012, 402: 3253-3260.

[103] Xu S F, Chen L X, Li J H, et al. Novel Hg^{2+}-imprinted polymers based on thymine-Hg^{2+}-thymine interaction for highly selective preconcentration of Hg^{2+} in water samples. Journal of Hazardous Materials, 2012, 237-238: 347-354.

[104] Yan H, Row K H. Characteristic and synthetic approach of molecularly imprinted polymer. International Journal of Molecular Sciences, 2006, 7: 155-178.

[105] Saloni J, Walker K, Hill G. Theoretical investigation on monomer and solvent selection for molecular imprinting of nitrocompounds. The Journal of Physical Chemistry A, 2013,117: 1531-153.

[106] Booker K, Holdsworth C I, Doherty C M, et al. Ionic liquids as porogens for molecularly imprinted polymers: propranolol, a model study. Organic & Biomolecular Chemistry, 2014, 12: 7201-7210.

第三章　分子印迹聚合物的制备方法

选择合适的制备方法对于 MIP 来说很重要，因为不同方法所得产物性能迥然不同。总的来说，MIP 的制备主要包括自由基聚合和溶胶-凝胶法。其中，前者被人们采用得更多，它又包括本体聚合、悬浮聚合、乳液聚合、种子聚合和沉淀聚合。最近还有表面印迹聚合法、可控/活性自由基聚合法以及结合其他新技术的一些方法如微波引发、离子液体作为致孔剂等。

第一节　本 体 聚 合

本体聚合是得到纯聚合物的最简单方法。在该方法中，引发剂加入纯液体的单体中。在实际使用中，引发剂必须溶解在单体、交联剂和致孔剂(最初的混合物)中(因此这里所指的本体聚合还不是学术上中严格意义上的本体聚合，因为毕竟有少量溶剂)。聚合反应产生大量的热量，一般要几小时才能完成聚合。所合成的聚合物是一个块状结构，因此必须经过碾磨、过筛，最后的颗粒一般在 20～50μm。

本体聚合的最大劣势在于形成了很高的相对分子质量，而且聚合体系黏度极高。特别地，高黏度会导致传热困难，因而会局部产生热点，单体由于过热会有可能导致暴聚，因此该方法放大存在一定困难；所得颗粒在尺寸和形状上都不规则，并且有些结合位点在碾磨时被破坏，从而导致对色谱行为产生不利影响，MIP 的吸附能力比理论值要低；碾磨和过筛会损失大量的聚合物(预计在 50%～70%)[1, 2]；由于所得聚合物一般只能用作填充材料，因此该方法会消耗大量的模板分子。

虽然如此，大多数 MIP 仍然通过本体聚合制备，因为与其他方法相比，该法具有简单操作、成本低和耗时短等优势。

Pérez-Moral 和 Mayes[1]报道了一个用本体聚合制备普萘洛尔的典型方法。该法采用了交联剂/单体的物质的量比为 5∶1，而模板的摩尔分数为 2%。首先，将 34.7 mg 普萘洛尔(0.117 mmol)溶解在 0.008 g(0.93 mmol)MAA 和 0.925 g (4.66 mmol)EGDMA 中。将该混合溶液转移到一个玻璃试管中，该玻璃试管预先装有引发剂 12 mg 2,2-二甲氧基-2-苯基苯乙酮(2,2-dimethoxy-2-phenylacetopheone，DMPAP)和 1.27 mL 甲苯。混合后，将试管密封，然后通氩气至少 10 min，将其在 UV 灯下照射 5 h。当聚合反应完成后，将试管敲碎，得到整块聚合物。在去除模板之前，先将其压碎、碾磨。在没有模板的情况下，采用相同方法可以制得 NIP。图 3-1 为所得粉末的 SEM 图，可见尺寸和形状都不规整。

图 3-1　用本体聚合制备普萘洛尔 MIP 的 SEM 图[1]

González 等[3]合成了使用地高辛作为模板，用本体聚合制备了非共价 MIP。在不同条件下获得了目标聚合物，即通过改变功能性单体(MAA 或 2-VP)、致孔剂(乙腈或者二氯甲烷)、不同引发方法(UV 引发或热引发)以及不同抽提方法。最后所得产物具有不同结构形貌和特性(硬度、孔隙度、刚度、萃取容量及强度等)。结果发现，结合能力、结合的选择性和热学性能都与其表面形貌有关。图 3-2 为用 UV 光(a)和热引发(b)所得地高辛 MIP 的 SEM 照片。

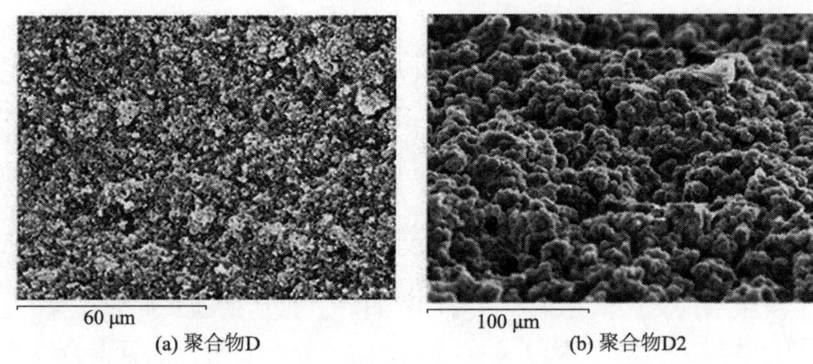

(a) 聚合物D　　(b) 聚合物D2

图 3-2　用 UV 光(a)和热引发(b)所得地高辛 MIP 的 SEM 照片[3]
聚合物 D 和 D2 是原作者编号

其中，图 3-2 中聚合单体都是 MAA，致孔剂为乙腈。其中聚合物 D 和聚合物 D2 分别是在 UV 和热引发所得。MAA：EGDMA 的物质的量比为 1：5。聚合物都用 Soxhlet 提取的方法(甲醇/乙腈的体积比 50/50)抽提 20 h。两种聚合物都碾磨成 200～355 μm。SEM 图表明它们的纹理结构完全不同。对于两种聚合物来说，都产生了聚集，但聚集体尺寸不同。由 UV 引发所得的聚合物 D 是一个微孔结构，而由热引发得到聚合物 D2 则是珠状结构。后者的颗粒更大、更圆，整个结构显得更紧密。这说明聚合时间长更有利于形成的均相球状颗粒。

Sadeghi 和 Mofrad[4]用本体聚合制备了一种铀酰离子 UO_2^{2+} -IIP。选用吡罗昔康(piroxicam，Pir)作模板，其中，Pir 的化学名称为 4-羟基-2-甲基-*N*-(2-吡啶基)-2 氢-1,2-二苯并噻嗪-3-甲酰胺 1,1-二氧化物[4-hydroxyl-2-methyl-*N*-(2-pyridyl)-2H-1,2-benzothiazine-3-carboxyamid 1,1-dioxide]。第一步先制备 Pir- UO_2^{2+} -VP 三元配合物或 Pir- UO_2^{2+} / UO_2^{2+} -VP 二元配合物。三元配合物由 3.0 mmol Pir 和 3.0 mmol VP 及 1.5 mmol UO_2^{2+} 在 15 mL 的环已醇混合搅拌而得，而二元配合物按照同样

的方法制得。第二步则是将所得的三元/二元配合物引入 DVB 和苯乙烯(styrene，St)体系中共聚而得，即：在上述溶液中，加入苯乙烯(30 mmol)、DVB 或 EGDMA(30 mmol)以及 AIBN(0.45 mmol)。将混合溶液冷却至 0℃，通氮气 15 min，用超声波处理 10 min，油浴升温至 52℃反应 24 h。随后在 70℃干燥除去溶剂得到本体聚合物。将其粉碎、碾磨成粉状，再用 63 μm 的不锈钢筛过筛。然后将所得颗粒用 6 mol/L HCl-CH_3OH(1∶1)溶液洗涤 12 h，从而除去模板离子 UO_2^{2+} 。将抽提过的粒子在 70℃下干燥过夜。在没有印迹离子 UO_2^{2+} 存在下，按照同样的方法得到 NIP。本体聚合制备 UO_2^{2+} -IIP 的过程见图 3-3。

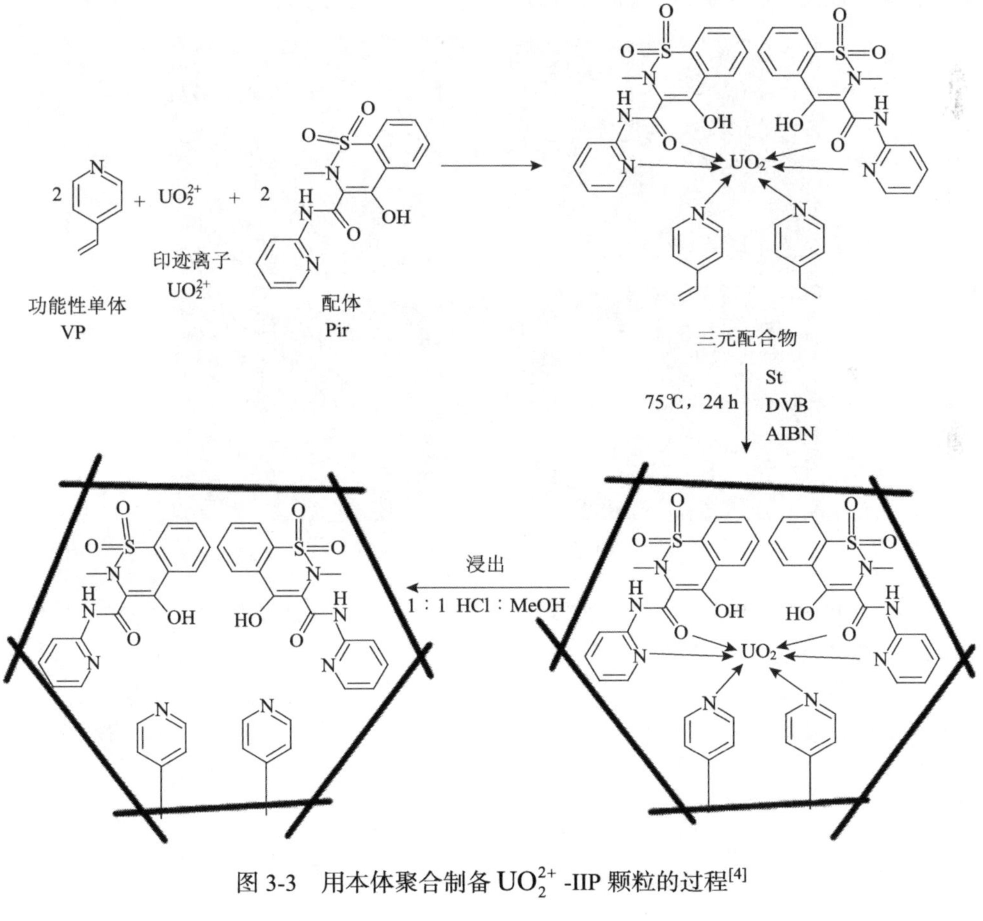

图 3-3 用本体聚合制备 UO_2^{2+} -IIP 颗粒的过程[4]

Segatelli 等[5]用本体聚合制备了 Cd^{2+}-IIP。首先，Cd^{2+}与 1-乙烯基咪唑的 N 原子结合形成配合物，即将 2.25 mmol $Cd(NO_3)_2$ 和 9.0 mmol 1-乙烯基咪唑溶解在 5.0 mL 乙腈中，搅拌 30 min。然后向该溶液中加入 42 mmol EGDMA、40 mg AIBN。向溶液中通氮气 5 min，然后迅速密封反应烧瓶，升温至 60℃，反应过夜。聚合反应完成后，可以得到一个白色固体聚合物。将所得聚合物粉碎、碾细、过筛（<100 μm）。然后，用 2 mol/L HNO_3 连续洗涤除去 Cd^{2+}。去除 Cd^{2+}后，用去离子水洗涤聚合物，在 100℃下干燥 6 h。如果不加 $Cd(NO_3)_2$ 的情况下按照同样方法操作则得到 NIP。

图 3-4 为所得的 Cd^{2+}-IIP 和 NIP 的 SEM 图。可以看出，由于采用的是本体聚合，无论是印迹聚合物还是非印迹聚合物，其颗粒都不是球状[图 3-4（a）和（b）]。尽管如此，该 Cd^{2+}-IIP 仍然可以应用于在线 SPE。另外，所得聚合物表面粗糙[图 3-4（b）和（c）]。表面粗糙对于吸附是很有利的一个参数，因为这样可以使金属离子更易向表面传输，进而提高金属离子的吸附能力。

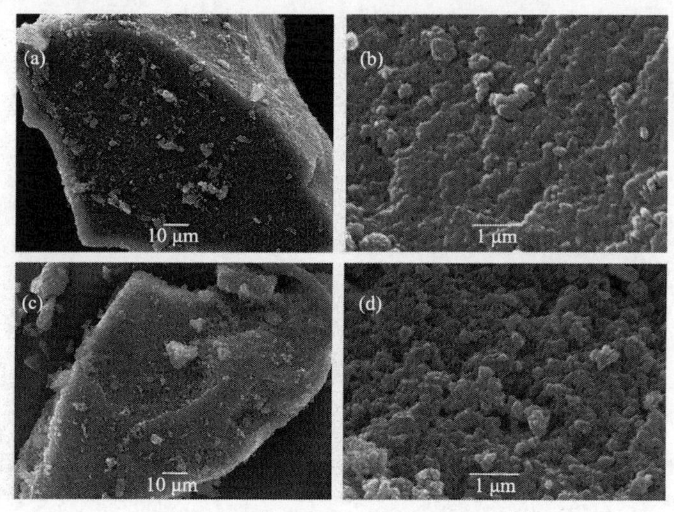

图 3-4　Cd^{2+}-IIP 和 NIP 的 SEM 图[5]

从以上的例子可以看出，在分子印迹聚合中广泛使用的术语“本体聚合”存在一定程度上的误解，因为聚合操作中使用了致孔剂或溶剂。严格来说，从高分子化学的角度来看应该为“溶液聚合”。但是由于所使用的溶剂量非常少，结果得到的是本体聚合物材料，所以在印迹聚合领域，人们广泛使用“本体聚合”这一术语[6]。

第二节　悬浮聚合及乳液聚合

在非共价印迹中，水会阻碍模板和功能性单体之间的相互作用，因此用水作连续相的悬浮聚合就被应用在共价分子印迹技术中。悬浮聚合包括后面的乳液聚合都是非均相类聚合，它们要求有两个不混溶的相，一个作为连续相，另外一个作为分散相。当用悬浮聚合制备 MIP 时，分散相中包含单体、引发剂、致孔剂和模板分子或离子。典型的悬浮聚合是分散相(有机相)与连续相(水相)接触，用明胶、聚乙烯醇或羟甲基纤维素，甚至是 NaCl 等来稳定聚合体系。聚合反应在分散液滴中发生，小液滴就像一个小尺寸的反应器，因此最后得到珠状聚合物。运用该技术可以控制聚合物颗粒的形状、尺寸，而通过致孔剂则可以调节聚合物的孔隙度。

Walas 等[7]用悬浮聚合制备了一种基于席夫碱 salen 的 Cu(Ⅱ)印迹聚合物，再通过流动注射微柱在线富集 Cu(Ⅱ)。首先制备 salen-Cu(Ⅱ)配合物。IIP 微珠则采用悬浮聚合技术：将 0.3 g NaCl 和 2.1 g 明胶溶于 100 mL 水形成连续相；而将 0.11 g salen-Cu(Ⅱ)配合物溶于 11 mL 氯仿，然后与 7.5 mL 二乙烯基苯、0.5 g 的 BPO 共混形成分散相。将两相溶液转移至反应器中，机械搅拌混合均匀。在 90℃下反应 4 h。其制备方案见图 3-5。

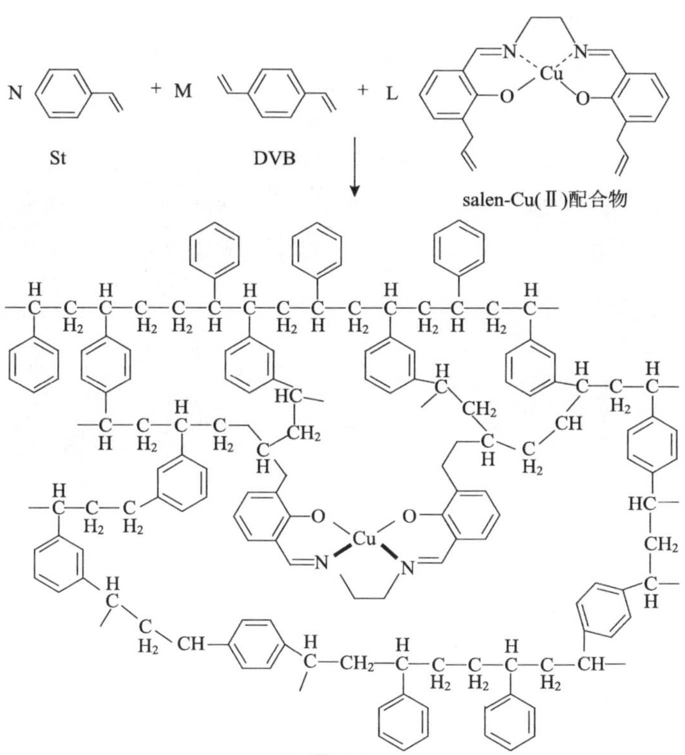

St　DVB　salen-Cu(Ⅱ)配合物

Cu(Ⅱ)-IIP

图 3-5　用悬浮聚合法制备 Cu(Ⅱ)印迹聚合物[7]

接着，将所得到的球状微珠从聚合介质中分离出来，用水充分洗涤，真空干燥 24 h。在不加 Cu(Ⅱ)离子的情况下，按照同样的方法制得对照聚合物。然后将聚合物过筛，选择粒径在 60～80 μm 的微珠作为微柱的填料。图 3-6 为微珠的 SEM 图。

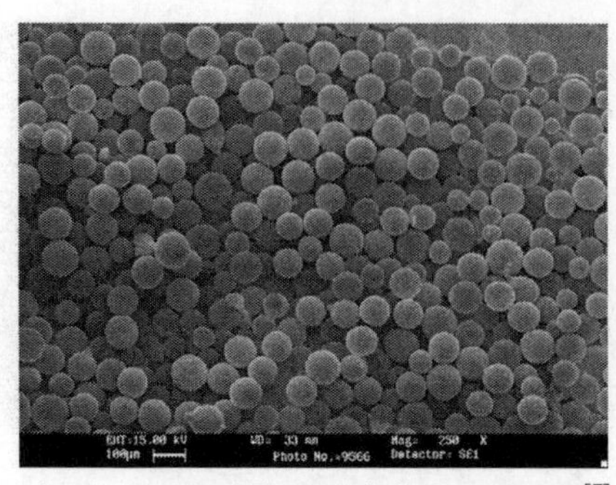

图 3-6 Cu(Ⅱ)印迹聚合物的 SEM 图[7]

他们的富集实验表明该体系对 Cu(Ⅱ)离子有较好的吸附能力，并且有较好的稳定性和抗酸特性。

Kim 课题组[8]也采用悬浮聚合制备了 Cu(Ⅱ)印迹微珠并运用于选择性分离 Cu(Ⅱ)离子。其单体相包括 Cu-MAA 配合物(0.1344 g)、交联剂 TRIM(1.5547 g)(单体与交联剂的物质的量比为 1∶8)，而甲苯的用量(体积)为单体相的 9 倍。水相则由 0.06 g 聚乙烯醇溶于 60.0 mL 去离子水中组成。水相和有机相的体积比为 3∶1。将二者混合后，用超声波处理 5 min 将有机相分散到水相中，然后升温至 80℃，在氩气环境中反应 4 h。过滤、用去离子水除去表面活性剂和未反应的单体。纯化后的聚合物珠在真空干燥 24 h。然后用 0.4 mol/L HNO_3 洗涤以除去金属离子，用去离子水洗涤，最后真空干燥。图 3-7 为所得的多孔状 Cu(Ⅱ)印迹聚合物的 SEM 图。

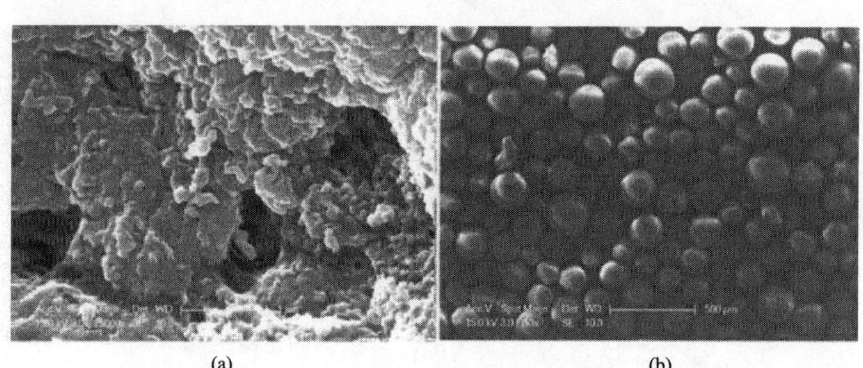

(a) (b)

图 3-7 多孔状聚合物的 SEM 图[8]

(a) 放大 2500 倍；(b) 放大 50 倍

从图 3-7 可以看出，所得的颗粒呈多孔状，其粒径在 100～300 μm 之间。BET 分析表明，颗粒的表面积为 401 m^2/g。颗粒的孔隙度为 0.11 cm^3/g。在去除 Cu(Ⅱ)离子后，平均粒径没有改变，这是由于该聚合物的交联度高(交联剂与单体的物质的量比为 8∶1)。吸附实验表明，所得聚合物对 Cu(Ⅱ)离子具有较高的吸附能力和吸附选择性。

对于 HPLC 的固定相和 SPE 的填料来说，球状的 MIP(悬浮聚合制得)要比不规则的(本体聚合制得)更适合。因此，一些非共价分子印迹聚合物也在水中通过悬浮聚合制得。虽然，用悬浮聚合制得的甲氧苄氨嘧啶(trimethoprin)-MIP 的选择性和吸附能力都比用本体聚合制备的要差，但是 Hu 等[9]仍然将它成功用于从尿液和药品中富集甲氧苄氨嘧啶。Lai 等[10]用 MAA 作为单体、EGDMA 作为交联剂，采用悬浮聚合制备了 4-氨基吡啶-MIP，并将其用于 4-氨基吡啶(4-aminopyridine)和 2-氨基吡啶的分离。当流动相的 pH<5.5 时，4-氨基吡啶要比 2-氨基吡啶优先被洗脱出来，而当流动相的 pH>5.5 时，则前者的保留时间更长。这个结果表明，体系中离子和疏水作用都会影响 MIP 对 4-氨基吡啶的识别。

最近，Fujiwara 等[11]报道了用悬浮聚合制备二丁基三聚氰胺 MIP，其中二丁基三聚氰胺为模板。该 MIP 成功用于从除草剂的混合物中识别莠去津。我们知道，在痕量分析中，MIP 分子中模板的泄漏会严重影响准确性与精确度。通过印迹一个类似结构的化合物(伪模板)，再结合色谱分离技术就可以解决这个问题。同样地，Hu 等[12]制备了一种异戊巴比妥 MIP，然后用 SPE 吸附剂从人尿和药物中分离苯巴比妥。另外，Kawaguchi 等[13]用 4-VP 作功能性单体、EGDMA 作交联剂，制备了双酚 A 的 MIP 和 BPA-d_{60} 的 MIP，用选择性因子来评估 MIP 的识别能力。结果发现，MIP 对于 BPA 的选择性因子是 4.45，而 MIP 对于 BPA-d_{16} 的选择性因子为 4.43。两种 MIP 对于 BPA 的印迹效率几乎相同。这是由于 BPA 的形状和官能团与其氘化物 BPA-d_{60} 的几乎相同。BPA 的两个酚基可以与 BPA 和 BPA-d_{60} 印迹聚合物的吡啶基作用。后者可以作为 SPE 吸附剂从河水样品中萃取 BPA，然后用 LC-MS 来检测其含量。这些结果表明使用同位素印迹和 MS 检测结合可以用于痕量物质的分析。

最近，为了避免模板在连续相水中泄漏，Branger 等[14]通过反相悬浮聚合制备了 Ni(Ⅱ)-IIP。在该体系中，矿物油作为分散相。采用 EGDMA 为交联剂、乙烯基苄基亚胺二乙酸(vinylbenzyl iminodiacetic acid, VbIDA)为可聚合的功能性配体、Ni(Ⅱ)为模板、AIBN 为引发剂，将以上四种试剂都溶解在 DMSO 中作为极性分散相。通过该法可以得到高空隙度的珠状 IIP。其制备过程见图 3-8。

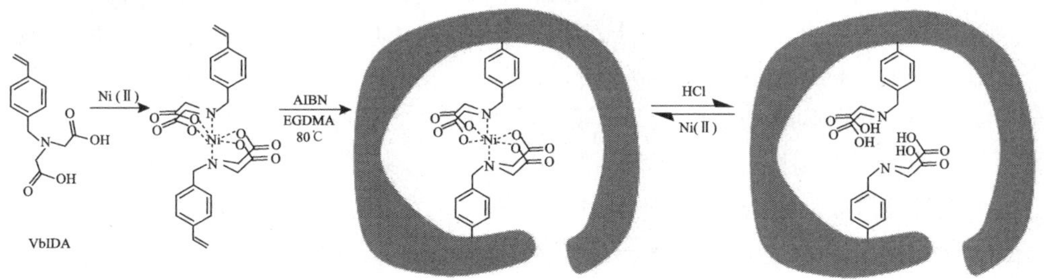

图 3-8　反相悬浮聚合制备 Ni(Ⅱ)-IIP 的制备过程[14]

之所以选择矿物油作为分散相，其原因在于它不需要稳定剂。但是，它会导致无法使用非极性交联剂(如氯仿或甲苯)和非极性交联剂(如二乙基苯)。另外，VbIDA 只能溶于极性较高的溶剂中。正是基于上述原因，在该体系中作者选择了 DMSO 和 EGDMA 分别作为致孔剂和交联剂。结构发现，用反相悬浮聚合可以得到很规整的珠状聚合物，其粒径在 700～900 μm。SEM 图表明在珠状聚合物表面有一层“皮肤”：外层的密度要比珠子里面要疏松(图 3-9)。不过，一般认为皮肤效应会带来负面影响，因为“皮肤”通常是无空隙，因而会限制分子向内部渗入。吸附实验表明，所得聚合物有较高的空隙度，因此其对 Ni (Ⅱ)离子有较高的吸附能力。

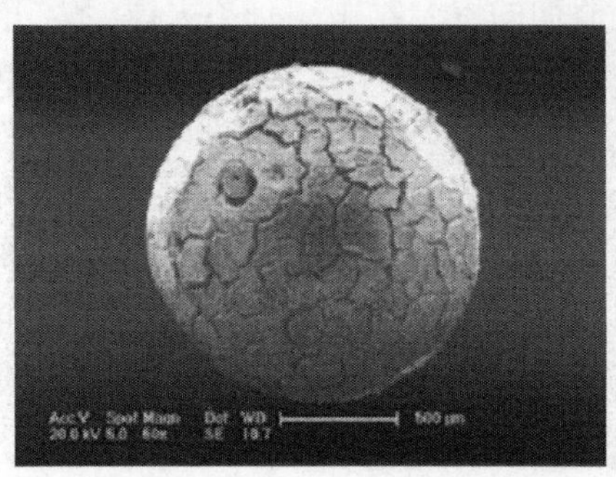

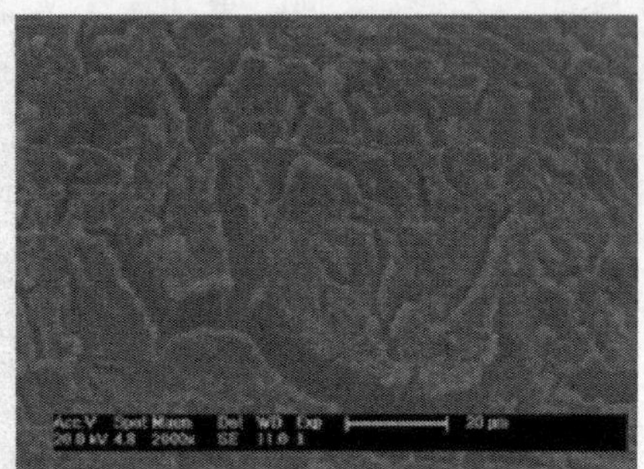

图 3-9　Ni (Ⅱ)-IIP 的 SEM 图[14]

此外，乳液聚合也可以用于 MIP 的制备。在乳液聚合中，聚合物混合物、水和乳化剂一起搅拌混合形成乳液。最常见的是水包油(oil in water，O/W)型乳化体系，即在表面活性剂存在下，单体分散在惰性溶剂中(如水)。经过乳化后，可以得到小的胶束(直径在 0.1～1 μm)。一些单体保留在胶束中，其余的则悬浮在水中。引发剂(常规为水溶性)则溶解在溶剂相中。在聚合的最初几分钟内，会在水相中形成稳定的聚合物微粒(即如乳胶粒)，然后聚合反应在这些乳胶粒中完成。由于每个粒子周围都有表面活性剂包围着，因而表面活性剂的电荷会阻止粒子的聚集。乳液聚合的一个好处是在聚合过程中，即使固含量达到 60%，反应混合物的黏度也不会明显上升，这是由于水和乳胶粒没有直接相互作用。另外，乳液聚合所得到的聚合物颗粒具有高度均匀性和规整性，因此通过乳液聚合可以高效得到高产率、单分散性的聚合物颗粒。乳液聚合与悬浮聚合的区别在于，乳液聚合中添加表面活性剂帮助两相形成 O/W 体系，而悬浮聚合添加的则是分散剂。Ashraf 等[15]报道了用乳液聚合法制备一种疏水性的 MIP 树脂。他们用甲基丙烯酸甲酯和甲基丙烯酸苯酯作为单体、Hg(Ⅱ)-双硫腙配合物作模板、非离子烷基-低聚(乙二醇)作为表面活性剂。但是，乳液聚合真正用于 MIP 的制备还是不普遍，因为将聚合物颗粒从中分离出来比较困难，而且乳化剂所带来的污染也是不可避免的。

第三节　沉 淀 聚 合

沉淀聚合是另外一种可以获得不同粒径聚合粒子的方法。实际上，沉淀聚合与本体聚合很相似，其主要差别在于致孔剂(溶剂)的用量差别。在本体聚合中，溶剂的使用量较少，而在沉淀聚合中则会使用过量溶剂。这也可能是该方法在本体聚合后应用于制备 MIP 的原因。但是，Shamsipur 和 Besharati-Seidani[16]列出该方法的一些优势：①所得到的聚合物呈颗粒状；②几乎所有制备的材料都便于应用；③金属离子模板周围不会形成高度交联的聚合物网络，因此便于去除金属离子；④该方法所得粒子在纳米、亚微米和微米级范围，因而 MIP 粒子表面积很宽，有利于其应用。聚合物粒子的尺寸和形状严重依赖于单体与溶剂的配比及对聚合体系的搅拌程度。因此，要得到所希望的尺寸和形状必须优化聚合体系的各种参数。

Pérez-Moral 和 Mayes[1]报道了一个用沉淀聚合制备普萘洛尔 MIP 的典型方法。首先，将 0.135 g(0.456 mmol)普萘洛尔与 MAA(0.039 g，0.46 mmol)、EGDMA(0.46 g，2.3 mmol)、甲苯(25 mL)溶解成混合液，然后选择 4,4′-偶氮二(4-氰戊酸酸)[4,4-azobis(4-cyanovaleric acid)，ACVA]作引发剂，通 N_2 5 min 后，将玻璃管密封，在 UV 光下放置 24 h。聚合物用丙酮和甲醇洗涤。图 3-10 为用沉淀聚合制备的沉淀聚合制备普萘洛尔 MIP 的 SEM 图，可见其聚合物呈颗粒状，但有部分聚集在一起(可与图 3-1 本体聚合相比较)。

为了满足不同应用目的，人们对沉淀聚合的一些影响因素进行了探讨。下面将讨论不同因素对沉淀聚合的影响。根据 Wang 等[17]的观点，如果聚合物的溶解度参数与致孔剂的极性足够匹配，则会导致所得聚合物粒子具有持久性的孔状结构以及高度均匀的形状。根据经验，为了得到均匀的颗粒，溶剂的溶解度参数应该远低于聚合物的溶解度参数。他们通过优化实验条件，得到了一个较大尺寸的茶碱 MIP 和 NIP 微球，见图 3-11。

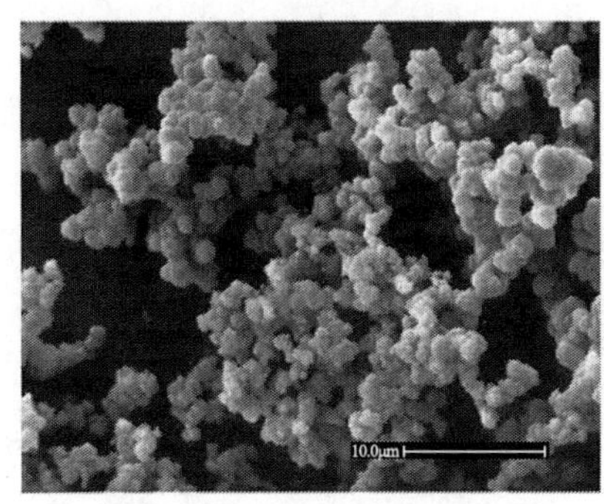

图 3-10　用沉淀聚合制备的普萘洛尔 MIP 的 SEM 图[1]

P1

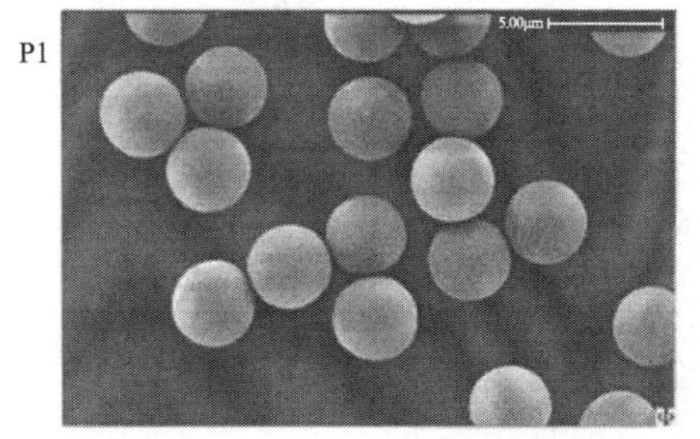

P2

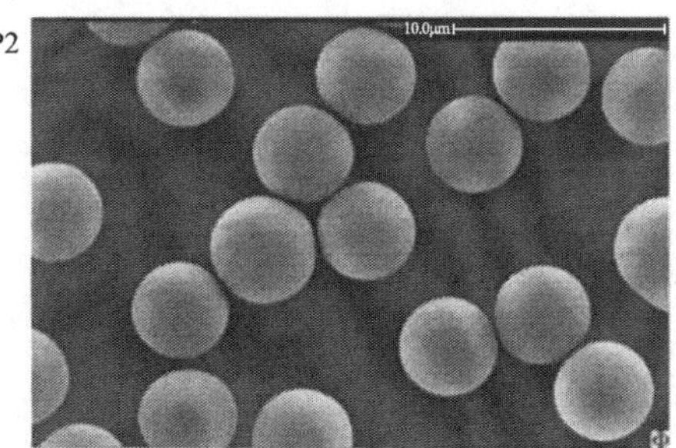

图 3-11　茶碱 MIP (P1)和 NIP (P2)的 SEM 图[17]

另外一个影响聚合物颗粒尺寸的是在聚合时交联剂的用量。Yoshimatsu 等[18]通过改变 TRIM 和 DVB 的比率，所得的外消旋普萘洛尔 MIP 颗粒的尺寸变化范围为 130 nm～2.4 μm。

通过改变交联剂(DVB)的用量，可以得到均匀的聚合物颗粒具有相似的形貌和尺寸分布，聚合物微球的总产率相对较低，为 30%～40%。为了得到 DVB 基微球，在沉淀聚合时必须适度搅拌。为了得到能够用于 HPLC 分离的亲和材料，他们用乙腈作溶剂，然后适度搅拌，结果得到了很均匀的聚合物微球[平均粒径约 2.4 μm，见图 3-12(a)和图 3-12(b)]。

另外，与聚(DVB-MAA)不同，如果使用 TRIM 作为交联剂，则得到的珠状聚合物粒径要小得多[平均粒径在 100～300 nm,见图 3-12(c)和(d)]。当使用 TRIM 作交联剂时，在沉淀聚合时不会出现聚集现象。有趣的是，NIP 的尺寸约是 MIP 的两倍，这也说明模板分子在聚合中对聚合物颗粒在生长过程有重要影响。当没有加模板时，对于非共价印迹体系来说，单体 MAA 可以形成氢键二聚体，即在预聚合溶液中存在游离 MAA 和二聚体 MAA。而对于印迹体系来说，体系有另外一种作用，即 MAA 与普萘洛尔之间的作用，它可能会影响交联聚合物颗粒核的生长，从而导致所形成的聚合物粒子较小。

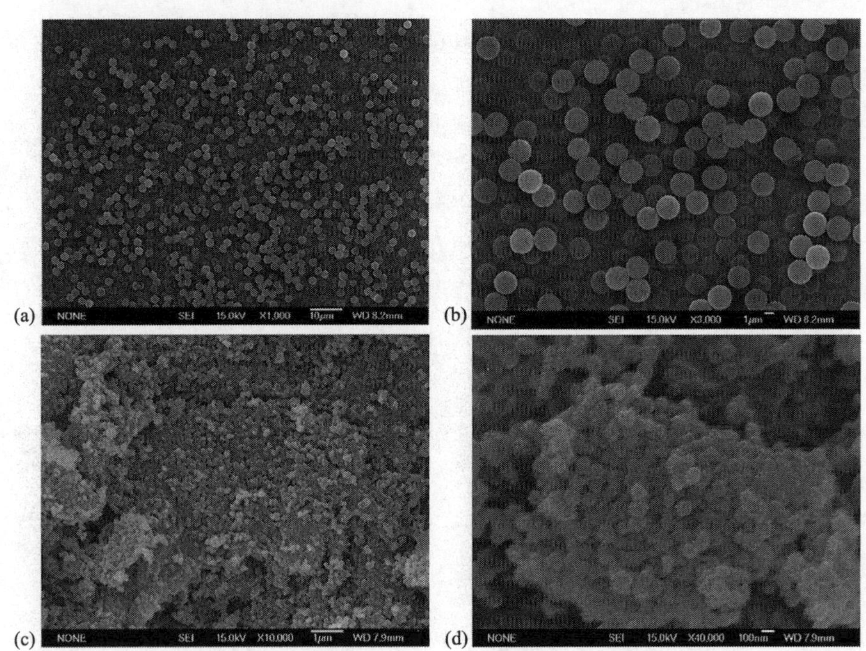

图 3-12　普萘洛尔 MIP 颗粒的 SEM 图[18]

(a，b) DVB 作交联剂；(c，d) TRIM 作交联剂

此外，聚合温度也可以明显对聚合物颗粒粒径产生影响。最近，Yoshimatsu 等[18]考察温度对沉淀聚合的影响。他们选用双官能团单体 *N,O*-双异丁烯酰乙醇胺(*N,O*-bismethacryloyl ethanolamine，NOBE)进行沉淀聚合以制备多肽 MIP。当温度 60℃时，NOBE(溶在乙腈中)发生聚合形成较小的粒子(<1 μm)，但是很容易聚集。如果在 4℃时通过 UV 光引发，则会形成更多均匀的微球。

举例如下：模板还会直接影响所形成聚合物的形貌。Tamayo 等[19]用利谷隆(linuron)或异丙隆(isoproturon)作为模板，通过沉淀聚合制备 MIP。用不同模板制备的 MIP 的 SEM 图见图 3-13。从图中可以看出，粒子的聚集状态完全不同。

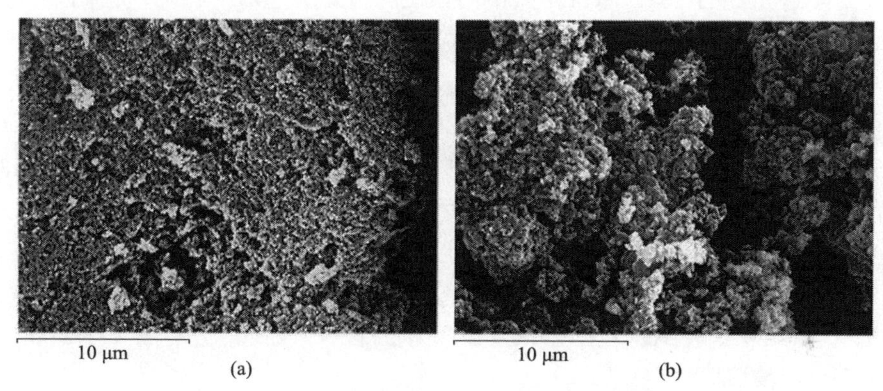

图 3-13　用不同模板制备的 MIP 的 SEM 图[19]

(a)用 IPN 作模板；(b)用 LIN 作模板

影响沉淀聚合的因素还有很多[20]。即使在相同条件下，MIP 粒子和 NIP 粒子在尺寸和尺寸分布上都不同，这可解释为模板通过形成模板-单体配位物，改变正在生长的聚合物的溶解性，从而改变粒子的成核和生长。搅拌速率也会影响粒子的粒径，提高搅拌速率会导致大尺寸粒子增多。另外，当增加致孔剂的用量会降低粒子的粒径，因为在稀溶液中，聚合中产生的寡聚体或成核中心更少，因此单体和交联剂扩散在成核中心表面后生长的概率较小。

沉淀聚合的劣势是其消耗时间较长，而且要使用大量溶剂，因此从产品中去除溶剂时间较长。

第四节　分 散 聚 合

在分散聚合中，将单体、引发剂以及模板组成均相稀溶液，然后与其他溶剂和稳定剂共混。其中，稳定剂主要是利用空间位阻效应防止聚合物颗粒聚集。聚合物颗粒在生长过程中从溶剂中分离出来的程度取决于聚合物在溶剂中的溶解性。该方法制备相对较慢，但是可以得到形状、尺寸分布、刚性都较理想的聚合物粒子。Büyüktiryaki 等[21]用分散聚合制备了一种 Th(Ⅳ)-IIP。结果得到球形粒子，粒径在 63～140 μm。MIP 和 NIP 的比表面积分别是 131.6 m^2/g 和 33.7 m^2/g，而它们的平衡溶胀率分别是 43%和 25%。

第五节 表面印迹

表面印迹是制备 MIP 非常重要的方法之一。对于 MIP 来说，它们具有高度交联的结构，因此，实际上，将位于本体物材料内部的模板分子萃取出来是很困难的，往往会造成 MIP 中模板分子无法完全去除，从而使 MIP 具有较小的亲和能力和较慢的传质速率。幸运的是，表面印迹技术可以解决这个问题，在该技术中，模板分子印迹在材料的表面或接近材料的表面。与传统的 MIP 相比，表面印迹聚合物不仅有较高的结合能力，而且有较快的传质速率和结合动力学性能。现在已经有多种表面印迹方法，如使用固定化模板、将引发剂安置在支撑材料上、将表面印迹与活性/可控自由基聚合结合等。能够用于表面印迹的材料有很多，如活性硅胶、Fe_3O_4磁性纳米粒子、壳聚糖、活性聚苯乙烯珠、量子点(quantum dot，QD)和氧化铝薄膜[20]。

一、基于活性硅胶的表面印迹技术

在上述材料中，活性硅胶很有发展前景，因为它是一种不溶胀的无机材料，而且在酸性条件中能够稳定存在。另外，活性硅胶具有高阻热性。表面印迹技术已经成功用于印迹 EDC、药物、蛋白质和金属材料。

He 等[22]用活性硅胶采用表面印迹聚合制备了一种 MIP。他们用离子液体 1-丁基-3-甲基咪唑四氟硼酸盐(1-butyl-3-methylimidazolium tetrafluoroborate，$[Bmim]BF_4$)作为致孔剂，用表面印迹技术制备印迹硅胶。先用 3-异氰酸酯基丙基三甲氧基硅烷[3-(tirethoxysilyl) propyl isocyanate]与睾酮反应制得一种单体-模板复合物(TestSi)，该反应由单体的异氰酸酯基与睾酮的羟基反应而得。然后 TestSi 与正硅酸乙酯(tetraethoxysilane，TEOS)在离子液体的 HCl 溶液中通过凝胶作用形成硅胶。凝胶反应后，将块状硅胶碾磨成粉状。在 Soxhlet 提取器中用乙腈将离子液体除去，再依次分别用 $LiAlH_4$ 和 HCl 以及 NH_3 将模板除去。其制备过程见图 3-14。

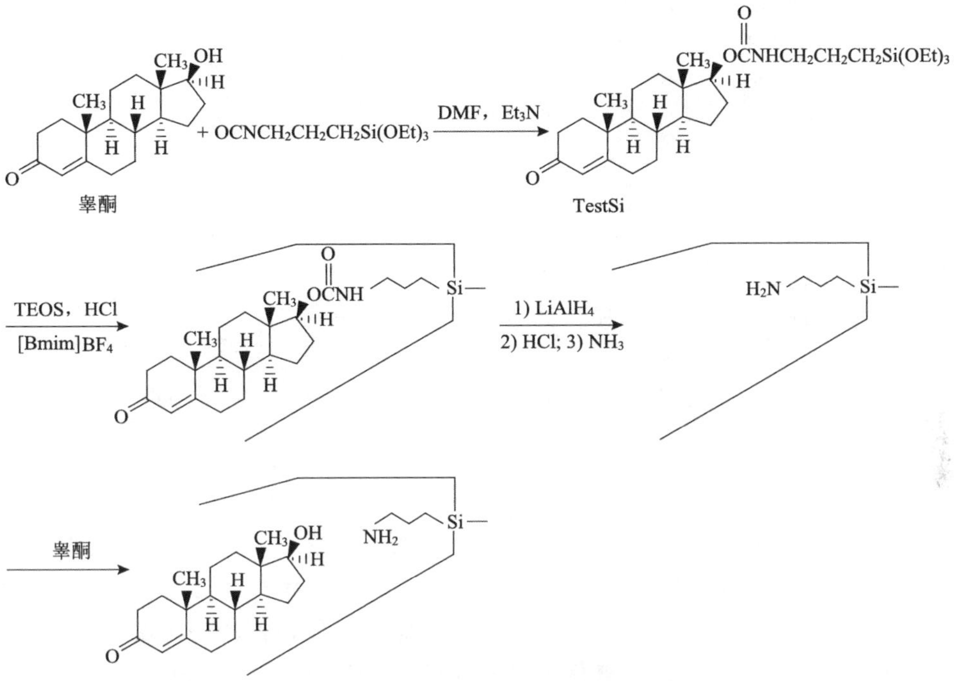

图 3-14 表面印迹制备睾酮印迹硅胶[22]

二、基于磁性分离的表面印迹技术

磁性分离对于复杂样品的分离是一种有效手段，因为它具有快速回收、高效、低成本的特点，而且能够直接从混合物中纯化粗产品而不需要任何预处理。最近，由于磁性分离相比传统分离具有优势，因此用磁性复合物改性 MIP 已成为一个研究热点。一般地，制备磁性 MIP 复合物一般包含以下三步：①制备 Fe_3O_4 磁性纳米粒子(magnetic nanoparticle，MNP)；②用 TEOS、油酸、乙二醇或聚乙烯醇对 Fe_3O_4-MNP 表面改性，因为其表面疏水性有利于发生表面印迹聚合；③使用溶胶-凝胶法或自由基聚合制备表面印迹 MNP。

Wang 等[23]采用溶胶-凝胶法制备了一种磁性分子印迹聚合物用于雌酮的分离。首先以 $FeCl_2 \cdot 4H_2O$ 和 $FeCl_3 \cdot 6H_2O$ 为原料，采用共沉淀的方法制备 Fe_3O_4-MNP。然后将其与 TEOS 反应得到疏水外壳。在雌酮存在的情况下，用 TEOS 与 IPTS 发生缩合反应得到雌酮印迹 MNP(图 3-15)。当 MNP 与目标分子结合后，使用外加磁场很容易将黑色的 MNP 分离出来，用这种方法就不需要离心和过滤等步骤。与二氧化硅表面印迹相比，MNP 除了印迹特性外，还有磁场分离特性。磁性表面印迹技术的出现开启了表面印迹的一个新篇章，因此推动 MIT 的发展。

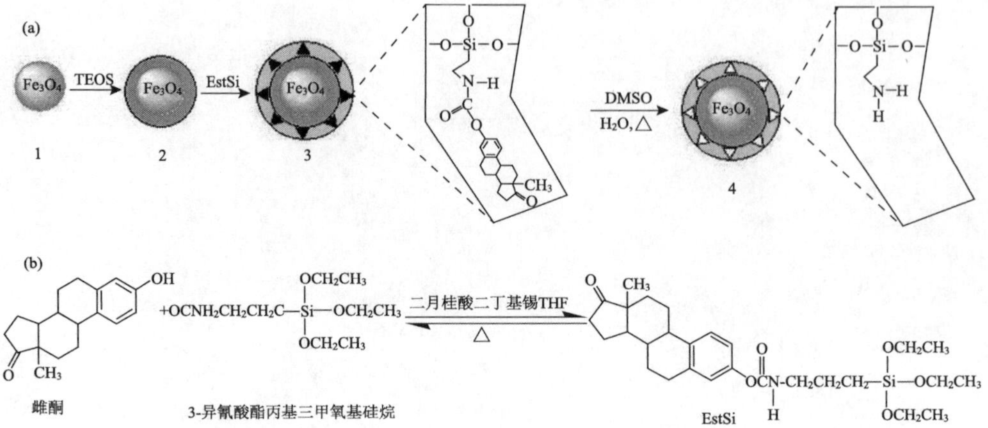

图 3-15　(a) 多步合成雌酮印迹 MNP；(b) EstSi 的合成[23]

三、基于纳米材料的表面印迹技术

最近，由于纳米材料具有很多特殊性能，因此基于纳米技术的 MIT 受到人们的重视。考虑到纳米管在生物传感器、生物催化、生物识别和药物输送等领域有很多应用，因此在纳米级多孔氧化铝膜上实施分子印迹是一种有效的开发 MIP 的方法。其中，二氧化硅纳米管或纳米线一般要经过几个连续步骤才能完成。首先，在纳米级（平均直径在 100 nm）多孔氧化铝膜的内壁用模板固定改性；其次，将改性后的氧化铝膜浸没在含有功能性单体和交联剂的混合物中；最后，当聚合反应后，将氧化铝膜和模板分子除去，则得到分子印迹纳米管或纳米线。由于在该法中结合位点位于纳米管或线的表面，因此在印迹纳米管或线中传质速率是很快的。

Yang 等[24]采用新方法制备了一种尺寸单分散的表面印迹纳米线。将印迹分子（谷氨酸）固定在用硅烷处理过的纳米级多孔氧化铝膜上。在纳米级孔中充满单体（吡咯），然后在其中引发聚合。最后采用化学溶解的方法将氧化铝膜除去，从而剩下聚吡咯纳米线，而且在其表面留有谷氨酸结合位点。

具体过程如图 3-16 所示。在纳米级多孔氧化铝上模板膜的制备采用常规纳米管和纳米线的制备方法。其中，所采用的市售氧化铝膜上的孔径为 100 nm。采用溶胶-凝胶法将二氧化硅纳米管沉积在氧化铝膜的孔隙中。二氧化硅纳米管的内壁采用醛基功能化改性（与三甲氧基甲硅烷基丙基醛反应）。然后，醛基与谷氨酸的氨基反应，从而将谷氨酸连在二氧化硅纳米管的内壁。将含有谷氨酸的氧化铝膜浸没在冷的 0.2 mol/L 的吡咯溶液中，加入等量的冷的氧化剂溶液。再将混合物聚合 12 h。聚吡咯（polypyrrole，PPy）在孔壁优先成核并生长。图 3-17 的 SEM 图和 TEM 图可以证实在氧化铝模板膜中聚吡咯已形成尺寸可控的纳米线，而且，纳米线的直径取决于模板膜的孔径大小。将所形成的聚吡咯纳米线（含二氧化硅纳米管)分散在 0.1 mol/L NaOH 中，用电极过度氧化，经过过度氧化的聚吡咯纳米线会形成空腔，该空腔与谷氨酸互补。用 HF 溶液可以将印迹的聚吡咯纳米线分离出来，然后通过多次离心和用水洗涤的方法纯化。另外，该纳米线对谷氨酸具有很好的识别性能。

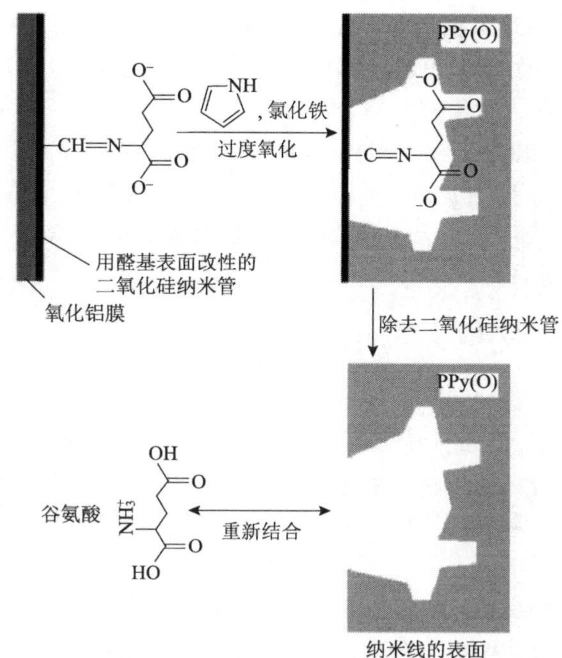

图 3-16　用固定模板和牺牲固体纳米支撑体制备 MIP[24]

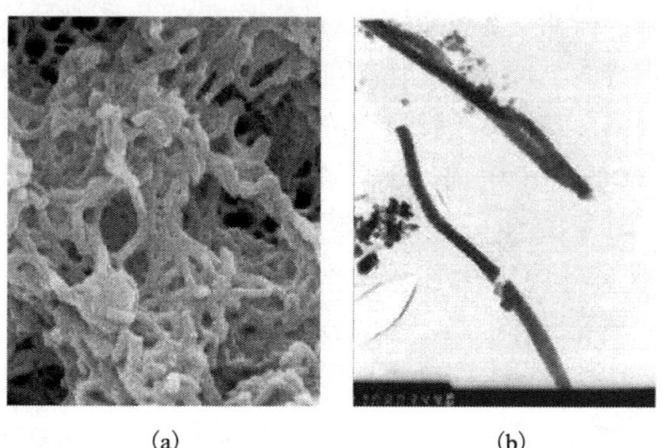

(a)　(b)

图 3-17　将氧化铝膜去除后聚吡咯纳米线的 SEM 图(a)和 TEM 图(b)[24]

第六节　活性/可控自由基聚合

除了上述合成方法外，其他一些新型技术也开始引入 MIT 中，并受到人们的青睐，活性/可控自由基聚合就是其中的代表。

因为传统自由基聚合中链增长速率无法控制，因此，通过传统自由基聚合方法很难制备规整 MIP。在传统自由聚合中，由于副反应(链转移和链终止)，所得到的聚合物的尺寸分布较宽。为了解决这个问题，人们开发了活性/可控自由基聚合(living/controlled radical polymerization，LCRP)，其中，链终止几乎可以忽略而链增长速率则相对更恒定和更慢，因此从热力学上控制聚合物链增长速率，从而形成均相而且分布窄的聚合物网络(与传统自由基聚合相比)。LCRP 包括原子转移自由基聚合(atom transfer radical polymerization，ATRP)、可逆加成-断裂转移聚合(reversible addition-fragmentation chain transfer，RAFT)、氮氧稳定自由基聚合(nitroxide-mediated polymerization，NMP)以及引发转移终止剂法(iniferter)。其中，ATRP 和 RAFT 是最有发展前景的两种方法。

一、ATRP 技术的应用

ATRP 最早出现在 1995 年[25]。它源于原子转移步骤，该步骤是对聚合物均匀生长的关键基元反应。通过使用过渡金属配合物作为可逆卤素原子转移剂，ATRP 可以在休眠种(卤代烃)和活性自由基之间快速实现热力学平衡。在 ATRP 技术中，通过过渡金属(Mt^n)与有机卤化物(R—X)之间的氧化还原过程形成可控条件。卤素原子对金属中心的氧化加成生成一个高价金属(Mt^{n+1})的配合物和一个自由基(R·)，它引发单体形成链增长自由基，增长链自由基又从高价金属获得卤素原子而形成休眠种。活性种与休眠种之间构成动态可逆平衡。结果降低了自由基浓度，抑制了链终止反应，导致可控/活性聚合。这种氧化还原平衡有利于形成休眠种，也有利于控制聚合过程。基于以上特征，如果将传统自由基源(I·)与氧化态金属中心(Mt^{n+1})混合也可以建立一个 ATRP 过程，由于卤素原子的反向转移，其过程与上述过程完全相同。第二种模式从链增长阶段开始，因此也称之为可逆 ATRP。ATRP 适合于对各种单体的可控聚合，但是它也有一些局限。例如，酸性单体(MAA 或 AA)很容易与含氮的配体发生质子化反应，从而对催化剂产生干扰。ATRP(包括可逆 ATRP)的机理见图 3-18。

人们应用 ATRP 成功制备了 MIP。Wei 等[26]用 ATRP 在金片上成功制备了超薄、表面限定的分子印迹膜。他们选择乙腈作溶剂、2-VP 作功能性单体、EGDMA 作交联剂。有机金属催化剂则由物质的量比 1∶2 的 Cu(Ⅰ)Br 和配体组成，其中配体为三[2-(二甲基氨基)乙基]胺{tris-[2-(dimethylamino)ethyl]-amine，Me_6TREN}或者 1,4,8,11-四氮杂环十四烷(1,4,8,11-tetraazacyclotetradecane，$Me_4Cyclam$)。而 Me_6TREN 则由市售三(2-氨基乙基)胺[tris-(2-aminoethyl)amine，TREN]一步制得。EGDMA 的浓度为 2 mol/L，2-VP 的浓度则为 0.15～1.5 mol/L，催化剂的用量为 2 mmol/L[基于 Cu(Ⅰ)]。在与 Me_6TREN 反应的实验中，加入 Cu(Ⅱ)Br_2 作

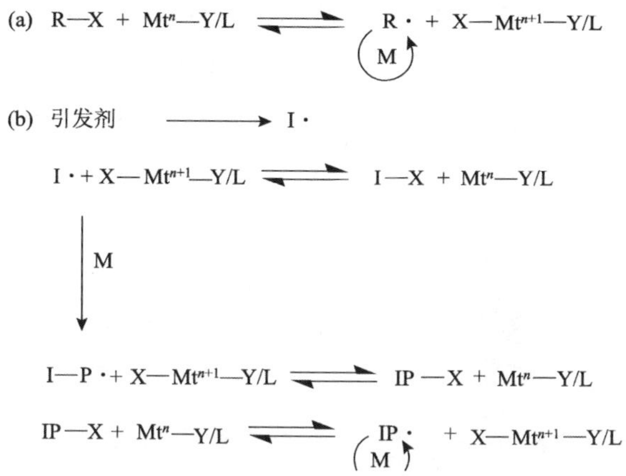

(a) $R—X + Mt^{n}—Y/L \rightleftharpoons R\cdot + X—Mt^{n+1}—Y/L$

M

(b) 引发剂 $\longrightarrow I\cdot$

$I\cdot + X—Mt^{n+1}—Y/L \rightleftharpoons I—X + Mt^{n}—Y/L$

↓ M

$I—P\cdot + X—Mt^{n+1}—Y/L \rightleftharpoons IP—X + Mt^{n}—Y/L$

$IP—X + Mt^{n}—Y/L \rightleftharpoons IP\cdot + X—Mt^{n+1}—Y/L$

M

图 3-18　ATRP(a)和可逆 ATRP(b)的机理

为对照，Cu(Ⅰ)Br 的浓度为 1.2 mmol/L，而且 Cu(Ⅰ)：Cu(Ⅱ)=60：40(物质的量比)，聚合溶液为 5 mL。向体系加入 0.01 mol/L 的模板 *N,N′*-二丹酰-L-胱氨酸(*N,N′*-didansyl-L-cystine)或 *N,N′*-二丹酰-L-赖氨酸(*N,N′*-didansyl-L-lysine)则制备得到 MIP，反之则制备得到 NIP。用三级冷冻循环泵将溶液中的氧去除，为避免催化氧化反应，所有的聚合反应均在无氧的手套箱中完成。聚合后，将金片从聚合体系中取出，在乙腈中用超声波处理 10 s，再依次用乙腈、乙醇和去离子水冲洗，然后在氮气气氛中干燥。

但是，最初 ATRP 在 MIP 中的应用还是受到限制，其主要原因在于用该法制备 MIP 时能选用的单体有限。典型用于 MIP 的单体如 MAA 和丙烯酸三氟甲酯与甲基丙烯酰胺和乙烯基吡啶都不相溶，因此很难在金属-配体配合物的作用下提高单体的转化率。最近，ATRP 成功用于制备表面引发型和乳液型 MIP。这样，就可以使用酸性单体如 MAA，这对于 MIP 领域是一个重要的进展，因为它意味着功能性单体的种类得到拓宽。例如，Liu 等[27]报道了通过表面引发 ATRP 得到了核-壳型用于 2,4-二氯苯氧乙酸(2,4-dichlorophenoxyacetic acid，2,4-D)选择性识别的 MIP。他们用表面引发的 ATRP 制备了大孔核-壳分子印迹颗粒，用于 2,4-D 选择性识别。通过一步溶胀和聚合的方法制备了单分散的大孔聚(甲基丙烯酸缩水甘油酯)[poly(glycidyl methacrylate，PGMA)]，然后将其作为支撑体制备表面印迹粒子(PGMA@MIP)。具体操作如下(图 3-19)：将 5 g PGMA 悬浮在 50 mL 0.4 mol/L H_2SO_4 中回流 8 h。再用水洗涤至中性，然后真空干燥(记为 PHMA)。把所得的 PHMA(5.0 g)在 80 mL 二氯甲烷中分散 30 min(冰浴)后，依次加入三乙胺(5.0 mL)、2-溴基异丁酰溴(4.0 mL)和 4-二甲氨基吡啶(4-dimethylaminopyridine，DMAP)(38 mg)，将混合物在 0℃下保持 1 h，然后升温至室温反应 24 h。将产品依次用二氯甲烷、乙醇和超纯水洗涤，然后干燥。

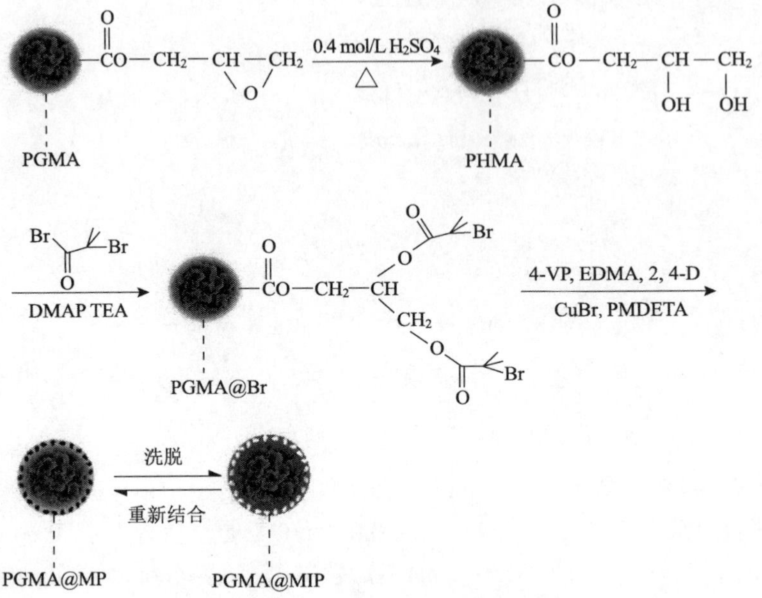

图 3-19 用 ATRP 制备 PGMA@MIP[27]

2,4-D 大孔表面印迹聚合物 PGMA@MIP 则用以下方法制备。所得到的 PGMA@Br(225 mg)作为引发剂，分散到含有 2,4-D(41.5 mg)、功能性单体 4-VP(160.9 μg)和交联剂 EDMA(707.3 μL)的乙腈溶液中，然后加入 75 μL *N,N,N',N'',N''*-五甲基二乙基三胺(*N,N,N',N'',N''*-pentamethyldiethylenetriamine，PMDETA)。将混合物抽真空，充 N_2 3 次。在 N_2 气氛下，把 CuBr(54.3 mg)快速加入烧瓶中，在磁力搅拌下聚合 24 h(60℃)。将粗产品用甲醇、超纯水洗涤 3 次，以除去未反应的组分。然后，将其 PGMA@MIP 颗粒在甲醇-乙酸(7∶3，体积比)中浸没 10 h，从而将模板分子完全除去。在不加 2,4-D 的情况下，按相同方法可以得到对照样品 PGMA@NIP。

由于在内外壁都有结合位点，而且是大孔结构，因此 PGMA@MIP 对模板能很好地去除，且具有较好的传质速率。另外，PGMA@MIP 对 2,4-D 有较好的选择性吸附。将其直接用于从自来水中富集 2,4-D，其回收率为 90.0%～93.4%，相对标准偏差为 3.1%～3.4%(*n*=3)。4 次循环实验表明其具有稳定的可重复使用性能。

二、RAFT 技术的应用

RAFT 聚合技术可以很简单地把合适的原子转移试剂(一般为硫代羰基硫化合物，命名为 RAFT 试剂)引入传统自由基聚合体系。与 ATRP 相比，RAFT 聚合的优势在于可以制备规整聚合物，它所适用的单体范围较宽，几乎适用于所有传统自由基聚合的单体，而且可以在较温和条件下进行。另外，它几乎可以用所有自由基聚合的方法，如沉淀聚合、乳液聚合以及悬浮聚合等。

最近，Xu 等[28]采用沉淀聚合制备了莠去津 MIP。他们采用 MAA 作为功能性单体、EGDMA 作为交联剂、乙腈作为致孔剂，其制备过程见图 3-20(b)。

由于链转移剂(chain transfer angent，CTA)对于 RAFT 是一个关键性试剂，因此他们对链转移剂进行了筛选。图 3-20(a)中列出了常见的含有双硫酯的 CTA 结构。一般地，理想的 CTA 必须满足以下要求：CTA 必须有较高的链转移常数；R—S 键必须是较弱的单键，因为 R 是一个离去自由基，而且 R 必须能够重新引发聚合反应，此外，R 自由基的活性必须比初级自由基高；Z 的作用是推进加成或断裂速率。

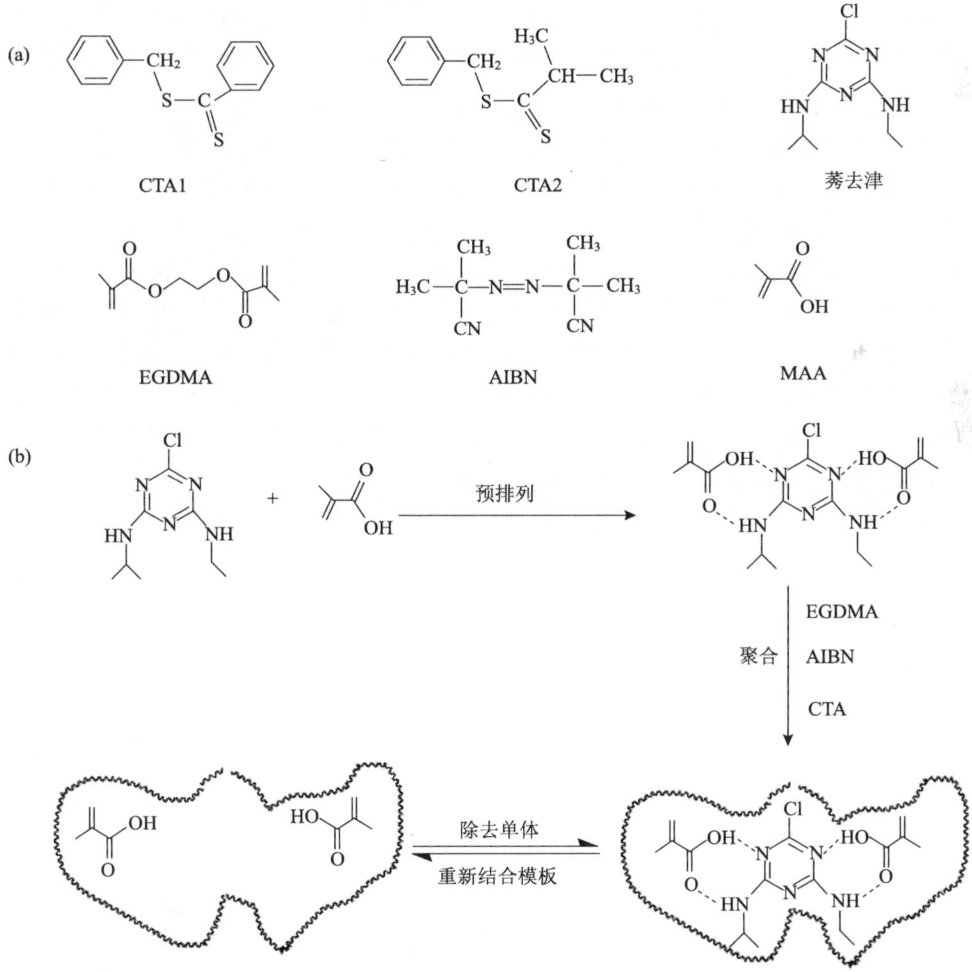

(a) CTA1　CTA2　莠去津

EGDMA　AIBN　MAA

(b) 预排列

聚合　EGDMA　AIBN　CTA

除去单体　重新结合模板

图 3-20　试剂的化学结构(a)和用 RAFT 沉淀聚合制备莠去津 MIP 的过程(b)[28]

他们选用了两种 CTA 用于制备莠去津 MIP，这两种 CTA 的区别在于 Z 基团不同。在最优条件下，使用 CTA1 所得的产物(即 RAFT-MIP1)具有规则的球状外形，而且有较高的结合能力，因此更适合用于制备 MIP。一般地，Z 基团有共轭基团如苯基和萘基则 CTA 的活性较高。

除了 CTA 的结构外，化学计量比率也对 RAFT 聚合有很明显的影响。在增长链的浓度要比 CTA 浓度低很多的情况下，整个体系中自由基的浓度保持不变。通过对 CTA1 浓度效应的考察，将 CTA1 的浓度从 3.3 mmol/L 增加到 10.0 mmol/L，结果得到的 MIP 颗粒从不规则变成球形。但是，CTA 用量增加会导致聚合反应延缓，因此选择 10.0 mmol/L 作为聚合用量。

在沉淀聚合中，增长链不会重叠或凝聚，而是在稀的反应体系中捕捉新的寡聚体和单体独立增长，然后以微球形式从溶液中分离出来。对于传统自由基聚合的机理来说，所得聚合物的微结构、聚合度和分散度都无法控制，而且不可逆的链转移反应会形成许多小的球状粒子，它们会聚集在一起形成不规则粒子。现在被广泛接受的 RAFT 的机理最早是由 Rizardo 等[29]提出的，见图 3-21。该机理的核心在于体系存在链转移平衡和链平衡：链增长自由基与 CTA 反应，从而最初的自由基形成休眠的聚合物，然后 CTA 产生新的自由基。这些过程都是可逆的，因此在整个体系中自由基的浓度可以保持不变，从而形成了“活性”(living)的聚合物。正是基于“活性”聚合反应的优势，增长链自由基的寿命可以控制，结果所合成的聚合物链具有预先设定的相对分子质量、较低的分散性和可控的组成，而且印迹聚合物具有均匀的球状外形。采用不同的 CTA，聚合反应的活性不同，因此所得到的聚合物也具有不同的形貌，见图 3-22。

(a) 引发

$$\text{引发剂} \longrightarrow I\cdot \xrightarrow{M} \xrightarrow[k_p]{M} P_n\cdot$$

(b) 链转移平衡

$$P_n\cdot\ (M,\ k_p) + Z\text{-}C(=S)\text{-}S\text{-}R \underset{k_{-add}}{\overset{k_{add}}{\rightleftharpoons}} P_n\text{-}S\text{-}\dot{C}(Z)\text{-}S\text{-}R \underset{k_{-\beta}}{\overset{k_{\beta}}{\rightleftharpoons}} Z\text{-}C(=S)\text{-}S\text{-}P_n + R\cdot$$

(c) 重新引发

$$R\cdot \xrightarrow{M} R\text{—}M\cdot \xrightarrow[k_p]{M} P_m\cdot$$

(d) 链平衡

$$P_m\cdot\ (M,\ k_p) + Z\text{-}C(=S)\text{-}S\text{-}P_n \rightleftharpoons P_n\text{-}S\text{-}\dot{C}(Z)\text{-}S\text{-}P_m \rightleftharpoons P_n\cdot\ (M,\ k_p) + Z\text{-}C(=S)\text{-}S\text{-}P_m$$

(e) 终止

$$P_n\cdot + P_m\cdot \xrightarrow{k_t} \text{“死”的聚合物}$$

图 3-21 RAFT 聚合的机理[28, 29]

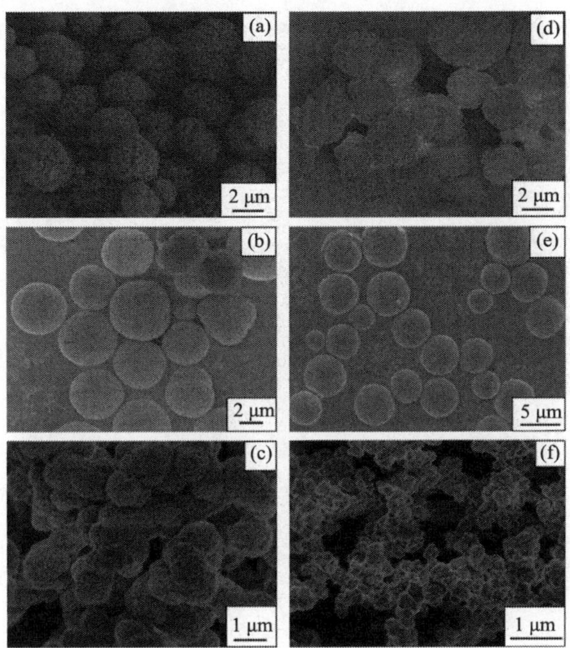

图 3-22　通过 RAFT 聚合制备的 MIP 的 SEM 图[28]

(a，d)用 CTA1 作链转移剂；(b，e)用 CTA2 作链转移剂；(c，f)采用传统沉淀聚合

Zhang 等[30]利用 RAFT 技术并通过悬浮聚合的方法制备了香兰素 MIP。结果表明，所得的聚合物粒径更小，具有较高的分子吸附能力，对香兰素的结合能力比传统悬浮聚合的要高。他们用 MAA 作为功能性单体、EGDMA 作为交联剂、二硫代苯甲酸苄酯(benzyl dithiobenzoate，BDB)作为链转移剂，通过悬浮聚合法制备了香兰素 MIP。图 3-23 为所得产物的 SEM 图。从图中可以看出，聚合物微球表面平滑，平均尺寸约为 50 μm，而且尺寸分布相对较窄。与传统自由基聚合所得的聚合物相比，用 RAFT 聚合所得的聚合物颗粒更小，这与 RAFT 的可控/活性聚合机理有关。颗粒尺寸是 MIP 吸附能力的一个反映，一般地，颗粒尺寸越小，其比表面积越大，则 MIP 的吸附能力越高。

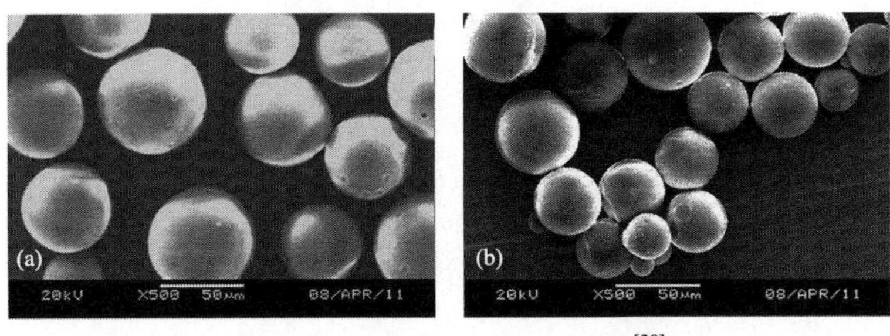

图 3-23　香兰素 MIP 的 SEM 图[30]

(a)传统自由基聚合制备；(b)RAFT 法制备

通过 RAFT 还可以制备出有水相容性且窄分布的 MIP。Yan 课题组[31]采用 3-(2-羧基乙基硫烷基硫代羰基硫基)丙酸[3-(2-carboxyethylsulfanylthiocarbonyl-sulfanyl-)propionic acid，CPA]作为亲水性链转移剂、MAA 作为功能性单体、EGDMA 作为交联剂、AIBN 作为引发剂，采用一锅法制备出具有水相容性且尺寸分布窄的 MIP，并将其作为 SPE 的吸附剂用于从鸡蛋中快速分离氧氟沙星、培氟沙星、诺氟沙星、环丙沙星和恩诺沙星。由于采用了 MAA 作为功能性单体，它是一种亲水性单体，因此所得 MIP 在水溶液中对分析物有较高的结合能力。RAFT 聚合中其相对分子质量可以通过试剂浓度来预先设定，其聚合过程也可以通过保持活性和休眠物的平衡来控制，从而可以获得尺寸较窄的聚合物颗粒。在 RAFT 聚合中，官能团很容易引入聚合物链末端。作为链转移剂的 CPA，分子中含有两个羧基，其亲水性基团使它很容易与更多单体和模板形成氢键。通过 RAFT 聚合得到的聚合物末端有羧基，从而有亲水层，因此使聚合物表现出水相容性。此外，通过调节搅拌速率、致孔剂的用量、水浴温度等可以调节所得聚合物的尺寸分布。从其 SEM 图可以看出所得聚合物为球状(粒径在 40～60 μm)，并且是发育较好的多孔结构，其尺寸分布较窄(图 3-24)。一般地，大孔且表面粗糙的结构有利于 MIP 对目标分子的吸附与释放。

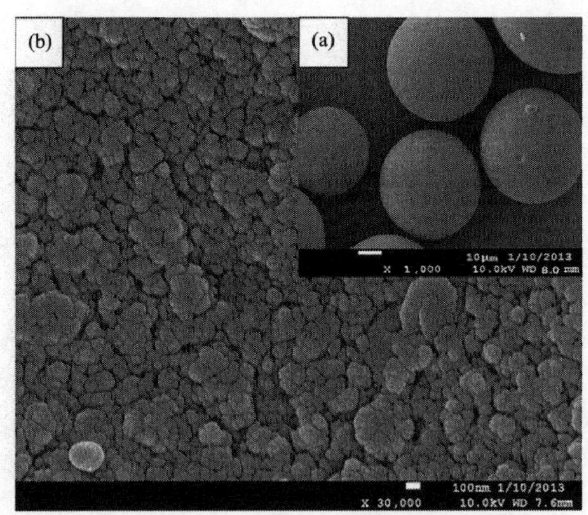

图 3-24　用 RAFT 制备的 MIP(a)及其表面(b)的 SEM 图[31]

三、展望

综上所述，ATRP 和 RAFT 都是在分子印迹领域中极具发展前景的。相比于传统自由基聚合，可控/活性自由基技术在分子印迹领域有很多优势，在某种程度上，相当于给其明显低效率的网络构建提供了新的方法。同时，采用这些现代聚合方法给研究者对于如何改善MIP结构指明了正确的方向。对于一些采用这些技术MIP来说，在结合能力和亲和力方面得到了积极的结果。这主要归结于这些方法改善了内部形貌，例如，交联点分布更均匀，形成了更多凝胶状材料和更低的比表面积。从机理的角度来看，这个结构上的改善是由于大分子生长更慢和更均匀，从而导致动力学链长更短以及分散性更低。特别地，可控/活性自由基聚合在杂化和嵌段聚合物以及有机-无机复合物的制备上具有优势，由于具有“活性”特点，因此可以很方便地控制聚合接枝过程，进而在溶液中控制聚合物的稠度和抑制聚合物链的传递。

相比于各种传统自由基聚合来说，可控/活性自由基聚合具有独特的性能。ATRP可以很方便地将引发剂固定在不同支撑体上，能够提供最适合分子印迹的聚合条件(室温)，但是，直到最近，它的局限仍是单体的选择。另外，金属催化剂(金属中心与其配体)会使ATRP在聚合过程中产生许多副反应，这些副反应主要是基于模板和(或)功能性单体与金属中心和(或)其配体之间的相互作用。同样地，在非共价印迹法中，阴离子/阳离子会干扰模板-功能性单体配合物的形成。基于以上原因，最近人们报道了基于强阴离子配体的催化剂如面式[三(2-苯基吡啶)合铱(Ⅲ)]{[*fac*-tris(2-phenylpyridine) indium(Ⅲ), *fac*[Ir(ppy)$_3$]}[32]以及基于全有机的光引发催化剂如10-苯基吩噻嗪(10-phenylphenothiazine)[33]。我们可以预料这些催化剂的引入会显著增加这种技术在分子印迹领域的应用。

另外，RAFT则是在分子印迹领域中最具多样性和最具应用性的可控/活性自由基聚合技术，这主要是其与传统自由基聚合具有几乎相同的步骤和配方。基于此，我们也可以预料在将来MIP的制备会越来越多地采用RFAT技术。

参 考 文 献

[1] Pérez-Moral N, Mayes A G. Comparative study of imprinted polymer particles prepared by different polymerization methods. Analytica Chimica Acta, 2004, 504: 15-21.

[2] Yan H, Row K H. Characteristic and synthetic approach of molecularly imprinted polymer. International Journal of Molecular Sciences, 2006, 7: 155-178.

[3] González G P, Hernando P F, Alegría J S D. A morphological study of molecularly imprinted polymers using the scanning electron microscope. Analytica Chimica Acta, 2006, 557: 179-183.

[4] Sadeghi S, Mofrad A A. Synthesis of a new ion imprinted polymer material for separation and preconcentration of traces of uranyl ions. Reactive & Functional Polymers, 2007, 67: 966-976.

[5] Segatelli M G, Santos V S, Presotto A B, et al. Cadmium ion-selective sorbent preconcentration method using ion imprinted poly(ethylene glycol dimethacrylate-co-vinylimidazole). Reactive & Functional Polymers, 2010, 70: 325-333.

[6] Branger C, Meouche W, Margaillan A. Recent advances on ion-imprinted polymers. Reactive &

Functional Polymers, 2013, 73: 859-875.

[7] Walas S, Tobiasz A, Gawin M, et al. Application of a metal ion-imprinted polymer based on salen-Cu complex to flow injection preconcentration and FAAS determination of copper. Talanta, 2008, 76: 96-101.

[8] Hoai N T, Kim D. Synthesis, structure, and selective separation behavior of copper-imprinted microporous polymethacrylate beads. AICHE Journal, 2009, 55: 3248-3254.

[9] Hu S G, Li L, He X W. Comparison of trimethoprim molecularly imprinted polymers in bulk and in sphere as the sorbent for solid-phase extraction and extraction of trimethoprim from human urine and pharmaceutical tablet and their determination by high-performance liquid chromatography. Analytica Chimica Acta, 2005, 537: 215-222.

[10] Lai J P, Niessner R, Knopp D. Benzo[a]pyrene imprinted polymers: Synthesis, characterization and SPE application in water and coffee samples. Analytica Chimica Acta, 2004, 522: 137-144.

[11] Matsui J, Fujiwara K, Ugata S, et al. Solid-phase extraction with a dibutylmelamine-imprinted polymer as triazine herbicide-selective sorbent. Journal of Chromatography A, 2000, 89: 25-31.

[12] Hu S G, Wang S W, He X W. An amobarbital molecularly imprinted microsphere for selective solid-phase extraction of phenobarbital from human urine and medicines and their determination by high-performance liquid chromatography. Analyst, 2003, 128:1485-1489.

[13] Kawaguchi M, Hayatsu Y, Nakata H, et al. Molecularly imprinted solid phase extraction using stable isotope labeled compounds as template and liquid chromatography-mass spectrometry for trace analysis of bisphenol A in water sample. Analytica Chimica Acta, 2005, 539: 83-89.

[14] Meouche W, Branger C, Beurroies I, et al. Inverse suspension polymerization as a new tool for the synthesis of ion-imprinted polymers. Macromolecular Rapid Communications, 2012, 33: 928-932.

[15] Ashraf S, Cluley A, Mercado C, et al. Imprinted polymers for the removal of heavy metal ions from water. Water Science & Technology, 2011, 64:1325-1332.

[16] Shamsipur M, Besharati-Seidani A. Synthesis of a novel nano structured ion-imprinted polymer for very fast and highly selective recognition of copper(Ⅱ) ions in a queous media. Reactive & Functional Polymers, 2011, 71: 131-139.

[17] Wang J, Cormack P A G, Sherrington D C, et al. Monodisperse, molecularly imprinted polymer microspheres prepared by precipitation polymerization for affinity separation applications. Angewandte Chemie International Edition, 2003, 42: 5336-5338.

[18] Yoshimatsu K, Reimhult K, Krozer A, et al. Uniform molecularly imprinted microspheres and nanoparticles prepared by precipitation polymerization: The control of particle size suitable for different analytica lapplications. Analytica Chimica Acta, 584: 112-121.

[19] Tamayo F G, Casillas J L, Martin-Esteban A. Evaluation of new selective molecularly imprinted polymers prepared by precipitation polymerization for the extraction of phenylurea herbicides. Journal of Chromatography A, 2005, 1069:173-181.

[20] Chen L X, Xu S F, Li J H. Recent advances in molecular imprinting technology: Current status challenges and highlighted applications. Chemical Society Reviews, 2011, 40: 2922-2942.

[21] Büyüktiryaki S, Say R, Ersöz A, et al. Selective preconcentration of thorium in the presence of

UO_2^{2+} ,Ce^{3+} and La^{3+} using Th(Ⅳ)-imprinted polymer. Talanta, 2005, 67: 640-645.

[22] He C Y, Long Y Y, Pan J J,et al. Molecularly imprinted silica prepared with immiscible ionic liquidas solvent and porogen for selective recognition of testosterone. Talanta, 2008, 74: 1126-1131.

[23] Wang X, Wang L Y, He X W, et al. A molecularly imprinted polymer-coated nanocomposite of magnetic nanoparticles for estrone recognition. Talanta, 2009, 78: 327-332.

[24] Yang H H, Zhang S Q, Tan F, et al. Surface molecularly imprinted nanowires for biorecognition. Journal of the American Chemical Society, 2005, 127: 1378-1379.

[25] Wang J S, Matyjaszewski K. Controlled/"living" radical polymerization. halogen atom transfer radical polymerization promoted by a Cu(Ⅰ)/Cu(Ⅱ)redox process. Macromolecules, 1995, 28: 7901-7910.

[26] Wei X L, Li X, Husson S M. Surface molecular imprinting by atom transfer radical polymerization. Biomacromolecules, 2005, 6:1113-1121.

[27] Liu Y L, He Y H, Jin Y L, et al. Preparation of monodispersed macroporous core-shell molecularly imprinted particles and their application in the determination of 2,4-dichlorophenoxyacetic acid. Journal of Chromatography A, 2014, 1323: 11-17.

[28] Xu S F, Li J H, Chen L X. Molecularly imprinted polymers by reversible addition-fragmentation chain transfer precipitation polymerization for preconcentration of atrazine in food matrices. Talanta, 2011, 85: 282-289.

[29] Rizardo E, Chiefari J, Chong Y K, et al. Tailored polymers by free radical processes. Macromolecular Symposia, 1999, 143: 291-307.

[30] Zhang Y, Ding J H, Gong S W. Preparation of molecularly imprinted polymers for vanillin via reversible addition-fragmentation chain transfer suspension polymerization. Journal of Applied Polymer Science, 2013, 128: 2927-2932.

[31] Liu S T, Yan H Y, Wang M Y, et al. Water-compatible molecularly imprinted microspheres in pipette tip solid-phase extraction for simultaneous determination of five fluoroquinolones in eggs. Journal of Agricultural and Food Chemistry, 2013, 61: 11974-11980.

[32] Adali-Kaya Z, Bui B T S, Falcimaigne-Cordin, et al. Molecularly imprinted polymer nanomaterials and nanocomposites:Atom-transfer radical polymerization with acidic monomers. Angewandte Chemie International Edition, 2015, 54: 5192-5195.

[33] Treat N J, Sprafke H, Kramer J W, et al. Metal-free atom transfer radical polymerization. Journal of the American Chemical Society, 2014, 136: 16096-16101.

第四章　分子印迹技术所面临的挑战

相比于生物识别体系，MIP 对目标分子具有高选择性、低成本、高稳定性、可重复性等特性，已经得到了巨大发展。但是，MIT 仍然面临严重的挑战，如对大分子识别效果不好、模板容易泄漏、对模板的结合能力较低以及在水溶性体系中印迹效果欠佳等。最近，人们针对 MIT 所面临的上述问题作了一些有意义的工作。

第一节　蛋白质印迹

虽然关于大尺度和复杂分子(如蛋白质、DNA、细胞和病毒等)的印迹已经有很多报道，但是相对来说其研究论文还是不多[1]。这主要反映出对尺寸大的和敏感性强的大分子印迹仍然有诸多困难[2]。首先，对于相对分子质量较低的化合物来说，必须使用高度交联体系以保证当模板除去后印迹空腔仍然保持不变。但是对于较大尺寸的模板分子来说，高交联度就会严重阻碍模板分子的传质，因而模板的去除和重新结合都会很慢，更坏的情况是由于物理固定导致模板被永久包封在聚合物网络中。而且，模板分子也有可能交联到聚合物网络形成化学固定。其次，由于生物大分子的溶解性和敏感结构，其印迹过程只能在水溶性环境中完成，这样就限制了对单体的选择。此外，对于低分子化合物来说，在有机和非质子性溶剂中，氢键对 MIP 的亲和性贡献很大，但是对于在水溶液中，氢键则会遭到严重破坏。最后，生物大分子一般都非常复杂。不同区域的物理化学性质如电荷或疏水性等都不一定相同，但是对于有些局部又可能相似。这样就有可能导致其印迹聚合物出现非特异性结合和交联。

对于蛋白质的分子印迹来说，表面印迹是目前最流行和应用最广的方法。它可以克服大尺寸蛋白质分子扩散困难的问题，通过共价键固定的方法可以将模板分子固定在印迹材料的表面。这种方法有很多优势。例如，当模板分子不溶解在聚合体系时，使用这种方法可以很容易完成印迹，而且模板聚集情况会减小到最低，因此结合位点更加均匀。蛋白质固定印迹包括以下步骤(图 4-1)[1]：首先，将氨基酸基团引入支撑体的表面，然后通过氨基和戊二醛反应引入醛基。当模板蛋白质通过共价键固定在支撑体表面后，实施聚合反应。当除去模板后，就会在印迹材料表面形成蛋白质的特异性结合位点。用这种方法已经在不同颗粒上(如二氧化硅、磁性纳米粒子和壳聚糖等)实施蛋白质的分子印迹。

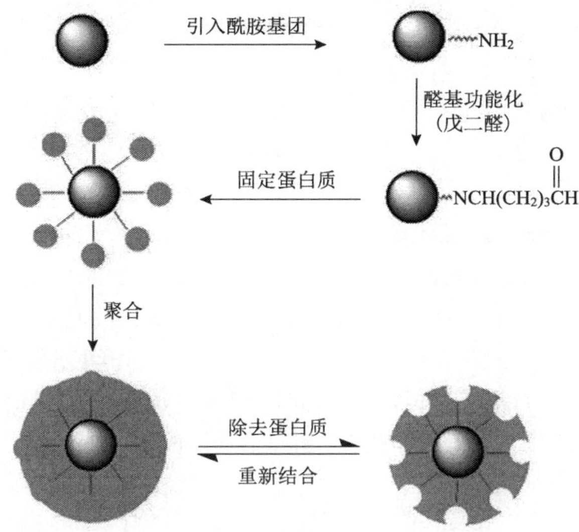

图 4-1　蛋白质固定表面印迹示意图[1]

例如，Tan 等[3]将模板分子通过共价键固定的表面印迹法制备了蛋白质印迹聚合物。它们用甲基丙烯酸甲酯作功能性单体、EGDMA 作交联剂，然后通过两步核-壳微乳聚合法得到 BSA 表面印迹亚微米级粒子(500～600 nm)，其制备过程见图 4-2。

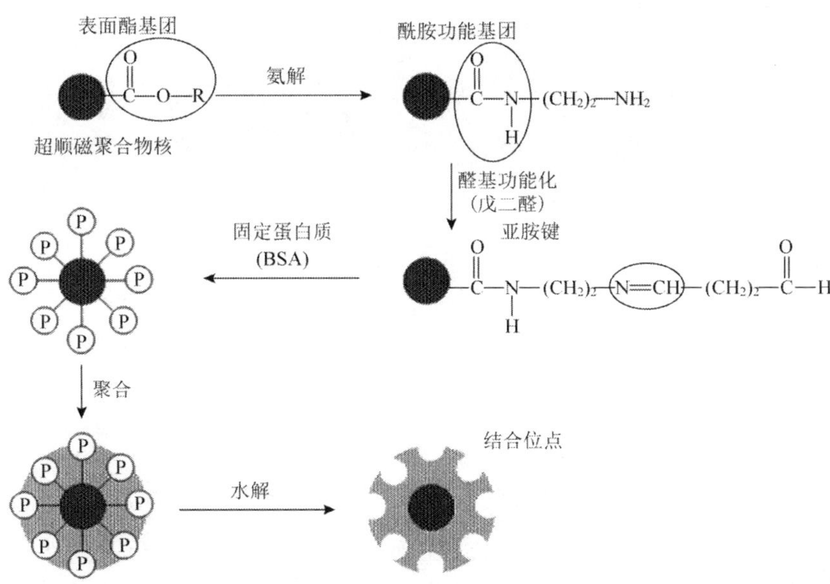

图 4-2　表面印迹法制备 BSA 印迹聚合物[3]

根据抗体-抗原相互作用机理，另一种有效的办法是使用蛋白质表面暴露的片段（一个短的多肽或氨基酸残基）作为模板，该法被称为抗原介导印迹技术（epitope-mediated imprinting）。这些印迹聚合物对多肽或组氨酸有识别能力，同时表现出对相应蛋白质有选择性识别功能。Hoshino 等[4]选用一种含 26 个氨基酸的蜂毒溶血肽作为模板，制备了一种印迹聚合物纳米粒子。他们选用的单体包括 *N*-异丙基丙烯酰胺（*N*-isopropylacrylamide，NIPAM）、AA、*N*-（3-氨基丙基）甲基丙烯酰胺盐酸盐[*N*-（3-aminopropyl）methacrylamide hydrochloride，APM]和 *N*-叔-丁基丙烯酰胺（*N*-*tert*-butylacrylamide，TBAM）作为氢键、负电荷、正电荷和疏水功能性单体，交联剂则为 MBAM。蜂毒溶血肽作为目标和印迹分子。其制备过程见图 4-3。该聚合反应不需要有机溶剂和加热步骤，这样就可以避免对生物大分子的伤害。该印迹聚合物纳米粒子的结合能力和尺寸与天然抗体类似。

(a)　NIPAM　MBAM

TBAM　AM　APM　AA

(b)　$^{+}$GIGAVLK^{+}VLT　TGLPALISWI　K^{+}R^{+}K^{+}R^{+}QQ-NH_2

(c)

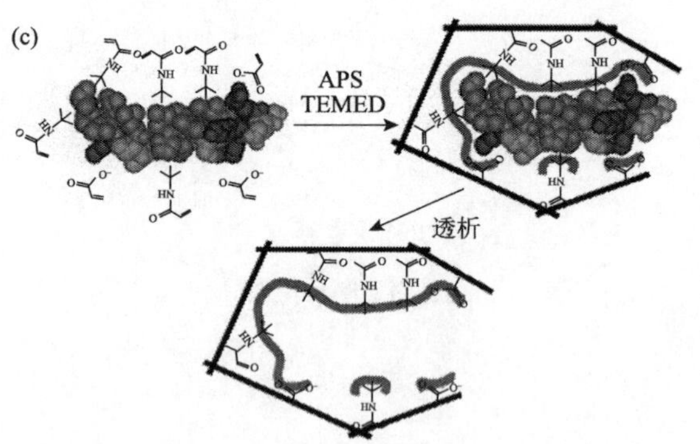

图 4-3　蜂毒溶血肽印迹聚合物的制备过程[4]

(a)单体；(b)蜂毒溶血肽的氨基酸序列；(c)印迹聚合物的制备

蛋白质是水溶性大分子，因此在水溶液中制备蛋白质印迹聚合物就显得非常有意义。最近，在水中实现蛋白质的印迹已经得到一些发展。田大听课题组最近使用魔芋葡甘聚糖作为基体，在水溶液中制备了基于 KGM 的 BSA 印迹聚合物材料。之所以选择 KGM 作为基体，是因为 KGM 是一种天然多糖，具有来源广泛、生物相容性和可降解性好的特点。

考虑到传统的制备一般要经过光照或加热，而这些条件很容易导致蛋白质变性失活。为此我们通过酶促凝胶化快速制备用于蛋白质分离的 KGM 基分子印迹凝胶，以解决蛋白质分子印迹中易失活的问题。

我们先将 KGM 羧甲基化，然后在 *N*-羟基琥珀酰亚胺(*N*-hydroxysuccinimide，NHS)和 *N,N'*-二环已基碳二亚胺(*N,N'*-dicyclohexylcarbodiimide，DCC)的作用下，然后与 4-氨基苯酚(4-aminophenol，AP)作用得到羧甲基魔芋葡甘聚糖-氨基苯酚偶联物(CMKGM-AP)(其结构式见图 4-4)。引入 AP 结构主要是便于其能够在酶作用下发生偶合，形成交联结构。

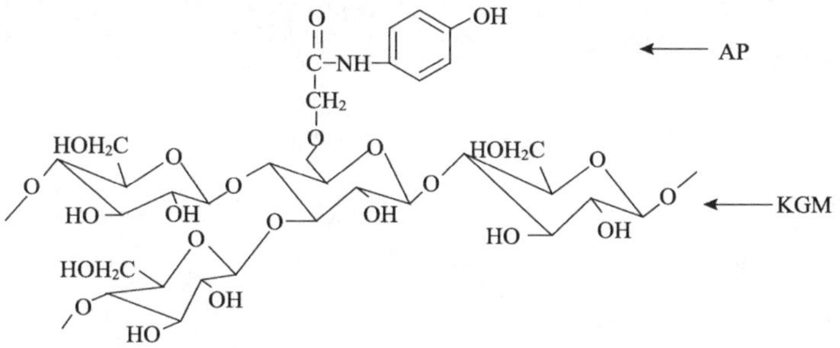

图 4-4　CMKGM-AP 偶联物的结构

然后，以羧甲基魔芋葡甘聚糖-氨基苯酚偶联物(CMKGM-AP)为功能单体、牛血清蛋白(BSA)为模板分子，用辣根过氧化酶(HRP)使 CMKGM-AP 在 10～60 s 内发生凝胶化反应。再用乙酸/水混合溶液(1∶9，体积比)洗涤除去模板分子。其他实验条件不变，不加模板分子条件下制得非印迹聚合物凝胶。酶促 CMKGM-AP 交联制备 MIP 的反应式如图 4-5 所示。

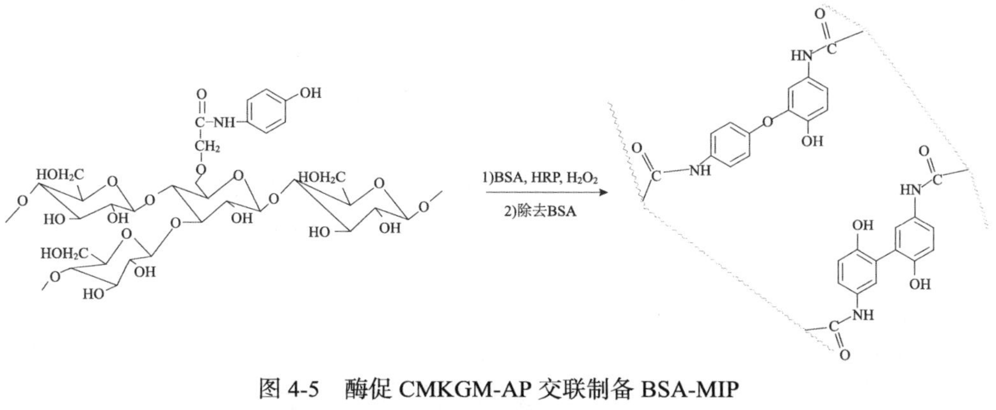

图 4-5　酶促 CMKGM-AP 交联制备 BSA-MIP

图 4-6 为 BSA-MIP 的 SEM 照片。可以看出，模板是否除去，对聚合物凝胶的形貌影响较大。模板除去之前，多孔结构并不是十分明显，而除去模板后，凝胶的多孔状结构十分明显。这是由于模板被洗脱后，聚合物同时又是高度交联，因此所留空腔结构被保留。这种多孔结构对印迹聚合物对 BSA 的识别留下了通道。

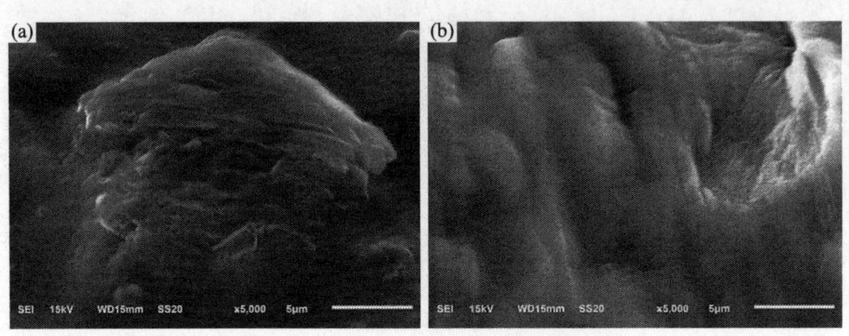

图 4-6　BSA-MIP 的 SEM 照片

(a)除去模板之前；(b)除去模板之后

然后我们用 UV 测定了该材料对 BSA 的吸附识别性能。采用了 Langmuir 方程和 Freundlich 方程对所得的吸附等温线进行了拟合，结果表明，该 MIP 对 BSA 的吸附更适用于 Langmuir 方程，这说明其吸附为单分子层。另外，以干酪素为对照，研究该分子印迹聚合物的选择性，结果表明该 MIP 对 BSA 具有较高的选择性吸附。而且还发现，在一定范围内，随着 CMKGM-AP 中氨基苯酚基团含量越高，其选择性出现极大值，这可能是 AP 主要起到交联的作用，交联度越高，识别空腔越多，但是如果交联度过高，则会导致其识别能力下降。

考虑到水会减弱模板和单体的氢键，人们在水中实施印迹时开始使用金属-螯合物以及输水作用。前者主要是蛋白质表面的氨基酸和金属离子之间的强的螯合作用，该作用在强度、特异性和定向性方面都要强于氢键和静电作用。而输水作用再加上形状识别机理则有助于改善对蛋白质的选择性。

第二节　模板分子的泄漏

一般地，MIP 会用于模板分子的检测。但是，使用 MIP 就会有模板分子泄漏的风险。这是由于印迹位点不仅位于表面也在交联聚合物网络内部，因此溶剂很难抵达内部。在萃取时，模板分子就会从聚合物内部渗出。这样就会对正常物质的定量测定产生干扰。特别是在使用 MIP-SPE 用于痕量物质的分析中尤其要注意这点。人们采用了不同方法来解决这个问题，如同位素分子印迹、对空白样进行平行萃取、聚合后处理(退火、微波辅助萃取、超临界流体萃取)以及虚拟分子印迹。到目前为止，虚拟分子印迹技术（即使用与目标分子结构类似的物质作为模板）被认为是比其他方法更有效的手段[1]。根据虚拟分子的结构，虚拟印迹技术可以分为片段印迹法和间隔固定印迹法。

一、片段印迹法

对于片段印迹法来说，所选用的目标分子一般是内分泌干扰物质、卤代芳香物质和天然毒素等，这些物质一般都具有刚性结构，因此很容易通过该法得到有选择性识别能力的 MIP。

不仅如此，对于柔性物质也可以采用片段印迹法。Nemoto 等[5]使用片段印迹聚合技术实现了对柔性分子软骨藻酸（domoic acid，DA）的分子印迹。DA 是一种水溶性的三羧基氨基酸，其相对分子质量为 311，它主要是神经递质谷氨酸的类似物而且是一种潜在的谷氨酸受体激动剂，其分子式见图 4-7。他们采用三点（three-point）识别法，使用的模板分子更简单而且容易从市场购买，然后采用液相色谱对 MIP 对 DA 的识别性能进行评估。

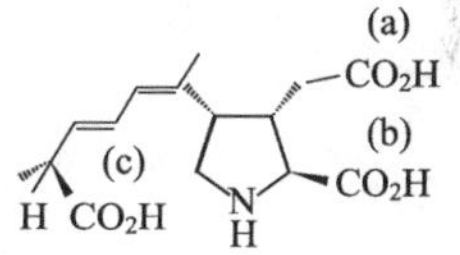

图 4-7　DA 的化学结构

他们先确定 DA 分子中的三个—COOH 作为可能的识别基团[图 4-7（a）、（b）和（c）]。他们假定 DA 的三个—COOH 同时识别则可以完成 DA 的三点识别。然后，选用简单的脂肪族三元羧酸作为模板分子，在相同的流动相条件下使用液相色谱对所制备的聚合物进行评估。其结果见图 4-8。

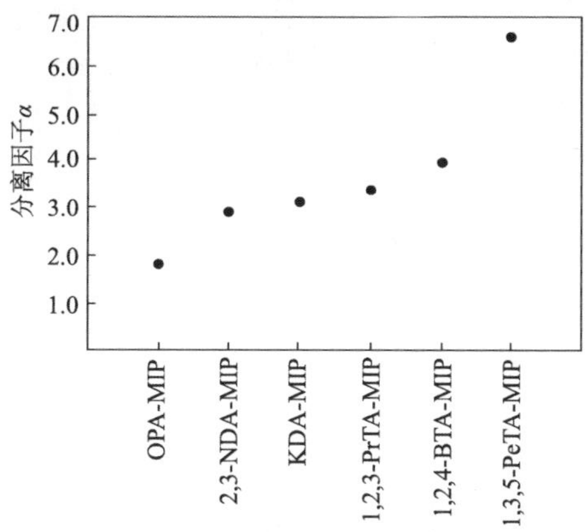

图 4-8　用脂肪族三元羧酸作为模板制备的 MIP 的分离因子[5]

他们所采用的模板有邻苯二甲酸（*o*-phthalic acid，OPA）、2,3-萘二羧酸（2,3-naphthealene dicarboxylic acid，2,3-NDA）、二苯甲酮-4,4′-二羧酸（benzophenone-4,4′-dicarboxylic acid，KDA）、丙烷-1,2,3-三羧酸（propane-1,2,3-tricarboxylic acid，

1,2,3-PrTA)、丁烷-1,2,4-三羧酸(butane-1,2,3-tricarboxylic acid，1,2,4-BTA)、戊烷-1,3,5-三羧酸(pentane-1,3,5-tricarboxylic acid，1,3,5-PeTA)。可以看出，三元羧酸作为模板的选择性要好，而且，1,3,5-PeTA 作为模板的选择性最高。虽然这些三元羧酸的酸性很接近，但是，1,3,5-PeTA 的体积比其他的要大。因此，1,3,5-PeTA-MIP 更适合作为 DA 的三点识别。

为了评价该 MIP 对 DA 的前处理效果，他们将该 MIP 用作 SPE。将含有 DA 的紫贻贝(blue mussel)用 SPE 法(分别用 C_{18} 柱、NIP 及 1,3,5-PeTA-MIP 作为柱体)分离，然后用传统的液相色谱测定(图 4-9)。色谱结果表明使用 C_{18} 和 NIP 不能纯化 DA，后者少量可以检测出。但是，使用 1,3,5-PeTA-MIP 则明显可以纯化 DA。此外，1,3,5-PeTA-MIP 的回收率是 89%。这表明 1,3,5-PeTA-MIP 可以作为前处理柱填料用于从天然样品中分离 DA。

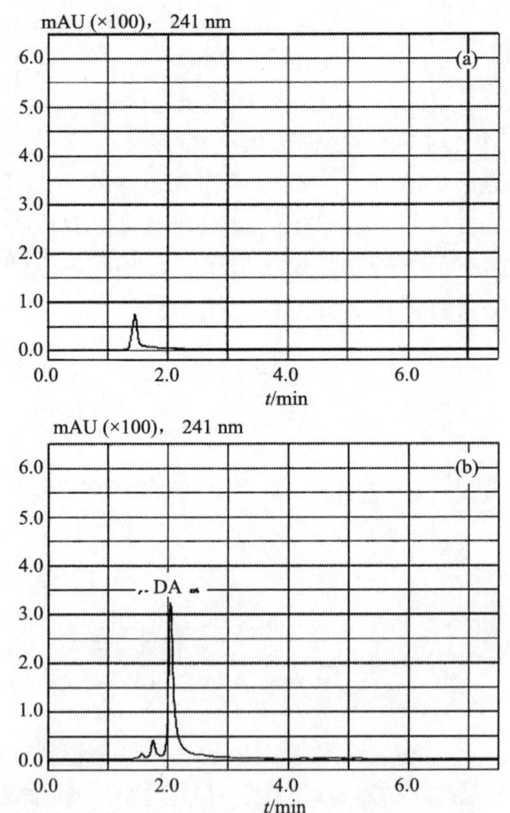

图 4-9 用 MIP 处理含 DA 的紫贻贝[5]

(a)流过 1,3,5-PeTA-MIP 后的组分；(b)从 1,3,5-PeTA-MIP 中收集的组分

另外，片段印迹技术也可以适合相对分子质量较大的物质如蛋白质的印迹。

二、间隔固定印迹法

间隔固定印迹技术则是采用两个官能团与模板之间距离相同的物质作为虚拟模板的一种印迹技术。使用该法，功能单体固定在不变距离之间，这些固定的官能团选择性识别具有相同距离官能团的模板。

Tominaga 等[6]使用该法制备了可以识别贝类麻痹性毒素石房蛤毒素(saxitoxin，STX)的印迹聚合物。他们先采用两步溶胀和聚合的方法得到基本的多孔性聚合物粒子(用无乳化剂乳液聚合法制备聚苯乙烯种子聚合物,然后采用共混和分散法制备)。采用特异性离子配合物作为模板，通过粒子配合物与聚合物表面上未反应的乙烯基反应，进而在其表面形成选择性识别位点，其制备过程见图 4-10。

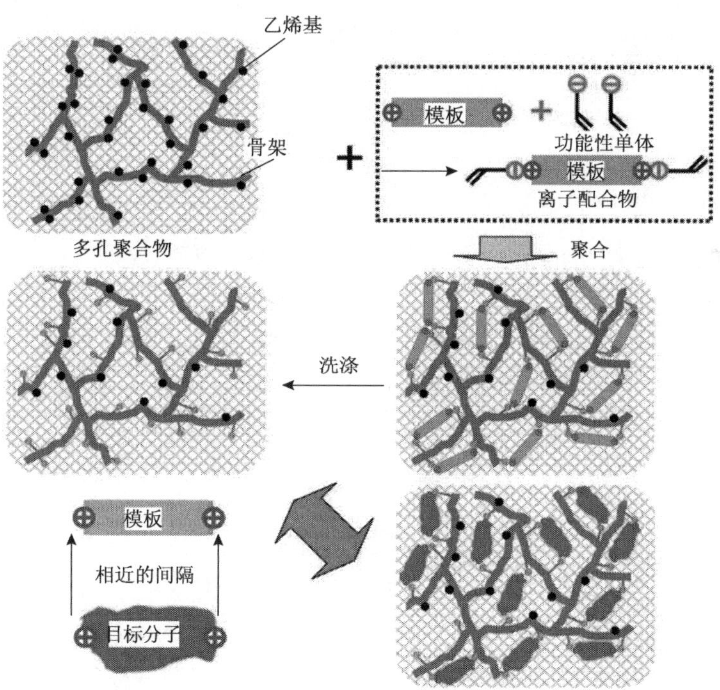

图 4-10　间隔固定法制备 STX 印迹聚合物[6]

从图 4-10 可以看出，对于间隔固定来说，聚合表面上未反应的乙烯基官能团是很重要的。如果没有乙烯基官能团存在，离子配合物无法在多孔聚合物表面发生反应。他们通过多孔性聚合物与溴水反应，然后测定溴水的上清液，进而测得未反应乙烯基的量为 1.97×10^{-3} mol/L。如果乙烯基官能团在聚合物粒子表面分布均匀,那么乙烯基之间的距离为 13.14 Å。另外,结果表明交联剂的乙烯基有 19.5% 没有反应，而是留在聚合物基质中。

特别地，他们用 4-(三丁基铵-甲基)-苄基三丁基氯化铵[4-(tributylammonium-methyl)-benzyltributylammonium chloride，TBTA]作模板制备了 MIP。对于化合物 STX 来说，其由于胍基之间的距离(从分子中一个 N^+到另一个 N^+)约为 7.069 Å，而对于 TBTA 来说，从分子中一个 N^+到另一个 N^+之间的距离为 7.835 Å，二者的距离相近。因此才可以以 TBTA 为 STX 的类似物作为模板。然后他们考察了该聚合物对 STX 的选择性识别。结果表明该聚合物能够实现从天然样品中对 STX 的富集。改用不同的模板，就有可以实现对大量水溶性离子化合物(如天然毒素、生理活性物质及生物分子)的选择性分离。

值得一提的是，虚拟印迹法不仅可以解决模板泄漏的问题，而且有以下优势：①当原有模板较贵或者在操作时不安全时，可以使用该法；②当聚合时会出现副反应或目标分析物的溶解性较低时，可以使用该法。虽然如此，选择合适的分子来代替模板仍然存在较大难度。

第三节　与水性介质不相容

通过有机溶剂制备的 MIP 在水溶液中对目标分子的识别性能较差。这是因为质子性溶剂对模板与功能性单体之间的氢键产生干扰。但是，MIP 的许多应用又要求必须在水溶液中才能完成。基于此，最近人们尝试了很多方法来克服这个问题。

其中一种方法是采用两步萃取法。一般地，先采用液相-液相萃取法，然后再实施 MIP-SPE。但是，这种方法一般比较复杂而且费时。另外一种有效的方法是开发与水相容的 MIP。

Kyzas 等[7]制备了一种与水相容的 MIP 用于从三色染料的水溶液中选择性分离染料分子。他们选择一种反应性和一种碱性(两种都为偶氮型)染料分别作为模板，另外两种反应性和两种碱性染料作为共存染料。一般地，制备稳定性好、高亲和性的 MIP 必须满足下列条件：①具有能够与模板形成稳定复合物的一种或多种功能性单体；②交联度较高以保持结合位点的稳定性；③用非质子性溶剂作为致孔剂。但是，这些要求在某种程度上与亲水体系的一些要求有些冲突，它们要求：①可以使用极性溶剂；②可以使用亲水性共聚单体或交联剂如 MBAM；③随后在其表面接枝亲水性链。

要制备亲水性的反应性红色染料(reactive red，RR)的 MIP，就必须选择一种能够与其磺酸基团相互作用的单体，也就是说该单体必须含有一个正离子基团(如在低 pH 下的—NH_3^+）。为此，他们用 AM 作为单体(其聚合后产生亲水性表面)，MBAM 作为交联剂，以提高其亲水性。而要制备亲水性的碱性红色染料(basic red，BR)的 MIP，就必须选择一种能够与其阳离子基团(N^+)相互作用的单体，也就是说该单体必须含有一个阴离子基团(如—COO^-)。为此，他们选择了亲水性单体 MAA 作为功能性单体。

图 4-11 为把模板除去后的 RR-MIP 和 BR-MIP 的表面形貌。可以看出，BR-MIP 为硬瘦型，模板除去后产生了很多空腔。这归结于制备时采用了不同致孔剂。他们制备 BR-MIP 时主要用非质子性极性溶剂(DMF)，而在制备 RR-MIP 时则主要采用高质子性溶剂(水)。对于两种 MIP 来说，其尺寸都是纳米级，随后会聚集在一起形成更大的颗粒。对于 BR-MIP 的比表面积为 112 m^2/g，而对于 RR-MIP 来说，其比表面积为 98 m^2/g。总的来说，如果使用“劣”溶剂，则趋向于得到低比表面积的粒子，而如果使用“良”溶剂，则其比表面积更大。

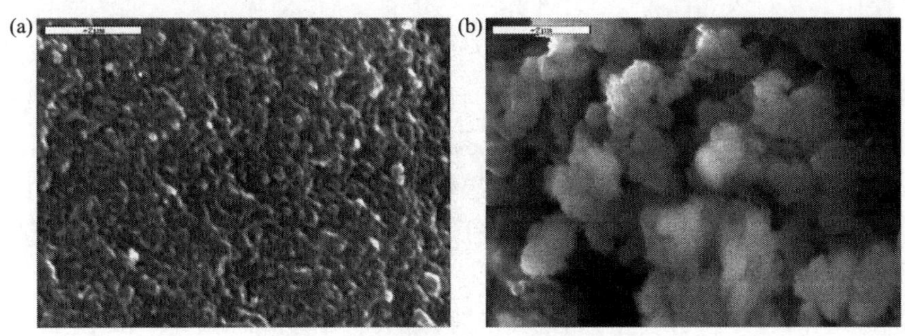

图 4-11　将模板除去后 MIP 的形貌[7]

(a) RR-MIP；(b) BR-MIP

虽然 MIT 可以定制结合位点，但是其位点的可接近性仍然存在一些问题。位于规整粒子表面的印迹空腔更容易接近，而位于粒子内部的只能部分接近或不能接近。如果制备多孔性 MIP，则可以明显提高位点的可接近性。一般地，较高的比表面积意味着粒子内部的结合位点比较完整，因此其可接近性较高，在分离过程中的传质能力更强。

Yan 等[8]在水-甲醇体系中制备了与水相容的 MIP，并将其用于从人的尿样中选择性提取和分离环丙沙星(ciprofloxacin)。为了能够实现在水环境中对目标分子选择性识别，他们使用 MAA/AM 作为单体、EGDMA 作为交联剂，然后使用含水的非极性和极性致孔剂(如氯仿-水、乙腈-水、甲醇-水体系)。结果表明在甲醇-水体系中制备的 MIP 在水环境中具有更好的分子识别性能。另外，聚合混合物质中水的含量对于所得聚合物的多孔性质和表面积起到关键作用，这是因为水作为致孔剂不仅会将所有组分(模板、功能性单体、交联剂和引发剂)带入一个相，而且会在印迹聚合物中产生大孔结构。他们考察的 MAA 或 AM 作为单体制备 MIP，结果发现前者所得的 MIP 具有更好的识别能力，这是由于在极性环境中，MAA 与目标分子具有更强的静电和疏水作用。另外，由于环丙沙星在 UV 光照环境中会发生降解，因此采用热引发来制备 MIP。他们将尿样离心后，直接注射到所制备的 MIP 柱中，结果表明环丙沙星可以选择性保留在柱中，而其他组分则很快被洗出。该分析结果的线性关系较好，在环丙沙星浓度为 0.1～100 mg/L 具有很好的线性关系（r=0.999）。该法的检测限为 0.03 μg/L，三次不同浓度样品的回收率高于 94.5%。此外，通过增加进样量，该法的检测限还可以改善 100 倍。

Sun 和 Qiao[9]在甲醇-水体系中制备了一种与水相容的 MIP，并将其作为 SPE 吸附剂对尿液中喹诺酮类药物实施了分离和检测。他们用 HyperChem V6.0.0 程序对其分子识别机理进行了研究，并用 UV、IR 和 ^{1}H NMR 对结果予以实验验证。他们所选用的单体为 MAA，TRIM 作为交联剂，AIBN 作为引发剂。通过优化，模板：MAA：TRIM 的物质的量比设定为 1：10：15，同时考察了含水体系的非极性和极性致孔剂对 MIP 制备的影响。结果也表明甲醇-水体系所得的 MIP 具有更高的分子识别能力。采用氯仿作为致孔剂所得的产品在外观上与前者相似，但是在水环境中其灵敏性较差。当然，如果体系中加入水分，则会对氢键产生干扰，同时会提高疏水作用。当体系含水量低于 10%时，氢键对 MIP 的分子识别起着主要作用，而当体系含水量高于 65%时，疏水作用则起着关键作用。为此，他们选择了甲醇-水（9：1，体积比）体系作为致孔剂来制备 MIP，由于氧氟沙星（ofloxacin，OFL）分子是氢键受体，而 MAA 分子则是氢键给体，这样二者在印迹过程中就可以形成较强的氢键作用，然后形成识别位点。

由于对于生物样品的分子识别一般在水相中，因此有必要考察在水相中 MIP 的识别机理。我们知道，分子识别能力受到多种因素影响，如位点形状的互补性、官能团的互补性以及识别环境。对于位点形状的互补性来说，一般要求 MIP 必须具有相对较硬的网络结果，从而保证当除去模板分子后所留的空腔结构仍然保持不变，而官能团则负责在印迹位点产生结合作用。他们考察了 OFL 与 MAA 在两种条件下（水和非极性溶剂）所形成的缔合体。为了预测 OFL 与 MAA 之间的结合位点，他们采用了 HyperChem V6.0.1 程序来计算实施分子模拟。在 MIP 的识别空腔中，有四个位点分别提供给 F 原子、羰基的 O 原子、羧基的 H 原子以及哌嗪基的 N 原子。为此，在理论研究中可以选择 OFL 与 MAA 的物质的量比为 1：4 作为研究条件。于是得到在非极性和水中 OFL 与 MAA 缔合体的优化结构（图 4-12），而经过计算所得氢键的长度见表 4-1。

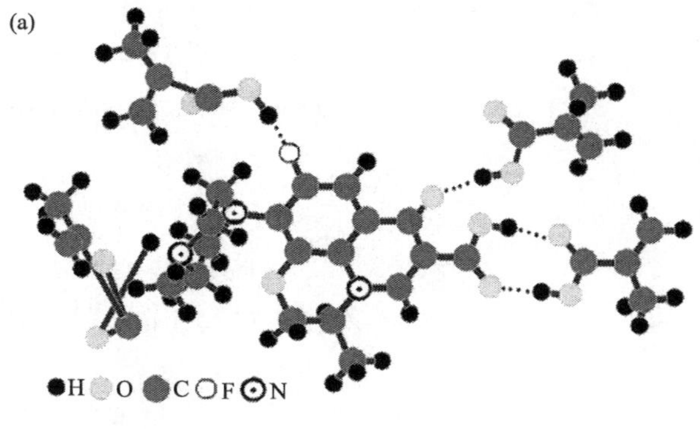

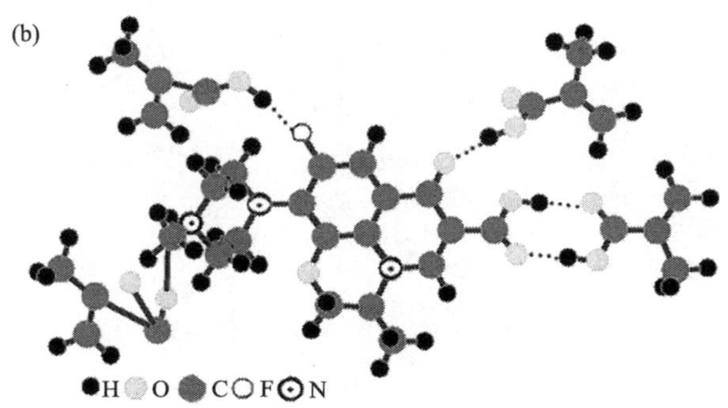

图 4-12　OFL 与 MAA 在不同条件下形成的缔合体[9]

(a)非极性环境；(b)水环境。虚线表示氢键

表 4-1　氢键的长度[9]

键的类型	计算所得的键长/Å		氢键的角度/(°)		范德华半径之和/ Å
	非极性溶剂	水	非极性溶剂	水	
F···H—O	2.7238	2.7340	171.294	149.071	2.75
C═O···H—O	2.7159	2.7168	163.425	159.538	2.80
O═C—OH···O	2.7327	2.7338	169.020	163.844	2.80
HO—C═O···H—O	2.7464	2.7591	165.588	177.490	2.80
N···H—O	4.4988	4.5530	88.918	154.041	2.90

他们用公式 $\Delta E = \Delta H_{复合物} - \Delta H_{模板} - 4\Delta H_{单体}$ 计算了缔合体的结合能。结果表明，在非极性溶剂中和在水中所得产物的结合能分别为−64.26 kJ/mol 和−62.16 kJ/mol，而总能量分别为−47.26 kJ/mol 和−37.80 kJ/mol。

他们的基本观点是：当两个较重的原子之间的距离小于范德华半径之和，就可以认为二者形成了氢键。另外，氢键的角度，即两个较重的原子和氢之间的角度(供体原子-H-受体原子)经过计算都大于 90°。其中 N···H—O 氢键长度为 4.50 Å 或 4.55 Å，该距离要比 N 原子和 O 原子的范德华半径大，这表明哌嗪上的 N 原子位置没有氢键形成，这可解释为其分子结构中甲基的立体位阻效应所致。

在其他可能的结合位点(O 和 F 原子)，所有的键长(从 2.72 Å 到 2.76 Å)要比相应的范德华半径之和都短。这也表明氢键的形成位置在 OFL 分子中的 F 原子、羰基和羧基的 O 原子。两种复合物的结合能几乎相等，这也就证明水的存在没有破坏 OFL 和 MAA 之间的氢键。因此，进一步从理论上证明可以在水环境中制备 OFL-MIP。

另外实验结果发现，所得的与水相容的 MIP 在水溶液中对 9 种喹诺酮类药物表现出较高的选择性，而且其结合能力能够通过改变溶液 pH 予以控制。采用水作为洗涤溶液，乙腈-三氟乙酸作为洗脱溶液，可以从尿样中选择性分离出 9 种喹诺酮类药物，而且所有基质的干扰都可以同时排除。

除了以上策略外，在水溶液中，金属配位作用要比氢键或静电作用都强，因此，可以用金属配位键来制备对模板具有高选择性的 MIP。

第四节 其他挑战

除了前面三节中所论述的挑战外，在 MIP 的制备中还有一些其他挑战：如结合位点的不均匀性、亲水性化合物的印迹等[1]。

一、结合位点的不均匀性

结合位点的不均匀性一般出现在非共价 MIP 中，因为在聚合前的预排列并不是一个完好的过程，这样就会导致在复合体中单体与模板的比例不同，结果出现结合位点分布不均匀。此外，由于模板-单体的相互作用是一个平衡过程，所以在制备时往往会使用过量的单体来推动平衡，结果是过量的单体形成了一些非选择性结合位点。结合位点的不均匀性会导致样品经过 MI-SPE 处理后，目标分析物的检测仍然有困难，因为一些基质化合物也被同时萃取出来，或者是由于基质化合物与聚合物结合得很紧密，进而使 MIP 的性能丧失[10]。

结合位点的不均匀性可以通过仔细优化制备条件来克服，也可以通过两步 MIP-SPE 来规避(即对于样品先用 NIP 处理)。很显然，这两种方法都增加了分析时间，提高了成本。一种更好的方法是采用半共价法(semi-covalent)制备 MIP。该法由 Whitcombe 等[11]发展起来，顾名思义，它是一种介于共价法和非共价法之间的制备 MIP 的方法。在该法中，模板与单体的结合是通过共价法结合的，但是，模板的重新结合却是基于非共价作用。

Cacho 等[10]采用半共价法制备了三嗪化合物的 MIP。以扑灭津(propazine，PPZ)为模板，其制备过程如图 4-13 所示。

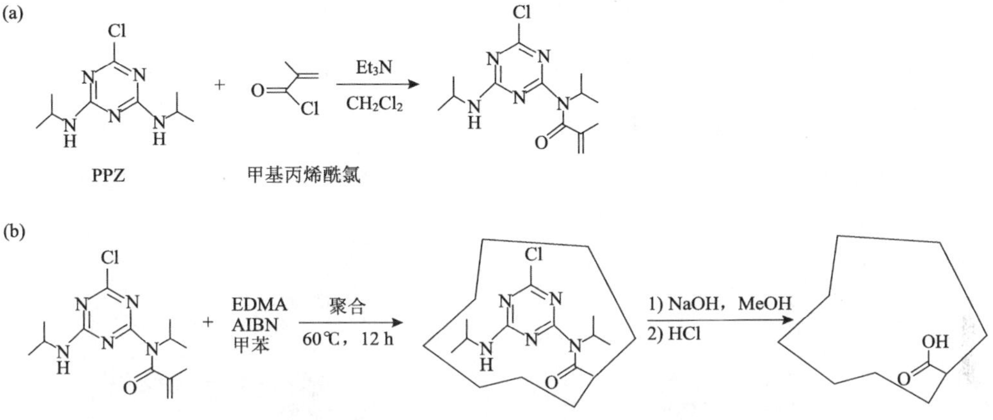

(a) PPZ + 甲基丙烯酰氯 —(Et_3N, CH_2Cl_2)→

(b) + EDMA AIBN 甲苯 —(聚合 60℃，12 h)→ —(1) NaOH，MeOH 2) HCl)→

图 4-13　半共价法制备三嗪化合物的 MIP[10]

从图 4-13 可以看出，首先 PPZ 会与甲基丙烯酰氯反应，通过聚合进入聚合物基体中，然后在碱性条件下水解处理。通过这种方式，PPZ 可以从聚合物网络中除去，结果在聚合物网络中形成与模板互补的空腔。随后，其—COO^-基经过酸化后可以在印迹过程中与 PPZ 相互作用。他们用 Langmuir-Freundlich 等温式对其结合性能予以拟合，并用 MI-SPE 对土壤和蔬菜样品中的三嗪化合物进行了富集和测定，结果令人满意。

二、亲水性化合物的印迹

亲水性化合物不溶于非极性有机溶剂中，因此亲水性化合物的印迹是分子印迹中的又一挑战。

将亲水性化合物引入烷基，从而将模板分子转化为疏水性化合物是解决办法之一[12]。但是，相应化合物的制备和分离是很耗时的，而且在反应中一些官能团发生了反应，导致所得 MIP 的选择性不是十分理想，因而在实际应用中受到限制。

另外一种方法是采用疏水性化合物作为类似物来代替亲水性化合物[13]。由于选择合适的类似物是比较不容易的，因此其应用受到限制。

目前有效的方法是采用离子对作为模板来实现亲水性化合物的印迹。维生素 B_6(pyridoxine，又称吡哆醇)能够完全溶解在极性溶剂如水和乙醇等，但是不会溶解在非极性溶剂如氯仿中。Alizadeh[14]在水溶液中通过离子对结合的方式，将一个适当长度的烷基与维生素 B_6 偶联，然后通过液-液萃取法方式将离子对复合物从水中转移到氯仿中。该离子对复合物能够稳定地存在于氯仿中，然后作为维生素 B_6 的模板代表物进行分子印迹聚合，其制备过程见图 4-14。该方法操作简单，不需要经过复杂的化学反应和分离过程，目标分子的结构的改变也是最低程度，并且保留了目标分子的主要官能团，可以保证印迹过程中形成较强的氢键作用。

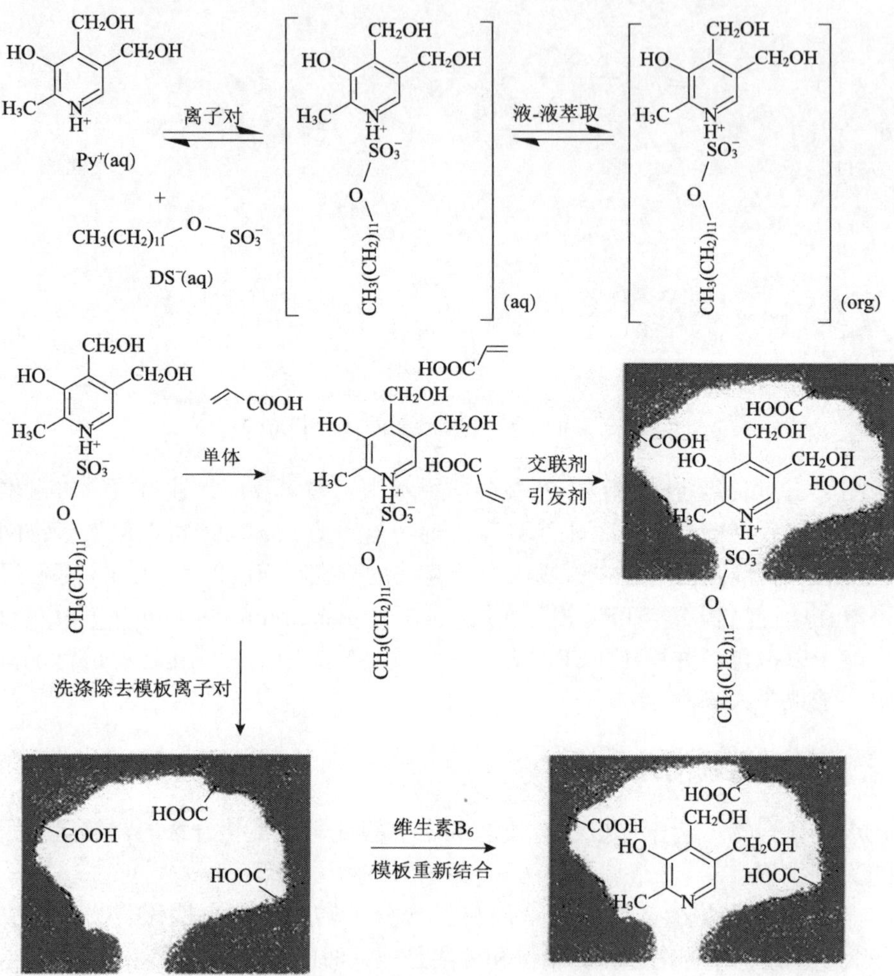

图 4-14　用离子对作模板制备维生素 B_6-MIP[14]

参 考 文 献

[1] Chen L X, Xu S F, Li J H. Recent advances in molecular imprinting technology: Currentstatus, challenges and highlighted applications. Chemical Society Reviews, 2011, 40: 2922-2942.

[2] Verheyen E, Schillemans J P, Wijk M V, et al.Challenges for the effective molecular imprinting of proteins. Biomaterials, 2011, 32: 3008-3020.

[3] Tan C J, Chua H G, Ker K H, et al. Preparation of bovine serum albumin surface-imprinted

submicrometer particles with magnetic susceptibility through core-shell miniemulsion polymerization. Analytical Chemistry, 2008, 80: 683-692.

[4] Hoshino Y, Kodama T, Okahata Y, et al. Peptide imprinted polymer nanoparticles: A plastic antibody. Journal of the American Chemical Society, 2008, 130: 15242-15243.

[5] Nemoto K, Kubo T, Nomachi M, et al. Simple and effective 3D recognition of domoic acid using a molecularly imprinted polymer. Journal of the American Chemical Society, 2007, 129: 13626-13632.

[6] Tominaga Y, Kubo T, Kaya K, et al. Effective recognition on the surface of a polymer prepared by molecular imprinting using ionic complex. Macromolecules, 2009, 42: 2911-2915.

[7] Kyzas G, Bikiaris D N, Lazaridis K L. Selective separation of basic and reactive dyes by molecularly imprinted polymers (MIPs). Chemical Engineering Journal, 2009, 149: 263-272.

[8] Yan H , Row K H, Yang G. Water-compatible molecularly imprinted polymers for selective extraction of ciprofloxacin from human urine. Talanta, 2008, 75: 227-232.

[9] Sun H W, Qiao F X. Recognition mechanism of water-compatible molecularly imprinted solid-phase extraction and determination of nine quinolones in urine by high performance liquid chromatography. Journal of Chromatography A, 2008, 1212: 1-9.

[10] Cacho C, Turiel E, Martín-Esteban A. Semi-covalent imprinted polymer using propazine methacrylate as template molecule for the clean-up of triazines in soil and vegetable samples. Journal of Chromatography A, 2006, 1114: 255-262.

[11] Whitcombe M J, Rodriguez M E, Villar P, et al. New method for the introduction of recognition site functionality into polymers prepared by molecular imprinting: Synthesis and characterization of polymeric receptors for cholesterol. Journal of the American Chemical Society, 1995, 117: 7105-7111.

[12] Quaglia M, Chenon K, Hall A J, et al. Target analogue imprinted polymers with affinity for folic acid and related compounds. Journal of the American Chemical Society, 2001, 123: 2146-2154.

[13] Manesiotis P, Hall A J, Courtois J, et al. An artificial riboflavin receptor prepared by a template analogue imprinting strategy. Angewandte Chemie International Edition, 2005, 44: 3902-3906.

[14] Alizadeh T. Development of a molecularly imprinted polymer for pyridoxine using an ion-pair as template. Analytica Chimica Acta, 2008, 623: 101-108.

第五章　智能分子印迹聚合物

随着材料科学的发展，研究者对具有可控性质的功能材料愈感兴趣。特别是将材料的一些功能性质(如热学、电学、磁学、超导、光学和生物学性质)组合在一起，形成的多功能材料已经得到了快速发展。这些材料往往有一种或几种可以通过外部刺激可调节的性质，这些外部刺激包括压力、温度、pH、电场或磁场等。研究者可以用这些特性来设计一些具有广泛应用前景的刺激-应答(stimuli-responsive)先进材料，如分子器件材料、仿生材料、杂化型复合材料、超分子体系、信息和能量转移材料等。最近，通过整合智能材料技术和分子印迹技术，人们设计和制备了大量智能分子印迹聚合物(smart MIP)。它们包括热响应、磁场响应、光响应、离子强度响应、生物分子响应等类型的MIP[1, 2]。本章重点讨论前三种类型的MIP。

第一节　热响应型MIP

具有热响应的聚合物主要有两种：第一种具有低临界溶解温度(lower critical solution tempereature，LCST)，第二种具有高临界溶解温度(upper critical solution temperature，UCST)。两种高分子的主要区别在于前者在一个特定温度下可以溶解于去离子水中，而后者则是必须超过高于某个温度才溶解。以LCST聚合物为例，随着温度的升高，分子中甲基、乙基、丙基之间的疏水作用占主导，超过了此前体系中的氢键作用。对于LCST聚合物来说，在较低温度时会发生溶胀，而在较高温度时会发生收缩。而对于UCST聚合物来说，正好相反。值得特别注意的是，聚(*N*-异丙基丙烯酰胺)[poly(*N*-isopropylacrylamide)，PNIPAM]是一种LCST聚合物，其转变温度在25～32℃之间，正好是人体的生理温度范围，因此具有临床学应用意义。

Watanabe等[3]使用NIPAM作为温敏单体、AA作为功能性单体、MBAM作为交联剂、盐酸麻黄碱(DL-norephedrine hydrochloride)和肾上腺素(DL-adrenaline)作为模板，制备了一种热响应MIP。图5-1为MIP和NIP在麻黄碱溶液中的V/V_0(凝胶的平衡溶胀率)与温度关系图。

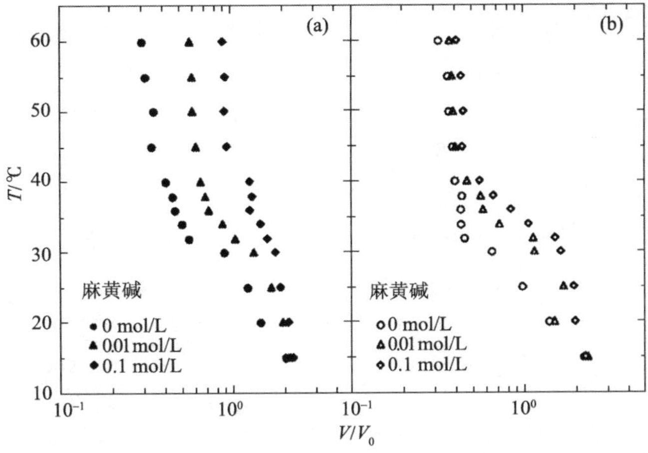

图 5-1　MIP(a)和 NIP(b)的平衡溶胀率与温度的关系图[3]

从图 5-1 可以看出，MIP 和 NIP 都具有温度敏感性，凝胶在低温时溶胀，而在高温下坍塌。对于 NIP 来说，不论麻黄碱浓度如何，其在 15℃时完全溶胀，而在 50℃时则完全坍塌。相反，对于 MIP 来说，在 15℃时，不论麻黄碱浓度如何，其溶胀率都完全相同，但是，当其在收缩态时，其溶胀率随着麻黄碱浓度的增加而增加，表现出依赖于模板的特殊溶胀率变化特性。很有趣的是，该特殊溶胀率变化特性仅出现在收缩态时。他们同时发现 AA 对其特殊溶胀性能有明显影响。当不使用 AA，按照同样条件制备的 MIP，在收缩态时无特殊溶胀性能。随着聚合物中 AA 组分增加(最大至 20%，摩尔分数)，其特殊溶胀率变化特性更加明显。其聚合温度为 25℃，低于凝胶大体积变化温度。这意味着聚合反应是在溶胀态下完成的。但是，所得凝胶不是透明的，而是浑浊的，这应该是在聚合反应时产生了相分离。

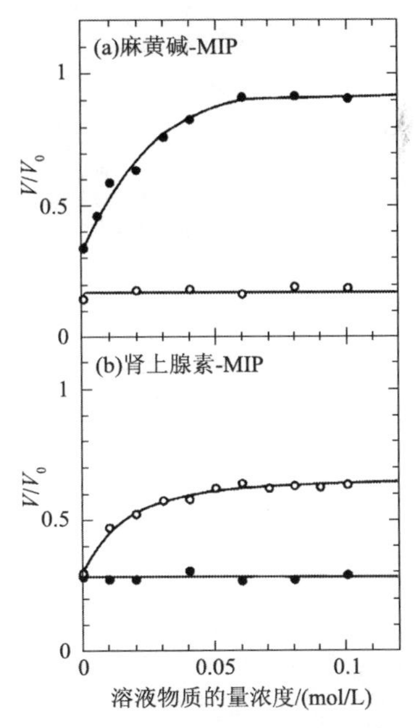

图 5-2　不同 MIP 在不同浓度溶液中的平衡溶胀率[3]

(•)麻黄碱；(○)肾上腺素

为了验证这种特性，考察了不同浓度麻黄碱或肾上腺素中(50℃时)，麻黄碱-MIP 或肾上腺素-MIP 的溶胀率变化情况见图 5-2。可以看出，麻黄碱印迹聚合物凝胶对麻黄碱敏感，而对肾上腺素不敏感，反之亦然。

Qin 等[4]制备了温敏性 MIP 用于选择性识别蛋白质。他们将介孔氯甲基化聚苯乙烯(mesoporous

chloromethylated polystyrene，MCP）珠粒用二硫代氨基甲酸盐引发-转移-终止剂改性，然后通过表面引发活性自由基聚合接枝制备热敏性溶菌酶-印迹聚合物珠粒，其中选用 NIPAM 作为热敏性单体，而 AM 和 MAA 作为功能性单体。所制备的 MIP 珠粒对模板溶菌酶有选择性识别特性，但是其热敏性不是很明显。为了改善其热敏性能，他们通过序列聚合法在 MIP 珠粒表面又涂上一层 PNIPAM，其制备过程见图 5-3。涂在外面的 PNIPAM 层起到热敏性“门”的作用，而内部的蛋白质-印迹层则起到选择性识别“门”的作用。

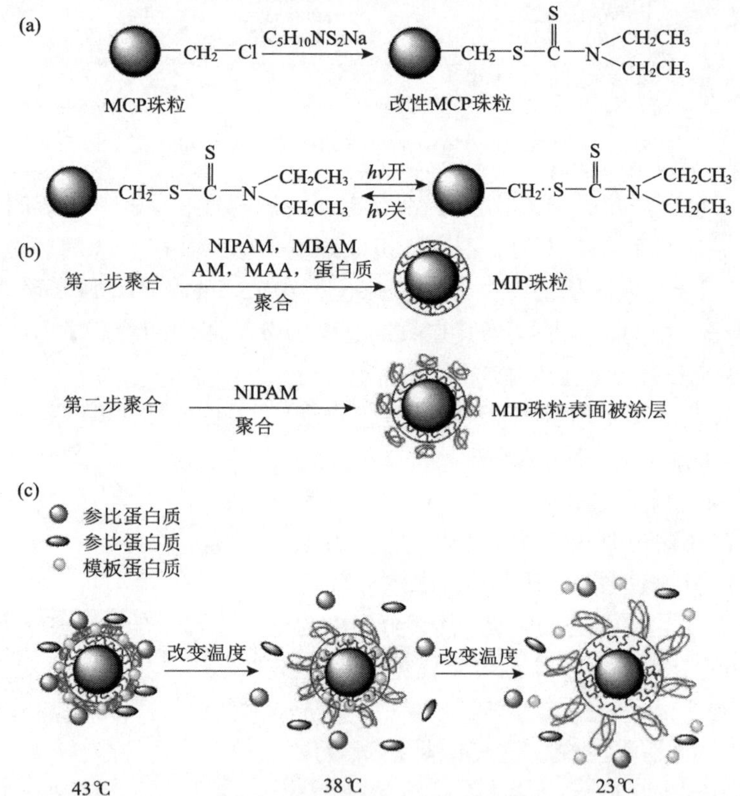

图 5-3 通过表面引发活性自由基聚合制备双层温敏性蛋白质-MIP 珠粒[4]

(a)用二硫代氨基甲酸盐引发-转移-终止剂改性 MCP 珠粒；(b)通过两步法制备具有涂层的 MIP 珠粒；(c)该具有涂层的 MIP 珠粒的热敏性溶胀或收缩用于选择蛋白质的选择性吸附

他们考察了温度对 MIP 珠粒吸附性能的影响(图 5-4)。在外部温度改变时，热敏性聚合物可以在溶胀相和收缩相之间实现可逆的体系相变。可以看出，随着温度在 23～53℃范围内逐渐升高，MIP 珠粒的印迹因子(imprinting factor，IF)先逐渐增加，然后下降。由于聚合物具有热敏性能，在整个升温过程中，既有溶胀态也有收缩态，而印迹空腔也要导致体积变化。印迹因子并没有出现连续增加，而是在 38℃出现极大值，这可能是此时印迹空腔的形状与模板分子互补的程度最好所致。

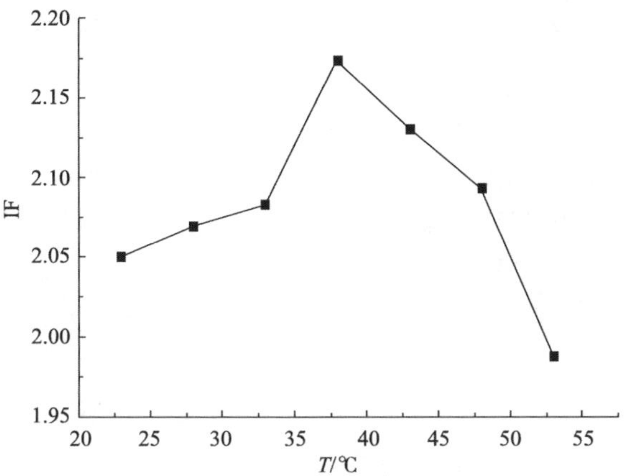

图 5-4　不同温度下 MIP 珠粒对溶菌酶的吸附特性[4]

IF=Q_{MIP}/Q_{NIP}，其中 Q_{MIP} 和 Q_{NIP} 分别为 MIP 和 NIP 对模板蛋白质的吸附量；实验条件：将 5.0 mL 0.2 mg/mL 的溶菌酶用 50 mg MIP 珠粒处理 6 h

Li 等[5]报道了一种新型的具有可调“开/关”(on/off-switchable) 的拉链状 (zipper-like) MIP。他们选用 AM 和 2-丙烯酰胺基-2-甲基 1-丙烷磺酸(2-acrylamide-2-methyl 1-propane sulfonic acid，AMPS) 作为功能性单体、EGDMA 作为交联剂、*S*-萘普生作为模板、AIBN 作为引发剂，在 UV(365 nm) 光照过夜而得。粗产品在 Soxhlet 提取器用 DMF(含 20%的乙酸) 抽提 24h，然后用乙醇和乙酸洗涤。该拉链状 MIP 的作用机理见图 5-5。

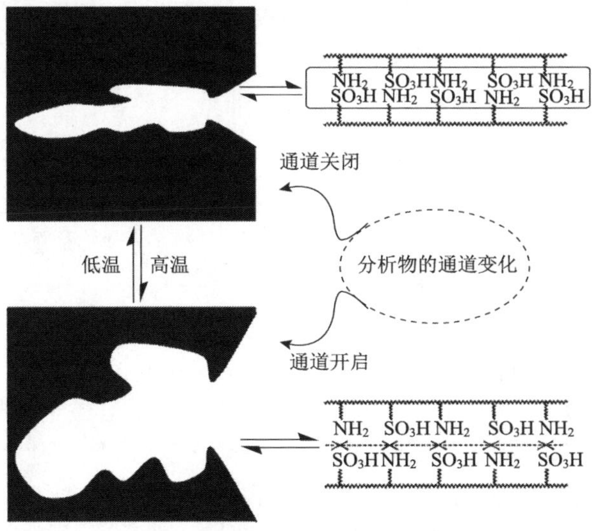

图 5-5　拉链状 MIP 的作用机理[5]

该拉链状 MIP 在低温时，其分子识别性能较差，因为此时 PAM 和 PAMPS 聚合物链之间形成复合物，就会限制分析物进入印迹聚合物网络。相反，在高温条件下，其分子识别性能较高，因为此时聚合物链间之间的复合作用产生了解离。这样，该聚合物具有类似于拉链结构，而且具有可调“开/关”功能。

图 5-6 表示聚合物的吸附性能。他们选择了两个代表性温度进行对比研究(40℃和 20℃，分别代表高温和低温)，然后考察三种聚合物(可调 MIP、可调 NIP 和传统 MIP)对萘普生的吸附性能进行了考察。在 40℃，可调 MIP 相比传统 MIP 来说，可调 MIP 表现出更出色的印迹特性[图 5-6(a)]。相反，在 20℃，可调 MIP 更像可调 NIP，它们的识别能力都很差[图 5-6(b)]。就像预期一样，可调 MIP 的分子识别性能通过温度可以“开/关”调节。分子中 PAM 和 PAMS 之间的复合与解离可以调节分析物接近印迹网络，从而可通过温度的控制来调节对目标分析物的吸附和识别。

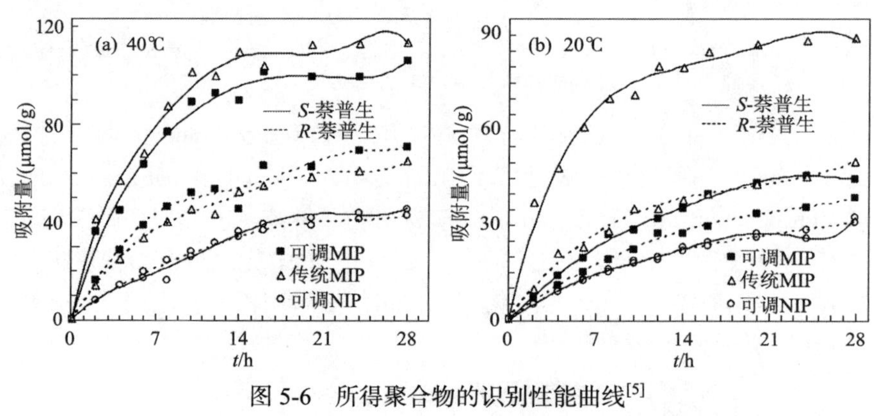

图 5-6 所得聚合物的识别性能曲线[5]

第二节 磁场响应 MIP

最近，将磁性组分如 Fe_3O_4 纳米粒子引入 MIP 中构建磁场响应的 MIP 受到研究者的青睐。对于这种体系，使用外磁场可以将被分析物从混合物中简单、快速和有效地分离出来，而不需要额外的离心、过滤等操作。

Jing 等[6]报道了一种用于溶菌酶识别的磁性印迹纳米粒子。具体包括磁性 Fe_3O_4 的制备，在其表面制备二氧化硅层(Fe_3O_4@SiO_2)，在外面构建 MIP 薄膜层(Fe_3O_4@SiO_2@MIP)。首先通过共沉淀法制备磁性 Fe_3O_4 粒子，其次通过溶胶-凝胶法在 Fe_3O_4 粒子表面构建一层 SiO_2 壳层。SiO_2 壳层具有生物相容性和亲水性表面，可以防止 Fe_3O_4 的氧化，另外，其表面的硅羟基可以允许特异性配体通过共价键结合改性。这样，就可以在其表面引入双键，然后通过与模板(溶菌酶)、功能性单体(MAA+AM)、交联剂、引发剂作用形成 MIP 薄膜外层。他们运用该磁性 MIP 对人血清样品中的溶菌酶的富集和纯化后，再用化学发光法(chemiluminescence, CL)对其进行了检测。图 5-7 为 Fe_3O_4@SiO_2@MIP 的制备过程及 CL 检测溶菌酶的示意图。

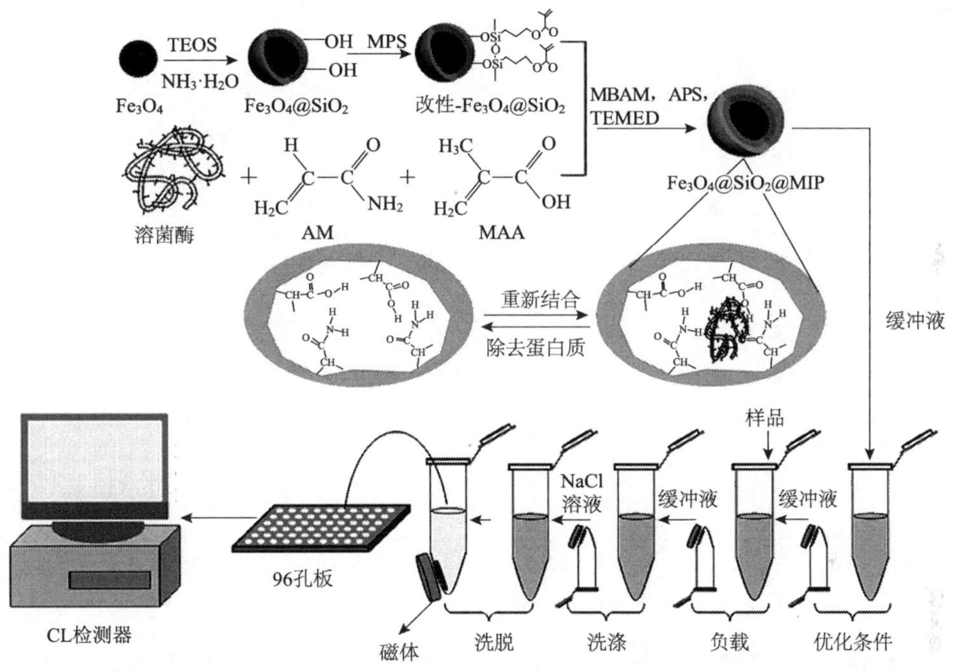

图 5-7　Fe_3O_4@SiO_2@MIP 的制备过程及 CL 检测溶菌酶的示意图[6]

Luo 等[7]制备一种磁性印迹聚合物，并将其用于从水样中除去水溶性酸性染料。他们先制备 Fe_3O_4 粒子，然后用溴化 1-(α-甲基丙烯酸酯)-3-甲基咪唑[1-(α-methyl acrylate)-3-methylimidazolium bromide，1-MA-3MI-Br]作为功能性单体、TRIM 作为交联剂、AIBN 作为引发剂，采用反相乳液聚合 12 h，然后用甲醇/氨水(9∶1，体积比)洗脱 24 h 得到磁性 MIP。使用该印迹材料可以从污水中分离酸性染料。

最近，田大听课题组设计制备了同时具有温敏性和磁性的酪氨酸 MIP。酪氨酸分子印迹材料制备中尚存在以下问题：①反应介质大多采用有机溶剂体系，难以模拟实际应用中的水性环境；②所得分子印迹材料生物相容性和生物降解性较差，限制了其在生物医学领域的应用。采用天然多糖是一种好的选择。

为此我们先将 $FeCl_3 \cdot 6H_2O$ 与 $FeCl_2 \cdot 4H_2O$(Fe^{3+}/Fe^{2+}的物质的量比 2∶1)溶于氨水中，一定条件下制备出磁性纳米粒子。然后以 KGM 作为基体，将 Fe_3O_4

粒子分散到 KGM 水溶液中，加入一定量的模板分子酪氨酸，超声振荡使之相互作用。再向溶液中加入 NIPAM（温敏单体），MAA（功能性单体），MBAM（交联剂），聚乙烯醇（PVA，分散剂），过硫酸钾（KPS，引发剂）引发接枝共聚交联反应，从而制得超顺磁性分子印迹温敏凝胶。其制备过程及其与模板分子间的作用如图 5-8 所示。其他条件不变，不加酪氨酸条件下，则制得磁性非分子印迹温敏凝胶。

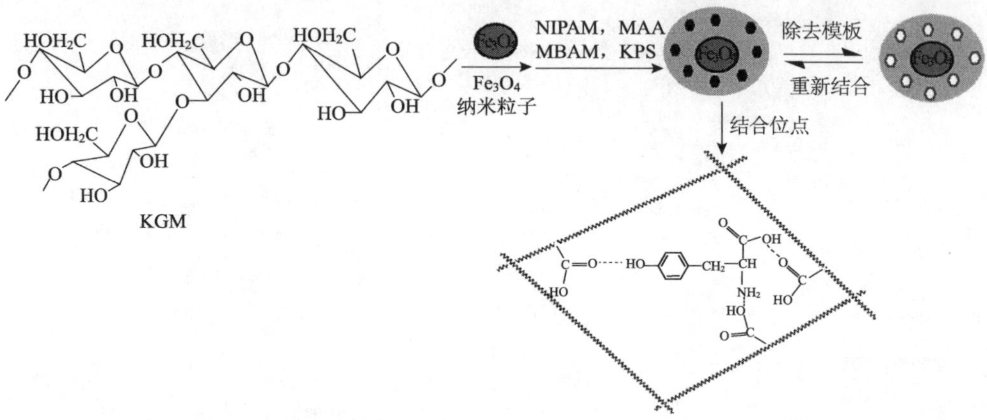

图 5-8　KGM 基磁性热敏性 MIP 的制备及其对酪氨酸的分子识别

图 5-9 是基于 KGM 的磁性 MIP（a）和非磁性 MIP（b）的 SEM 图。可以看出二者的形貌明显不同，在磁性 MIP 中明显可以看到 Fe_3O_4 粒子的聚集体。

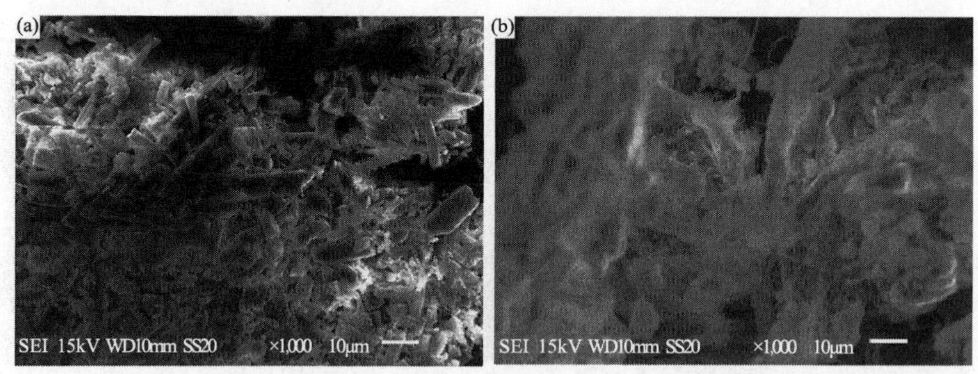

图 5-9　磁性 MIP（a）和非磁性 MIP（b）的 SEM 图

我们同时测定了磁性 MIP 的磁滞回线。由图 5-10 可以看出，MIP 的磁滞回线呈 S 形。当外加磁场强度减少至零时，磁化强度几乎为零，这说明其具有超顺磁性。另外，其饱和磁化强度为 35.0 emu/g，这说明其磁响应较强，当完成对目标分析物吸附后，可以用外磁场将其从混合物中分离出来。

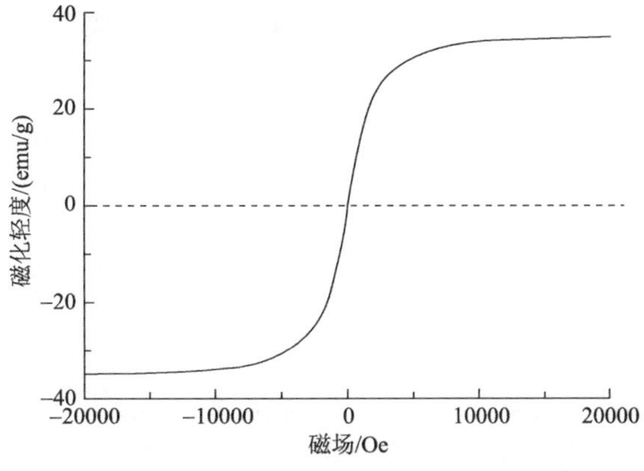

图 5-10 KGM 基磁性 MIP 的磁滞回线

此外，吸附研究表明，MIP 对酪氨酸的吸附行为符合 Langmuir 方程。温度对酪氨酸的吸附有很大影响，并在 30～40℃区间发生突变，这意味着该 MIP 同时具有温敏特性。

第三节 光响应 MIP

光响应 MIP（photoresponsive MIP）就是能够对光照强度变化作出响应的 MIP。其中最常见的是通过光刺激诱导聚合物的性质和功能产生可逆变化。光辐照引起聚合物中光致变色分子的异构化，最终导致聚合物的物理化学性质发生可逆变化。其中的光致变色单元的结构变化（异构化）会导致多孔和非多孔聚合物的宏观性质的变化，如润湿性、电荷及传质性能的变化。

Nayak 和 Lyon[8]采用沉淀聚合的方法制备了同时具有热敏和光敏的 MIP。采用的单体主要有 *N*-(3-氨基丙基)甲基丙烯酰胺[*N*-(3-aminopropyl) methacrylamide，APMA]和 NIPAM 作为共聚单体，APMA 主要提供氨基，用于与孔雀石绿异硫氰酸酯（malachite green isothiocyanate，MALC）反应。该体系将温敏性和光敏性同时组合在一个体系中。他们用泵浦-探测光学装置（pump-probe optical setup）表征了该染料标记的微凝胶。用 HeNe 激光来激发染料分子，然后同时用近红外二极管激光器（near-IR-diode laser）来检测胶体分散体的浊度。辐照孔雀石绿会使样品温度通过非辐射衰减的方式增加，这意味着聚合物链发生了聚集。在退溶胀过程中，可以观察到由于散射导致的透光率下降。另外，还观察到该微溶胶的光敏性受到染料浓度、激光强度和温度的影响。

Jiang 等[9]报道了一种有机-无机杂化光敏性 MIP，他们使用含偶氮苯类的物质作为单体，2,4-D 作为模板分子。该 MIP 能够实现光异构化反应，进而可以通过光调控来实现印迹聚合物对模板分子的结合与释放。

图 5-11 表示该 MIP 对目标分子的重复结合行为。通过间歇式实验考察了 MIP 对 2,4-D 的重新结合。为了避免偶氮苯生色基团的异构化，间歇式实验在黑暗中进行，结果表明对于反式-MIP 来说，其识别量为 275 μmol/g，而对于顺式-MIP 来说，其识别量为 140 μmol/g。这表明通过改变生色团的构型可以影响客体-主体之间的相互作用。

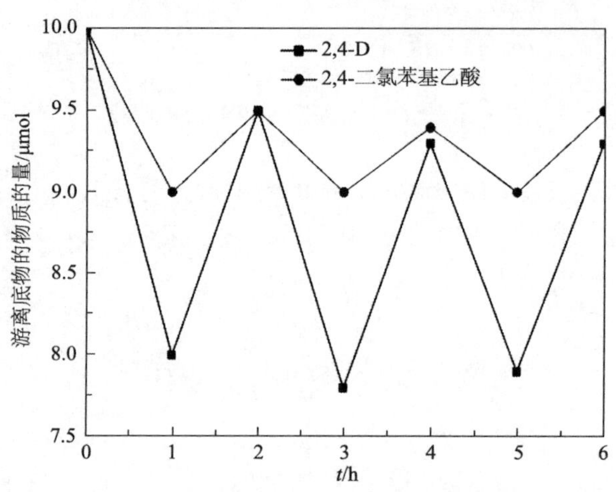

图 5-11　MIP 对底物的光调节释放与吸收[9]

最初底物的物质的量为 10 μmol，将其溶解 1 mL 的氯仿中，然后加入 10 mg MIP，每小时辐照波长在 440 nm 和 360 nm 之间循环改变

图 5-11 是将 MIP 悬浮在 2,4-D 溶液中，通过改变在 440 nm 和 360nm 交替循环辐照，然后检测被吸收的 2,4-D 的浓度所得的曲线。可以看出，在 360 nm 辐照，溶液中 2,4-D 的浓度会增加。这种光调节释放是由于电荷分配发生了改变，从而改变识别位点的几何参数。主体-客体之间的相互作用变弱，因此模板分子被释放出来。这种异构化调节影响 2,4-D 的识别的情况，只能发生在其异构化能量要高于模板分子与识别位点的结合能。否则，这种光调节识别是不可能发生的。通过连续三次循环辐照，其对模板分子的吸收几乎可定量，这说明该光敏 MIP 具有相对较好的重复使用特性。

采用 2,4-D 的类似物 2,4-二氯苯基乙酸作为对照进行了类似实验（图 5-11）。可以看出，MIP 对 2,4-二氯苯基乙酸的吸收量要小一些，大约只有模板分子的 30%。这表明该 MIP 对 2,4-二氯苯基乙酸的结合作用相对要弱。另外，其曲线与 2,4-D 的曲线类似，这说明光调节异构化作用仍然起作用。

第四节 其他智能 MIP

前面三节是研究最深入的三类智能 MIP，除此之外，还有其他多种智能 MIP，如 pH 响应 MIP、离子强度响应 MIP 等。本节将简单介绍一些相关情况。

一、pH 响应 MIP

Kanekiyo 等[10]用直链淀粉作为基体，用丙烯酰基改性得到丙烯酰基淀粉，加入双酚 A(作为模板)、MBAM(作为交联剂)，同时加入 AA(作为共聚单体)，然后在水溶液中自由基聚合而得。所得到的 MIP 含有一个与模板分子互补的疏水空腔。另外，由于离子化的基团存在，其印迹位点的结构会随着 pH 变化而产生可逆改变。其制备过程见图 5-12。

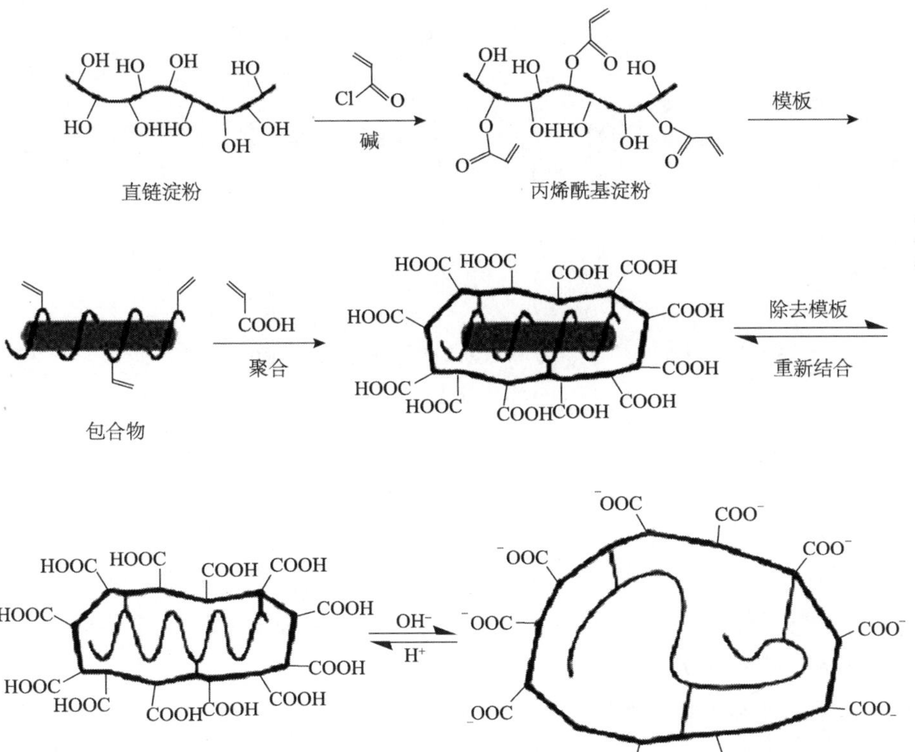

图 5-12 直链淀粉基 MIP 的制备和其 pH-响应性[10]

图 5-13 表示不同 pH 下 MIP 对模板重新结合量的变化情况。随着溶液 pH 的增加，其重新结合能力下降[图 5-13(a)和(b)]。另外，如果 MIP 的共聚单体是丙烯酰胺则无 pH 敏感性[图 5-13(c)和(d)]。由于双酚 A 的 pK_a为 9.8，因此，从双酚 A 中脱质子对测量结果的影响几乎可以忽略。这样他们推测该体系的 pH 敏感性来源是羧基的引入。

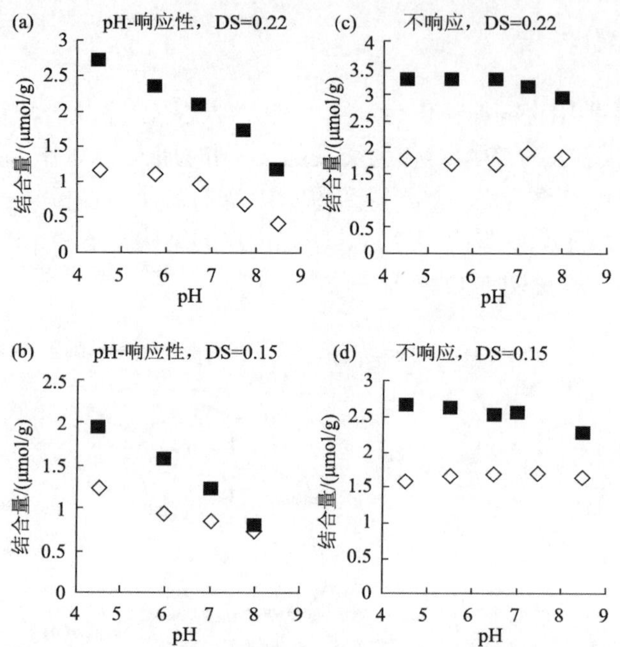

图 5-13　不同 pH 下 MIP 和 NIP 对模板重新结合量的变化情况[10]

(■) MIP；(◇) NIP

由取代度(degree of substitution, DS)为 0.22 的丙烯酰基淀粉所得的 MIP 的重新结合能力要高于 DS=0.15 的 MIP。对于 DS=0.15 的丙烯酰基淀粉来说，在高 pH 下，MIP 和 NIP 的重新结合能力的差别几乎没有，相反，对于 DS=0.22 的体系来说，其差别仍然存在。该结果表明羧基阴离子的静电排除会破坏所形成的结合空腔。而且交联度越高，其重新结合能力越强，因为印迹结合位点更容易保持。另外，刚性聚合物的识别能力更稳定。

总之，含有羧基或氨基的聚合物都有可能具有 pH 响应性。这类聚合物网络中一般含有离子化基团，它们在特定的 pH 下可以作为质子的受体或供体，结果导致聚合物的流体力学体积发生改变，聚合物从紧密状态变成溶胀状态，从而导致 MIP 对目标分子的识别能力产生变化。

二、离子强度响应 MIP

Huang 等[11]制备了用于蛋白质分离的具有离子强度响应的超滤膜。他们用聚偏氟乙烯膜(polyvinyliden fluoride，PVDF)作为支撑体，然后由 *N*-乙烯基己内酰胺单体和 MBAM 交联剂热聚合而得。当 NaCl 溶液的浓度较高时，聚合物链段完全舒展，膜中的孔结构关闭，导致渗透率下降，蛋白质的传输减少。相反，当 NaCl 溶液的浓度较低时，聚合物链段收缩，膜中的孔结构打开，导致渗透率升高，蛋白质的传输增加。其离子强度响应性机理见图 5-14。

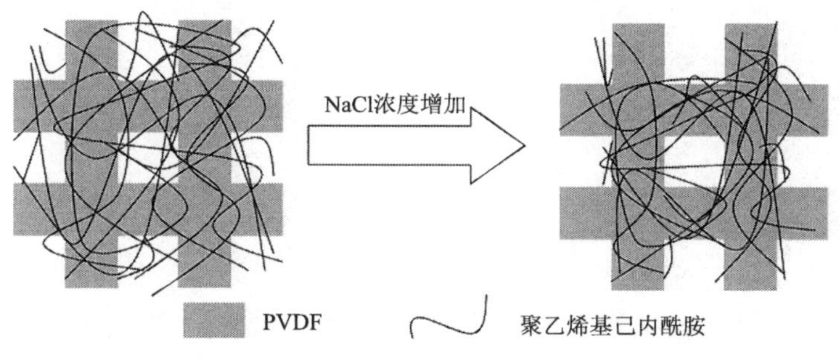

图 5-14 离子强度响应 MIP[11]

参 考 文 献

[1] Ge Y, Butler B, Mirza F, et al. Smart molecularly imprinted polymers: Recent developments and applications. Macromolecular Rapid Communications, 2013, 34: 903-915.

[2] Chen L X, Wang X Y, Lu W H, et al. Molecular imprinting: Perspectives and applications. Chemical Society Reviews, 2016, 45: 2137-2211.

[3] Watanabe M, Akahoshi T, Tabata Y, et al. Molecular specific swelling change of hydrogels in accordance with the concentration of guest molecules. Journal of the American Chemical Society, 1998, 120: 5577- 5578.

[4] Qin L, He X W, Yuan X, et al. Molecularly imprinted beads with double thermosensitive gates for selectiver ecognition of proteins. Analytical and Bioanalytical Chemistry, 2011, 399: 3375-3385.

[5] Li S, Ge Y, Piletsky S A, et al. A zipper-like on/off-switchable molecularly imprinted polymer. Advanced Functional Materials, 2011, 21: 3344-3349.

[6] Jing T, Du H R, Dai Q, et al. Magnetic molecularly imprinted nanoparticles forrecognition of lysozyme. Biosensors and Bioelectronics, 2010, 26 : 301-306.

[7] Luo X B, Zhan Y C, Huang Y N, et al. Removal of water-soluble acid· dyes from water environment using a novel magnetic molecularly imprinted polymer. Journal of Hazardous Materials, 2011, 187: 274-282.

[8] Nayak S, Lyon L A. Photoinduced phase transitions in poly(*n*-isopropylacrylamide) microgels.

Chemistry of Materials, 2004, 16: 2623- 2627.

[9] Jiang G S, Zhong S A, Chen L, et al. Synthesis of molecularly imprinted organic-inorganic hybrid azobenzene materials by sol-gel for radiation induced selective recognition of 2,4-dichlorophenoxyacetic acid. Radiation Physics and Chemistry, 2011, 80: 130-135.

[10] Kanekiyo Y, Naganawa R, Tao H. PH-responsive molecularly imprinted polymers. Angewandte Chemie International Edition, 2003, 42: 3014-3016.

[11] Huang R, Kostanski L K, Filipe C D M, et al. Environment-responsive hydrogel-based ultrafiltration membranes for protein bioseparation. Journal of Membrane Science, 2009, 336: 42-49.

第六章　分子印迹聚合物功能材料的应用

从历史发展来看，MIP的应用发展推动着分子印迹聚合物科学与技术的发展。我们将从以下五个方面来讨论其应用。

第一节　固 相 萃 取

将MIP作为选择性吸附剂用于SPE即分子印迹固相萃取（molecularly imprinted solid-phase extraction，MISPE），它是基于早期开发MIP色谱固定相而发展起来的。该领域的应用已经大部分成功商业化，并且许多已经可以在市场上购买得到。MISPE有不同的模式[1]：间歇MISPE模式（batch MISPE）、传统离线MISPE模式（off-line MISPE）、在线MISPE模式（on-line MISPE）及嵌入式MISPE（in-line MISPE）。其中，间歇MISPE中MIP与样品一起孵育；而传统离线MISPE则是将MIP装入萃取柱中。前者已经逐渐被传统离线MISPE取代。实际上，MIP已经被证明是用在MISPE技术中的一类性能强大的选择性吸附剂。很多公司都已经开始售卖适合特定分析物质的MISPE萃取柱，而且它们很容易在实验室中安装使用。另外，直接将MIP柱与分析系统串联的技术则导致其操作很简单，因此会促进该技术更快地进入常规实验室。此外，MIP能够很方便地与其他分离技术结合，如最近人们将印迹纤维用于固相微萃取技术（solid-phase microextraction，SPME），将MIP与基质固相分散技术（matrix-solid phase dispersion，MSPD）或与搅拌棒吸附萃取技术（stir bar sorptive extraction，SBSE）的结合等[1]都是其应用与研究的亮点。可以预计，随着MIT与上述技术的逐渐融合，以及与其他材料如（液膜）的结合和微MIPSE装置的开发，一些新的选择性好而且简单的分析方法不久将逐渐进入常规实验室。限于篇幅，本节主要讨论几种常规的MISPE技术。

一、间歇MISPE

虽然间歇MISPE已经被传统离线MISPE所替代，但是最近Andersson等[2]用该法测定人血浆样品中沙美利定，他们的研究亮点显示间歇MISPE仍然具有重要研究价值。因为该工作是第一个例子证明MIP在对目标分析物选择性吸附方面具有潜在应用前景。在这个开创性工作中，他们使用沙美利定类似物作为模板制备了MIP，然后与加标的人血浆一起孵育1 h。在经过相应的洗涤步骤后，沙美利定被洗脱出来，然后用气相色谱测定。由于 MIP 的高选择性，所得色谱图非常干净。另外，该工作第一次证明采用分析物结构类似的物质作为印迹模板可以避免模板分子干扰的问题。因为将 MIP 应用到 MISPE 中一般会伴随出现两个问题：①在吸附相中印迹分子容易出现泄漏的危险，从而引起测定结果不准，这也是 MIP 在应用上所表现出的一个典型弊端；②MIP 对分析物有较高的亲和力，因此很难实现量化和快速的吸附。

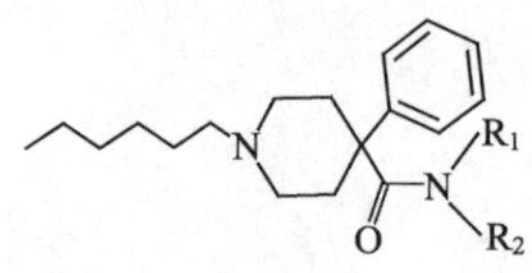

图6-1　沙美利定（**1**: R_1=甲基，R_2=乙基）、内标物（**2**: R_1=R_2=乙基）以及印迹物质（**3**: R_1=R_2=甲基）的结构[2]

为了避免出现模板分子泄漏的情况，他们决定采用与沙美利定结构类似的物质作为印迹模板，即其 *N*,*N*-二甲基衍生物 3（图 6-1）。

从图 6-1 可以看出，它们的结构相似，因此可以预测沙美利定（**1**）、内标物（**2**）与印迹物质（**3**）的印迹结合强度几乎相等。采用 ^{14}C 标记的沙美利定，通过放射性标记配体实验可以确认事实确实如此。交替印迹法证明无论如何洗涤，印迹物质总会泄漏（图 6-2）。印迹物质、沙美利定和内标物质都完全相互解析。因此，使用 **2** 作为内标，印迹物质对沙美利定的量化没有干扰。该工作意味着在样品富集应用中，制备 MIP 时被分析物质和内标物质都可以不用。相反，被分析物的衍生物由于与其有相似的结构，导致其与被分析物具有相同的印迹效果，因此制备 MIP 时可以选择其作为模板。该设计策略可以避免印迹模板泄漏所导致的分析错误。MIP 对样品的富集研究表明其对沙美利定有较高的选择性，用 MIP 处理后消除不明峰或大幅度减少不明峰的强度。该富集能够定量而且可以在测定沙美利定前对人血浆样品进行清理。该研究表明 MISPE 有应用前景。MISPE 的优势在于其具有特异性，可以减少不明峰的数目，从而改善分析方法在处理大量样品时的选择性。

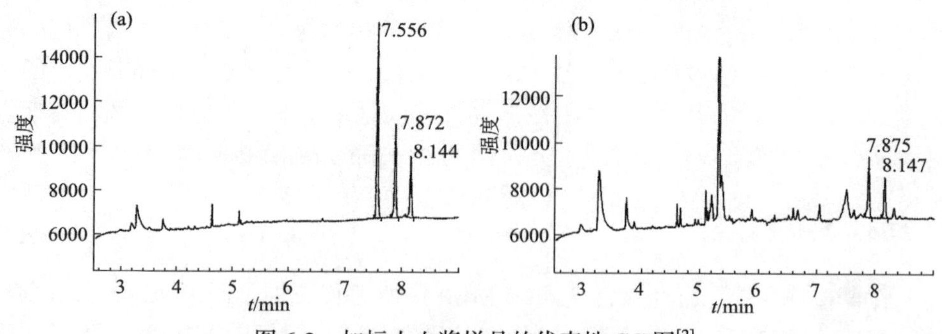

图 6-2　加标人血浆样品的代表性 GC 图[2]

人血浆中添加 66.8 nmol/L 的沙美利定和 50.2 nmol/L 的内标物，然后用 MISPE 处理（a）或用标准液-液萃取（b）。保留时间分别是沙美利定 7.87 min，内标物 8.14 min，印迹物质 7.56 min

二、离线 MISPE

离线 MISPE 与其他 MISPE 步骤相同。典型的步骤包括：先将少量(15～500 mg)MIP 装填在聚乙烯萃取柱中。其次，经过调节、装载和洗涤步骤后，开始洗脱被分析物(理想情况是没有共萃取物)，然后用液相色谱、气相色谱或毛细管电泳技术分析洗脱出萃取液。

最近，离线 MISPE 得到了快速发展，它广泛地应用于检测各种环境样品(河水、地下水、废水和土壤浸出液)、生物流体样品(尿、血浆、血清和血液)和食品样品。一般地，在低极性溶剂中将样品装填到 MIP 萃取柱中，因为低极性溶剂介质中特异性作用最强，再通过洗涤的方法将非特异性结合的物质除去。然后用一种可以破坏分析物与印迹聚合物之间非共价作用的洗脱液将分析物洗脱出来。

水性样品也可以直接装载在 MIP 萃取柱中。但是，在这种情况下，MIP 的作用类似于一种反相吸附剂，因此目标分析物和基质组分都通过非特异性作用保留。然后，采用一种溶剂将基质组分除去，进而重新分配分析物的非特异性结合和选择性印迹结合。但是，这些操作后 MISPE 的效果会较差。其实 MISPE 一个重要的局限就是其在水相中性能较差，主要是由于分析物和溶剂与 MIP 功能基团之间存在着竞争，另外聚合物在致孔剂和水中的溶胀性能有差别。对于大多数 MISPE 操作过程来说，当样品是水溶性时，由于选择性结合和非特异性吸附，在负载时聚合物将保留分析物。为了实现选择性吸附，必须使用有机溶剂予以清除，因此在洗脱前，这样将减弱甚至消除分析物与聚合物之间的印迹结合和非特异性作用。实际上，这个操作步骤在 MISPE 技术中比在传统 MISPE 中受到人们更多的质疑。作为一种替代，人们采用前置柱从水相中捕捉分析物，然后将其转移到有机溶剂中，而在该溶剂中 MIP-分析物之间的作用是选择性的。明显地，任何一种方法都增加了 MISPE 的复杂性及价格，而使用有机溶剂也导致环境不友好。

基于以上原因，现在人们开始直接制备水相溶性 MIP，即在聚合物粒子引入疏水性表面，以减少非特异性疏水作用。通过极性致孔剂、亲水性单体(如甲基丙烯酸羟乙酯、丙烯酰胺)或亲水交联剂(如季戊四醇三丙烯酸酯、*N*,*N*′-亚甲基双丙烯酰胺)和(或)者设计能够与模板化学计量结合的单体。

Urraca 等[3]报道了一种化学计量 MIP 用于水相中抗生素的群选择性识别。他们设计了一个能够与模板官能团化学计量结合的“主”单体。他们具体使用了一个单体(图 6-3-(1))，利用其尿素骨架序列与青霉素 G(以其普鲁卡因盐 2P 形式)产生印迹。其机理在于分析物的羧酸基阴离子与尿素基单体的化学计量相互作用。

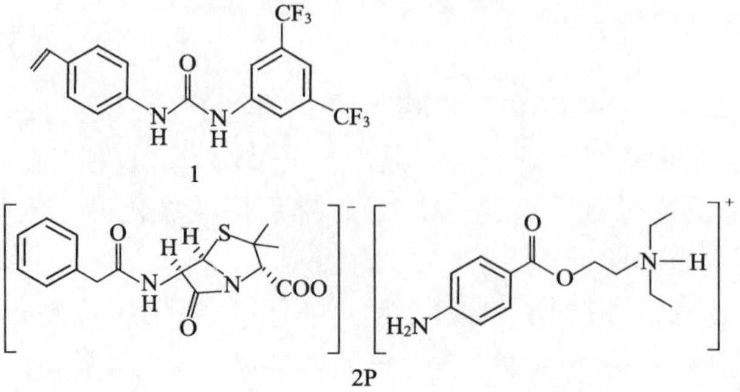

图 6-3 功能性单体(1)与青霉素 G 的普鲁卡因盐(2P)的结构[3]

该课题组将该 MISPE 与 HPLC 结合用于实际水样品中青霉素 G 及其衍生物的测定[4]。对于自来水样品来说，该法的回收率为 93%～100%，相对标准偏差(relative standard deviation，RSD)为 3.8%～8.9%(n=3)；而对于河水样品来说，该法的回收率为 90%～100%，RSD 为 4.2%～9.1%(n=3)。这说明该法可以在一定程度上实现在水介质中 MIP 对目标分子的识别，因此今后将是一个继续研究的领域。

三、在线 MISPE

在线 MISPE 法可以克服离线 MISPE 的一些局限。例如，在样品富集和分析阶段，不需要对样品进行处理，因此被分析物损失和被污染的机会减少，故所得结果的检测限和重复性得到改善。另外，全样品提取物都在分析柱中，因此样品量不需要很大，有机溶剂的消耗较少，自动化的潜力得到提高。在这种模式中，先在前置柱装填一定量印迹聚合物(一般为 50 mg)，然后将其放置在一个六端口的注射阀上。在装填样品及将干扰物质洗除后，用流动相洗脱被分析物，然后将其在分离柱中分离。

Masqué 等[5]首次报道了用在线 MISPE 与 HPLC 耦合技术，从酚类化合物混合物(河水样品)中选择性萃取对硝基苯酚(4-nitropheol, 4-NP)。

他们先用 4-VP 作功能性单体、EGDMA 作交联剂、AIBN 作引发剂、4-NP 作模板制备了 MIP，然后采用 MISPE 与 HPLC 耦合技术对河水样品进行了分析。他们选择 Ebro 河水作为样品(总有机碳含量 TOC 为 2.5～3.5 mg/L)，该样品通常含有腐殖酸。腐殖酸会干扰极性化合物的检测，因为在色谱图中前期会出现这些酸的一个宽峰。为了说明这些基质的干扰，他们还同时用市售高交联聚(苯乙烯-二乙烯基苯)树脂处理河水样品以作为对照。对于 40mL 河水样品(添加 10 μg/L 的各种酚类化合物)，分别采用 MIP 和市售树脂处理，所得色谱图见图 6-4。

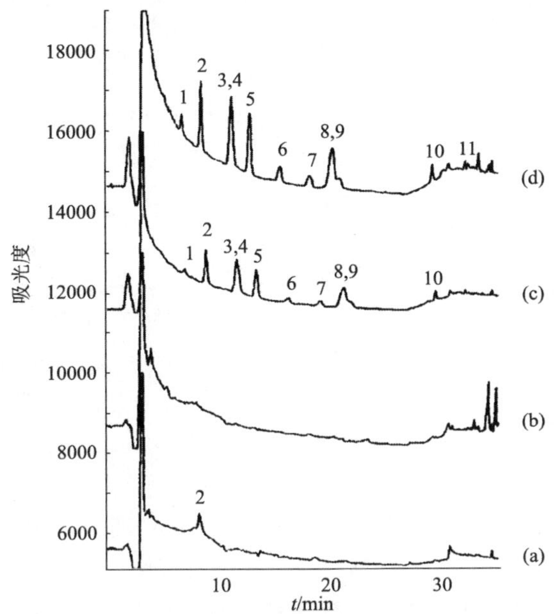

图 6-4 河水样品被 MISPE 处理(a, c)和市售树脂处理(b, d)后的色谱图[5]

10 mL 河水样品，pH=2.5，每种酚类标样添加量为 10 μg/L；(a, b)用 0.4 mL 二氯甲烷洗涤；(c, d)不洗涤；1. 苯酚，2. 4-NP，3. 2,4-二硝基苯酚，4. 2-氯苯酚，5. 2-硝基苯酚，6. 2,4-二甲基苯酚，7. 4-氯-3-甲基苯酚，8. 2-甲基-4,6-二硝基苯酚，9. 2,4-二氯苯酚，10. 2,4,6-三氯苯酚，11. 五氯苯酚

从图中可以看出，对于用树脂处理的样品来说，当洗涤后没有检测出被分析物[图 6-4(b)]。但是，对于用 MIP 处理的样品来说，则可以选择性检测出 4-NP [图 6-4(a)]。这结果表明在该体系中 MIP 与 4-NP 存在着特异性相互作用。用二氯甲烷洗涤后，可以将腐殖酸的峰减弱。但是对于市售树脂来说，不能用二氯甲烷洗涤，因为它会同时将 4-NP 洗涤除去。如果不实施洗涤步骤，可以看出用 MIP 处理要比用树脂处理所得的干扰信号更窄[图 6-4(c)和(d)]。尽管 MIP 具有较高的选择性，但是 4-NP 的回收率只有 36%(经过洗涤步骤)，相反对于树脂处理体系的回收率则为 75%(不经过洗涤处理)。因此还需要进一步研究以改善其对目标分子的结合能力及降低其检测限。

四、嵌入式 MISPE

嵌入式 MISPE 技术则是将对目标分析物的萃取、富集、分离和检测在一步中完成。由于 MIP 的高选择性，因此可以直接把 MIP 柱与检测系统串联。Sellergren[6] 首次将 MISPE 与 UV 检测串联用于检测尿液中的喷他脒(pentamidine，PAM)。当负载 100 mL 稀的尿样后，萃取柱用 100 mL 缓冲液(pH=9)洗脱，然后用 1.5 mL 的缓冲液(pH=3)洗脱喷他脒。由于选择性洗脱，因此可以用 UV 光谱仪在 270 nm

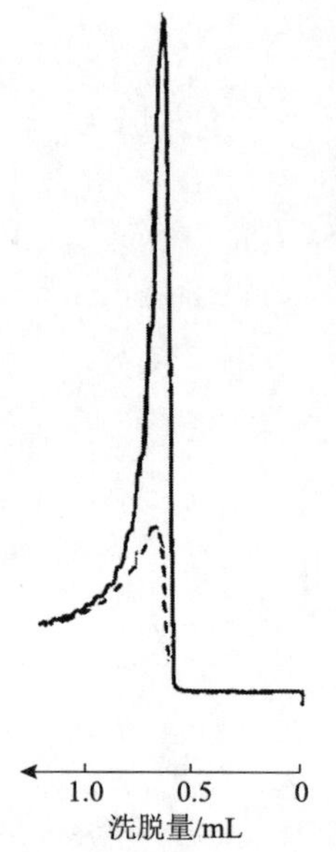

图 6-5　将 PAM 从 PAM 印迹聚合物中脱附的洗脱图[6]

先用 100 mL 加标尿样(PAM 的物质的量浓度为 60 nmol/L)或空白尿样洗涤 PAM 印迹柱，然后用 pH=3 的流动相洗脱，其中实线为加标尿样的结果，虚线为空白尿样的结果；脱附流速 0.1 mL/ min, UV 检测波长为 270 nm；回收率 10.2%

检测喷他脒(不会出现共萃取物)，其洗脱图见图 6-5。但是，由于负载了大量水性样品，大量的基质化合物因亲水性作用而保留在 MIP 柱中。因此必须使用大量的溶剂洗涤，导致分析时间很长。

一般地，在有机介质中，MIP 的识别能力会提高。基于此，Turiel 等[7]开发了一种用乙腈萃取测定食品样品中的杀菌剂噻菌灵(thiabendazole，TBZ)的分析方法。将有机样品萃取物注入 TBZ-印迹聚合物柱中，用 100%甲醇作为流动相。洗脱 2.4 min 后，在 0.1 min 内将流动相转换成甲醇/乙酸(80/20，体积比)，保持该条件 5min 直至回到初始条件。采用这种方法，MIP 柱对目标分析物有较高的选择性，而且干扰物很快被洗脱掉，这样 TBZ 就能够准确检测，其量化过程小于 15 min。不同样品所得的色谱图见图 6-6。

对所有的样品重复测定 6 次后得到其平均回收率和相对标准偏差(表 6-1)。草莓样品的回收率采用色谱峰面积计算，而橙子皮样和柠檬皮样的回收率则采用差量法(加标的与非加标之差)计算而得。所有情况的 RSD 低于 10%，这表明该方法可以用于实际水果样品的测定。表 6-1 列出了用该法测得的水果样品中 TBZ 含量。此外，必须指出的是所有样品都用相同的印迹柱，而且没有检测到 TBZ 的流失。该法不需要前期样品清理步骤，而且可以 15 min 内完成定量检测，因此适合实验室的常规分析。

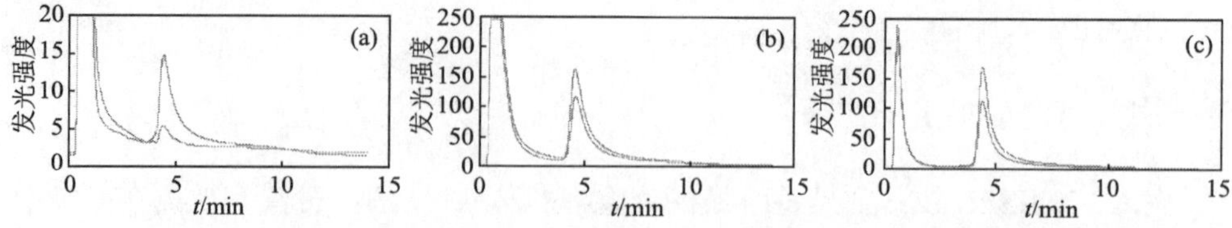

图 6-6　直接向 TBZ-印迹柱注射加标和非加标提取物后所得的色谱图[7]

(a)草莓(加标量：0.05 mg/kg,光电倍增管增益量：10)；(b)橙子皮(加标量：2 mg/kg,光电倍增管增益量：10)；(c)柠檬皮(加标量：8 mg/kg,光电倍增管增益量：8)

表 6-1 直接向 TBZ-印迹柱注射样品提取物后所得到 MRL、浓度检测值、回收率和 RSD[7]

样品	MRL/(mg/kg)	浓度检测值/(mg/kg)	加标值/(mg/kg)	回收率/%	RSD/%
橙子皮	n.a.	4.0	2.0	89.6	5.2
橙子果肉	n.a.	—	2.0	92.1	6.3
橙子整果	5	0.36	—	—	—
橙子汁 1	n.a.	—	0.1	102.4	5.8
橙子汁 2	n.a.	—	0.1	98.3	7.0
柠檬皮	n.a.	17	8.0	94.8	4.2
柠檬果肉	n.a.	—	8.0	88.7	5.3
柠檬整果	5	1.7	—	—	—
草莓	0.05	0.012	0.05	95.2	7.3
葡萄	0.05	—	0.05	91.3	7.9

注：n.a.表示不适用(not applicable)，还没有规定值；MRL 表示最高残留限量(maximum residue level)。

第二节 色谱固定相

MIP 除了在 SPE 中用作样品前处理外，它们还广泛地用在色谱技术中[8]，如作为 HPLC、毛细管电色谱(capillary electro chromatography，CEC)、毛细管液相色谱(capillary LC,CLC)以及薄层色谱(thin layer chromatography,TLC)的固定相，因为它们对目标分析物具有较高的亲和力和选择性。

传统的方法是用本体聚合制备 MIP，然后将其碾磨成颗粒，再过筛得到合适粒径的粒子。一般地，粒径小于 25μm 的粒子可以用于色谱研究。将经过上述处理的粒子装填在传统 HPLC 色谱柱中或者固定在 TLC 薄板上或者用聚丙烯酰胺凝胶或硅胶包埋在毛细管柱中即可。

一、用表面印迹法提高产物色谱效果

本体聚合很简单，而且也很容易优化印迹条件。但是，碾磨和过筛的过程很繁琐，而且只有一部分聚合物回收用作装柱材料。所碾磨的颗粒在形状和尺寸都是多分散性的，导致其色谱柱的效率和分辨率下降。但是，由于 MIP 固有的高选择性，因此仍然可以用于手性拆分。

为了取得更好的色谱效果，人们采取了很多措施来改善 MIP 装柱材料的形状和尺寸分布。Vidyasankar 等[9]在多孔二氧化硅颗粒上接枝一层 MIP，然后将其装填在 HPLC 色谱柱中。MIP 层可以遮挡二氧化硅支撑材料的小孔，因此减少了可以相互作用的表面积。他们首先制备了铜(Ⅱ)-*N*-(4-乙烯基苄基)亚氨基二乙酸酸[Cu(Ⅱ)-*N*-(4-vinylbenzyl) iminodiacetic acid，Cu(VBIDA)]功能性单体。然后将其与氨基酸模板[如 D-苯丙氨酸(D-phenylalanine)]在溶液中预组装形成单体-金属-氨基酸配合物。采用 EGDMA 作为交联剂、4,4′-偶氮双(4-氰基戊酸)[4,4′-azobis(4-cyanovaleric acid)，ACVA]作为热引发剂在甲醇-水(80∶20，体积比)中制备大孔聚合物。其中，功能性单体与交联剂的物质的量比为 5∶95。为了使制得的聚合物材料适合用作色谱固定相，将印迹聚合物接枝在改性球状二氧化硅颗粒上，其制备过程见图 6-7。可以看出，采用本体聚合所得颗粒形状不规则，而表面印迹则得到规则的球状颗粒。

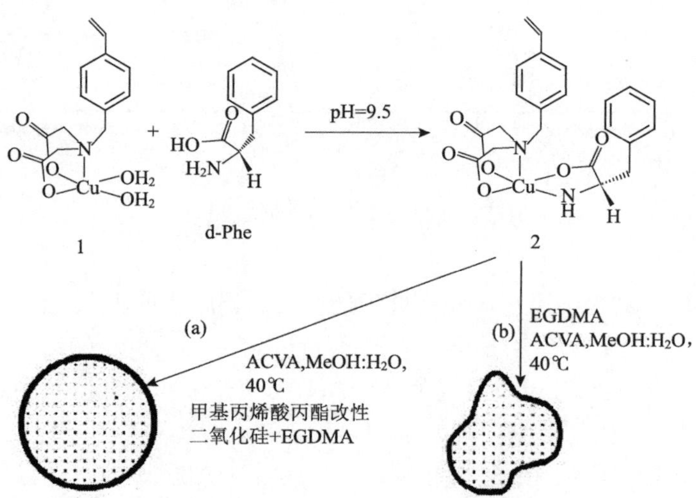

图 6-7　苯丙氨酸对映体 MIP 的制备[9]

(a)在二氧化硅颗粒表面印迹聚合；(b)本体聚合

为了验证该印迹聚合物吸附剂具有对映选择性，他们将所得的聚合物作为固定相分离两种外消旋体，即苯丙氨酸的类似物：α-甲基苯乙胺和 α-甲基氢化肉桂酸。相比于 α-甲基苯乙胺和 α-甲基氢化肉桂酸，甘氨酸与金属结合得更紧密，这样就会导致两种洗脱物很接近，几乎在一个柱体中，因此无法将对映体分离。为了解决这个问题，使用 1.5 mmol/L 乙酸盐(pH=8)代替甘氨酸作为洗脱缓冲液(图 6-8)。结果表明，该 D-苯丙氨酸印迹柱可以将上述两种手性胺类物质分离，但是含手性羧酸的洗脱液仍然没有分离开来。

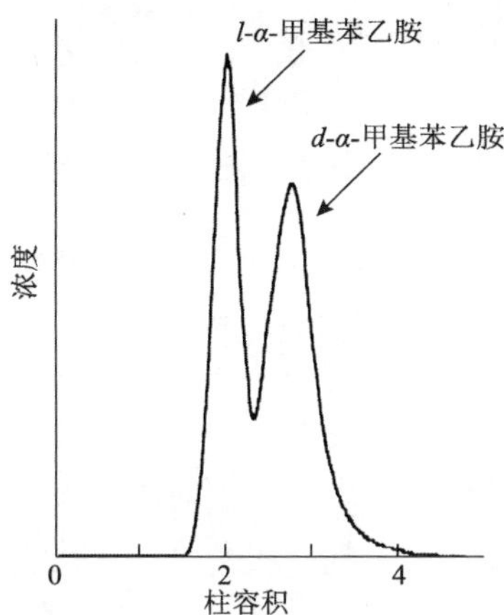

图 6-8　表面印迹法制备的印迹柱作为色谱固定相分离 α-甲基苯乙胺[9]

柱参数：50 mm×4.6 mm(i.d.)；样品用量：1 mmol/L 的溶液 100 μL；运行条件：1 mL/min，50℃，1.5 mmol/L 乙酸盐，pH=8；色谱分离因子：1.32

二、用种子聚合法提高产物色谱效果

Hosoya 等[10]用聚苯乙烯颗粒作为成型模板，通过两步溶胀种子聚合法制备 MIP。用这种方法制备的聚合物颗粒在尺寸和形状上相对来说具有单分散性，因此更适合用于色谱分析。采用乙腈作为流动相，该印迹聚合物作为固定相可以将二氨基萘的同分异构体依次分开，见图 6-9。对于这些固定相来说，MAA 作为主分子可

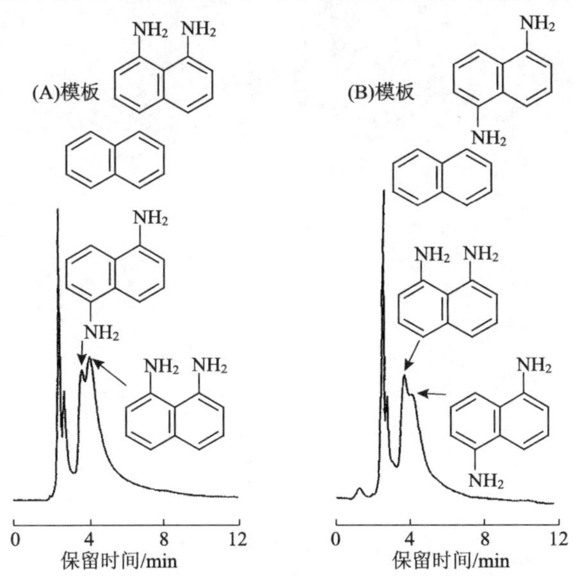

图 6-9　分子印迹固定相对二氨基萘同分异构体的分离[10]

流动相：100% 乙腈；流速：1.0 mL/min；检测：UV 254 nm；柱尺寸：4.6 mm×150 mm(i.d.)；溶质：1,5-二氨基萘(0.3 μg)，1,8-二氨基萘(0.3 μg)

以与模板二氨基萘结合。对两种体系的色谱图来说，疏水性更强的萘胺比 1,5-和 1,8-二氨基萘都更快被洗脱，即使采用反相模式也是如此。这个结果意味着印迹聚合物中的 MAA 对于保留二氨基萘起到重要作用，二者通过羧基与氨基相互结合。

三、用悬浮聚合法提高产物色谱效果

但是，由于要采用水性乳液，它会干扰印迹过程，因此这些颗粒的选择性仍然不是十分理想。为了避免这种干扰，人们研究了全氟化碳作溶剂采用悬浮聚合法制备了 MIP[11]。全氟化碳与大多数有机化合物不混溶，因此可以作为悬浮聚合的内相。

结果发现，悬浮聚合法所得的聚合物多为球状颗粒（图 6-10）。无论是用 EGDMA 作交联剂还是用 TRIM 作交联剂，所得的聚合物都是球状颗粒。不过也可以看出一些缺陷如表面缺口或小孔还是比传统水基悬浮聚合要严重，同时也可以看到一些空心的颗粒，这是由于它们的结构已经被破坏。这些颗粒适合用作色谱固定相。

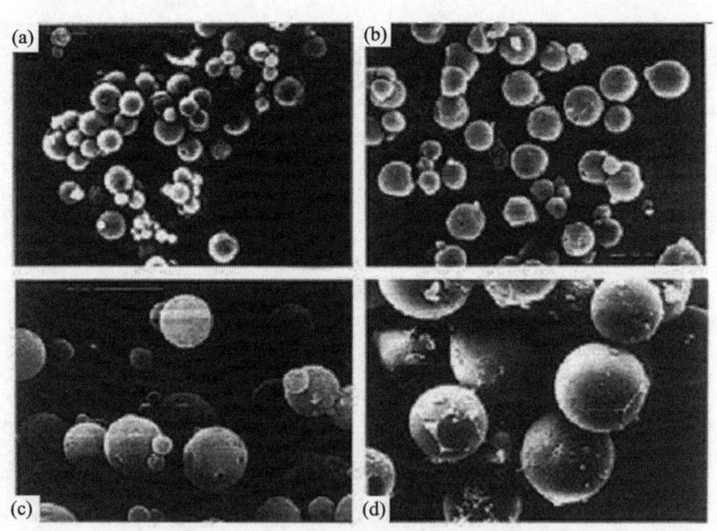

图 6-10　在全氟化碳中悬浮聚合制备的珠状聚合物[11]

放大倍数为 500 倍；(a) PF2；(b) PF10；(c) PF13；(d) PF14

使用这种方法制备得到的聚合物表现出杰出的色谱行为（图 6-11），即使在高流速下，仍然有很好的选择性。但是，该体系要使用全氟化碳以及含氟表面活性剂，所以该法在实际中的应用受到限制。

四、用原位法提高产物色谱效果

另外一种制备 MIP 固定相的方法是采用原位法(*in situ*)制备，该法可以节省装填色谱柱的操作。Matsui 等[12]在一个 50 mm×7.6 mm(i.d.)的不锈钢柱中填满聚合反应的溶液，然后在 70℃下加热得到了一个连续柱状 MIP。所采用的模板为二氨基萘类化合物，引发剂为 AIBN，交联剂为 EGDMA，致孔剂为环己醇和月桂醇。当聚合完成后，采用甲醇-乙酸彻底洗涤除去模板和致孔剂。其制备过程见图 6-12。

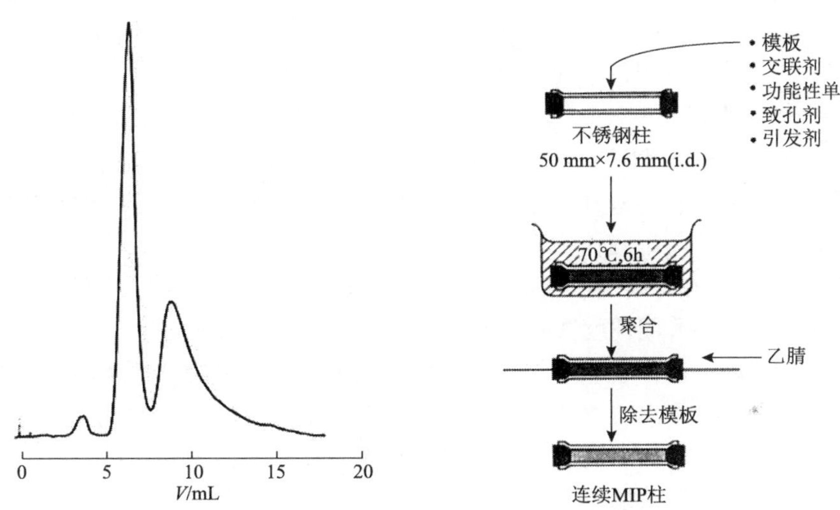

图 6-11　用悬浮聚合制备的印迹颗粒作为固定相分离 BOC-D-Phe 的色谱图[11]

用氯仿+0.1%乙酸平衡色谱柱；注入含 20 μg BOC-D-Phe 的平衡液 20 μL；流速为 0.5 mL/mim；记录波长：254 nm

图 6-12　原位法制备 MIP 整体柱[12]

将该整体柱用作分离苯丙氨酸对映体的分离，其结果见表 6-2。

表 6-2　苯丙氨酸对映体的分离因子[12]

聚合物	模板	容量因子		分离因子
		L 构型	D 构型	
E	L 构型	4.3	2.5	1.7
F	D 构型	2.7	3.8	1.4

注：分离因子(α)为对映体的容量因子 k′的比值。

从表 6-2 可以看出，对于两种柱(一种由 L 构型作模板、一种由 D 构型作模板)来说，与模板对映体相对应的对映体的保留时间要长于其对映体。这表明模板分子已经成功印迹到聚合物基质上。虽然该整体柱表现出合理的选择性，但是其较低的分离效率导致其分离效果较差。这可能是由于在一步法操作中使用了环已醇和月桂醇作为致孔剂，它们会在印迹过程中严重干扰模板与功能性单体之间的氢键和静电作用。

Shllergren[13]采用分散聚合法在一个 15 cm×3 mm(i.d.)的玻璃管中制备了多孔MIP。该法导致了微米级的球状粒子在柱子中发生聚集。在分子印迹时采用异丙醇和水作为溶剂。色谱研究表明，在流速为 0.3 mL/min 时，该柱对模板喷他脒(pentamidine，PAM)和参比化合物苯甲脒(benzamidine，BAM)的校正选择因子为 6.8。校正选择因子主要评价在与 MIP 相同的分离条件下 NIP 的分离效果。用 NIP 的选择性结果归一化 MIP 的结果即可得到校正选择因子。可以观察到该柱子的流动阻力明显下降，在流速为 5 mL/min 时，其流动阻力小于 1000 psi。

后来，Matsui 等[14]用 MAA 或 2-(三氟甲基)丙烯酸作为模板，采用原位法制备了系列金鸡纳生物碱分子印迹柱，然后将其作为固定相用于手性物质的分离。用 2-(三氟甲基)丙烯酸作为模板所得整体柱所得的立体分子因子为 5.3。采用逐步或线性梯度洗脱法，该整体柱可以成功分离非对映体：辛可宁和辛可尼丁、奎宁和奎尼丁。如果采用梯度洗脱，则后洗脱化合物的峰形更好。

虽然通过上述方法成功制备出很多整体 MIP 柱，但是这些整体柱通常具有较高的反压力而且分离效率较低，因此限制其在实际分离中的应用。为了克服上述问题，人们采用增加环已醇的用量或者向聚合体系中添加乳胶粒子等措施以提高其可渗透性，但是结果并不十分满意[15]。

五、用熔凝硅石毛细管柱提高产物色谱效果

Nilsson 等[16]在熔凝硅石毛细管(25 cm×100 μm，i.d.)中原位制备了 MIP 微米级球状颗粒(约 10 μm)。该物质对喷他脒 PAM 具有选择性吸附。通过改变电解质的 pH 可以改变其保留时间。当 pH 为 3.5 时该 PAM 选择性毛细管对 PAM 的保留时间为 18 min，而对苯甲脒 BAM 的保留时间为 7.8 min，与此同时，对照毛细管对 PAM 的保留时间为 6.6 min，而对 BAM 的为 6.1 min。更为重要的是，电解质可以泵抽的方法通过毛细管，导致相转换较快而且形成高板数的微色谱(N=115 000 板/m)。

Schweitz 等[17]在 35 cm×75 μm(i.d.)的熔凝硅石毛细管柱中采用非极性溶剂甲苯制备多孔的 MIP 整体柱。为了提高印迹效率，在低温(–20℃)下用 UV 引发制备 MIP 固定相，其制备过程见图 6-13。

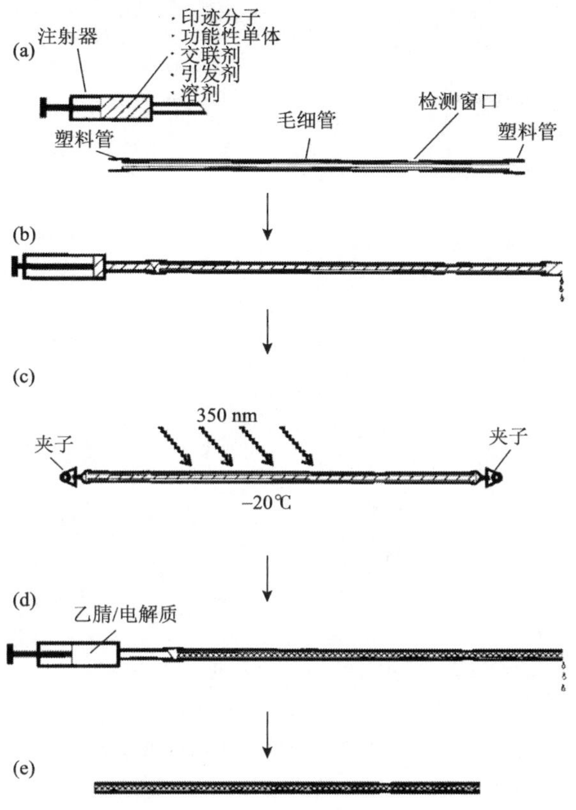

图 6-13　毛细管印迹柱的制备过程[17]

(a) 准备印迹分子、单体、交联剂、引发剂和溶剂的混合物，将塑料管安装在毛细管两端；(b)用注射器将混合物注入毛细管中；(c)毛细管两端用夹子将塑料管夹住密封，聚合反应在−20℃用 UV 光照射 80 min；(d)将未反应的物质冲洗干净；(e)毛细管柱准备用于 CEC

该聚合需要使用含有 UV-透明涂层的毛细管，因此该法成本比传统聚酰亚胺涂层的毛细管高。整体柱聚合物的多孔特性使其在制备和条件选择时很容易泵送洗脱液。当用 CEC 测试这些色谱柱时，它们可以在 2 min 内对 β-肾上腺素拮抗剂心得安的外消旋混合物完全分离，见图 6-14。

Tan 和 Remcho[18]报道了 MIP 作为开管液相色谱固定相及其毛细管电色谱的行为。他们选用 MAA 和 2-VP 作为功能性单体、EGDMA 或 TRIM 作为交联剂、甲苯作为致孔剂、AIBN 作为引发剂。然后在一个 25 μm 内径熔凝硅石毛细管柱中原位热聚合而得，并且制备这种开管柱的成功率大约在 70%。这些柱具有较低的流动阻力，因此可以用较低的压力(<1 bar/m 柱长)对目标分子实施分离。采用开管 LC 和开管 CEC 用于丹酰-D, L-苯丙氨酸的手性分离已经商业化。

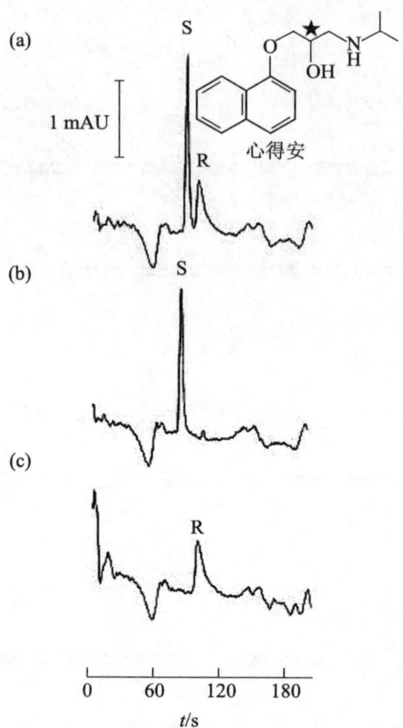

图 6-14　(R)-心得安印迹毛细管柱的色谱分离效果[17]

(a) 100 μmol/L 心得安的外消旋体；(b) 50 μmol/L (S)-心得安；(c) 50 μmol/L (R)-心得安

第三节　传　感　器

近年来，化学与生物传感器越来越多地受到研究者的重视，我们可以看到相关研究文献正逐年增加[1]。这应该归结于传感器在临床诊断、环境和食品分析等领域中具有特殊的应用。最近，人们不断努力制备能够与目标分析物结合的人造受体，希望它们具备类似于天然抗体或酶的性能。

MIP 具有较好的热稳定性、化学惰性以及在水中和大多数有机溶剂中不溶解的特性，它们也可以用作类似于抗体的材料，而且表现出高选择性和高灵敏度。一般来说，根据传输机理，仪器输出检测信号可以分为三种：电化学、光学和压电效应。因此，传感器也相应做成电极、光学转换器和压电晶体。从分析检测的角度来说，我们必须关注 MIP 基传感材料的响应时间、线性动态范围、可检测性、选择性、灵敏性和可重复性。

一、电化学传感器

分子印迹电化学传感器(molecularly imprinted electrochemical sensor, MIECS)

具有高灵敏度、高选择性、低成本和产品容易微型化和自动化等特点，因此受到人们越来越多的重视[19]。一般地，MIECS 主要以颗粒或薄膜形式固定在电极上，它们一般通过可电聚合的单体如吡咯、苯胺、邻苯二胺、对氨基苯硫酚和 3,4-乙烯二氧噻吩等的电聚合而得，也可通过自组装单分子膜、溶胶-凝胶和预聚合物等方法制备。根据响应信号，电化学传感器可以分成四种：电流型（安培法和伏安法）、电位型（离子选择性电极和场效应晶体管）、电容/电阻型以及电导型。它们的识别性能基于涂在电化学变换器上 MIP，而其信号则源于被分析物质。

（一）电流型传感器

最先报道的基于 MIP 的电流型传感器是 Mosbach 课题组[20]，他们利用可待因与吗啡之间的电活性竞争结合来检测吗啡的含量。他们将一根铂丝（直径 0.6 mm）熔化在一个玻璃管中，然后，铂丝外部（15 mm）则浸入在一个热的悬浮液中[0.15 g MIP 颗粒（粒径在 1～25 μm）悬浮在 0.8 g 4%的琼脂水溶液]，然后将琼脂交联处理，最后铂丝外部得到一层薄膜（约 0.5 mm）。用这种方法，他们制备了三种传感器，分别基于吗啡和基于 L-苯丙氨酸酰胺的 MIP 以及不含 MIP 的琼脂薄膜。

为了获得吗啡与可待因之间的最优电化学氧化条件，他们测试了不同工作电压下其电流响应（图 6-15）。

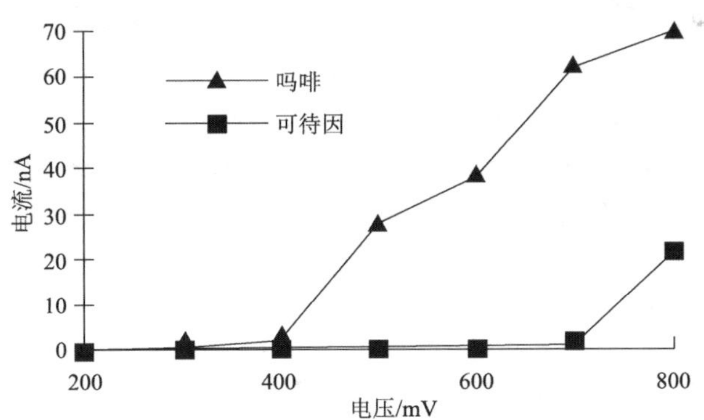

图 6-15　不同工作电压下电化学氧化所得的电流[20]

电化学氧化在 1 μg/mL 吗啡或者可待因加入 20 mmol/L 的柠檬酸盐缓冲液中完成；pH=6.0；体系同时含有 10%乙醇

他们选择+500 mV 作为随后的测试电压，因为在这个电压下，可待因的氧化电流几乎可以忽略不计。产生电流差异与二者结构上的差异有关，该电极氧化发生在 3-羟基位置。

采用该法可以测定吗啡的浓度（0.1～10 μg/L）。测定的步骤有两步：首先，吗啡选择性地结合在 MIP 中；其次，加入过量的电活性竞争者可待因，这样一些结合的吗啡会释放出来，所释放的吗啡可以用安培法检测。与天然传感器（如抗体、酶或者细胞）相比，该传感器基于人工识别系统，它具有耐高压、热稳定性好而且耐苛刻的化学环境。

对于此类 MIP 基安培传感器来说，电活性物质可以直接检测出来，采用该法必须要求确立电活性物质之间浓度的线性关系，然后在固定电压下测定电流。总的来说，电流分析法在电化学技术中是最方便的，因此已经广泛地被商业化。

另外，实际上，伏安法却是最常使用的方法，主要是基于其固有的氧化和还原电位特性。常用的伏安法测试包括：线性扫描伏安法（linear sweep voltammetry，LSV）、循环伏安法（cyclic voltammetry，CV）、差示脉冲伏安法（differential pulse voltammetry，DPV）、方波伏安法（square wave voltammetry，SWV）以及阳极溶出伏安法（anodic stripping voltammetry，ASV）。对于 LSV 和 CV 来说，其电势随时间线性变化。而对于 DPV 和 SWV 来说，无论是矩形脉冲还是方形振荡，其电势增量恒定，因此比 LSV 和 CV 有更高的灵敏度以及信噪比。

Luo 等[21]在乙烯基功能化石墨烯片表面制备了 MIP，然后将其作为 MIEC 用于检测 4-硝基苯酚（4-nitrophenol，4-NP）。具体做法是：首先使石墨烯与 *N*-乙烯基咔唑（*N*-vinyl carbazole，NVC）反应制备乙烯基功能化石墨烯（GR/NVC）。然后将单体 MAA（1 mmol）和交联剂 EGDMA（2 mmol）加入 GR/NVC 悬浮液中（20 mL），充分混合 2 h。再加入 AIBN，在 N_2 气氛下反应 24 h（60℃）。经过离心、洗涤和除去模板后，得到 GR/MIP 复合物。同样在无模板情况下则可得到 GR/NIP 复合物。然后将其滴铸在玻璃电极上得到改性的玻璃电极。再将其作为 MIEC 用于检测 4-NP。

在最优条件下，GR/MIP 的 DPV 电流反应时间很短（120 s 之内），而且电流较高，其峰电流与 4-NP 在很宽的浓度范围内呈线性关系。浓度范围分别为 0.001～100 μmol/L 及 200～1000 μmol/L，其检测限也很低，只有 5 nmol/L。其结果见图 6-16。另外，结果也表明 GR/MIP 传感器的稳定性和可重复性较好，该传感器成功用于检测水样品中的 4-VP 含量。

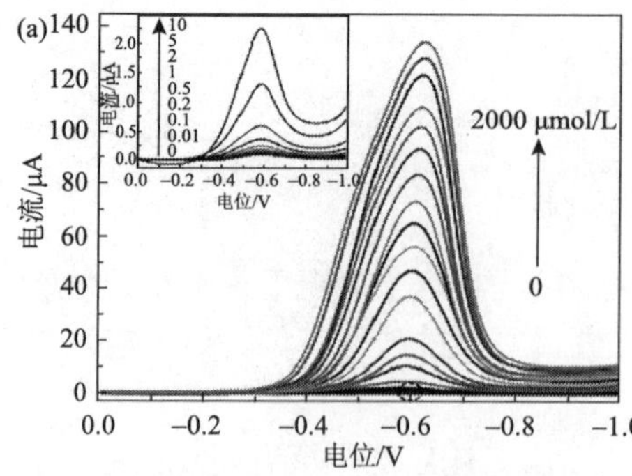

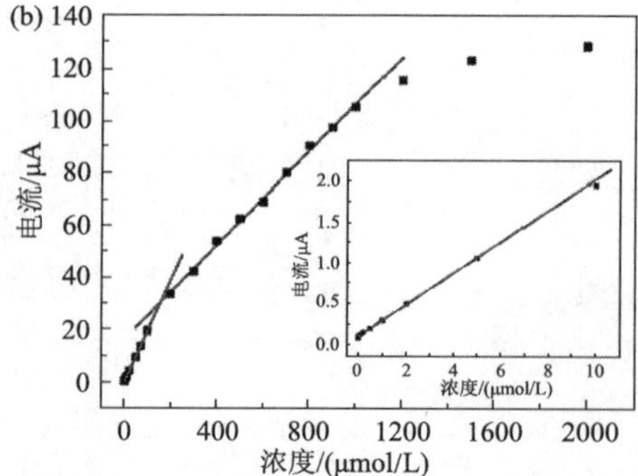

图 6-16　(a)增加 4-NP 浓度由 GR/MIP 传感器所得的 DPV 曲线；(b)峰电流与 4-NP 浓度的关系图[21]

(二)电位型传感器

Andersson 课题组[22]于 1990 年最先将分子印迹作为电位型传感器用于对映体的分离。他们通过记录跨柱电极的流动电位，然后将其与苯丙氨酸酰胺浓度关联，结果发现，电位信号与浓度呈线性关系。这就使得采用 MIT 技术制备底物特异性电极成为可能，从而加速其在电位分析中的应用。

表面印迹聚合物中大部分结合位点都位于其表面且其识别位点更均匀，它们对于目标分子表现出高的亲和力和灵敏度。采用表面印迹技术可以做成用于生物标志物检测的电位型传感器。Wang 等[23]采用表面印迹技术将羟基功能化的硫醇在镀金的硅片上形成自组装单分子膜，利用 Au—S 键作为电位型传感器的信号单元用于检测癌胚抗原、淀粉酶和脊髓灰质炎病毒。其制备过程见图 6-17。

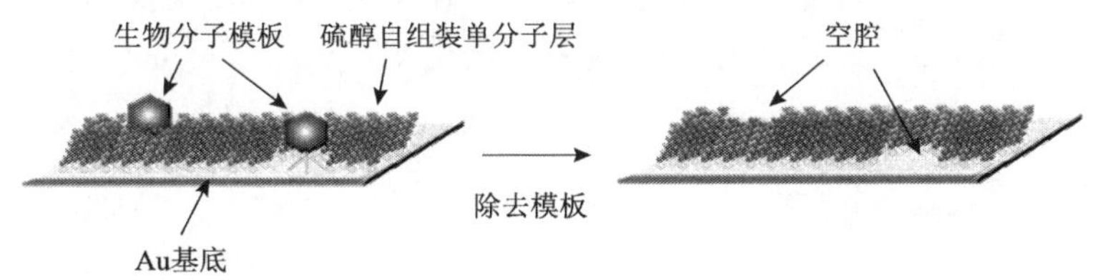

图 6-17 通过表面印迹聚合法制备生物分子印迹材料[23]

当带电荷的生物分子结合到印迹空腔时，则 Au—S 键的电位发生改变，这样就可以通过电位分析法检测。他们使用该传感器分析癌胚抗原并与标准免疫分析法对照，结果发现该法很灵敏(检测范围为 2.5～250 ng/mL)且具有特异性(与血红蛋白未发生交叉反应，也未与 NIP 反应)(图 6-18)，对人淀粉酶和脊髓灰质炎病毒的分析也得到类似结果。该方法在生物分子的分析中具有潜在的应用前景。

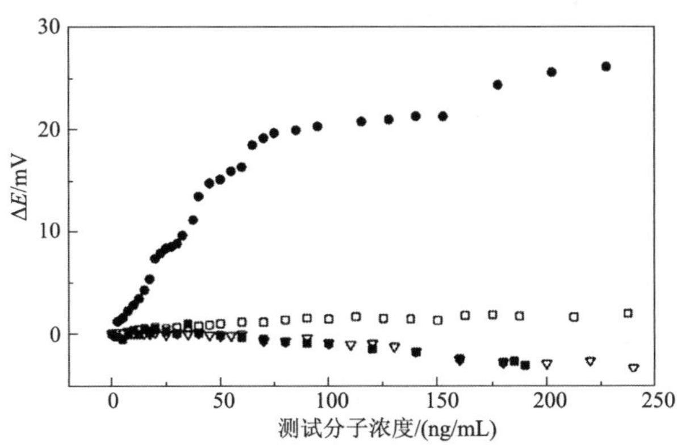

图 6-18 电位分析法检测癌胚抗原[23]

传感器信号：(●)癌胚抗原；(▽)血红蛋白；(□)对照 NIP 电极；(■)血红蛋白印迹电极

总之，在电位分析中，MIP 在离子选择性膜中起到重要作用，因此被广泛用于识别不同离子。但是，对于不带电荷的物质来说，其应用仍然是一个巨大挑战。

（三）电容/阻抗型传感器

基于 MIP 的电容型传感器（也称阻抗型传感器）近年来受到人们的重视，因为它们具有高选择性、不需要外加试剂或标记物、可实时监测等优点。一般地，一个好的电容型传感器中，超薄的电绝缘性聚合物膜起着关键作用。Najafi 和 Baghbanan[24]选用硫喷妥钠作模板、苯酚作电聚合单体，通过电聚合的方法在金电极上制备了一层薄膜，然后将其作为电容型传感器直接检测人血清中的硫喷妥钠。图 6-19 为硫喷妥钠对 MIP 电容型传感器阻抗的影响。将硫喷妥钠注射到二次蒸馏水中，前 3 min 内可以观察到传感器的阻抗迅速增加，然后于 3～5 min 趋于稳定。而且可以发现，由于添加硫喷妥钠所带来的阻抗变化是可逆的，当将该传感器浸入乙醇/水（3∶1，体积比）溶液中 5 min 后，该传感器又可以重新使用。

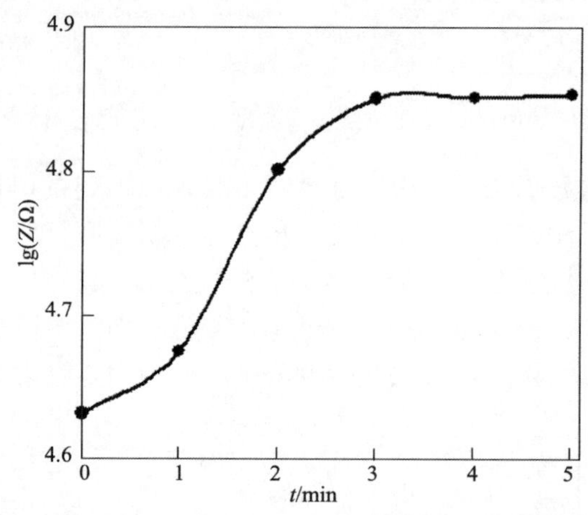

图 6-19　硫喷妥钠对 MIP 电容传感器阻抗的影响[24]

硫喷妥钠的浓度：15 μmol/L；磷酸盐缓冲液（pH=7.4）含 0.1 mol/L $LiClO_4$

今后的研究应该关注制备更薄、更均匀的 MIP 膜，从而提高电容型传感器的灵敏度。

（四）电导型传感器

最先报道 MIP 基电导型传感器是 Piletsky 等（1995 年）[25]，他们将其用于除草剂的检测。图 6-20 为单体中莠去津浓度对传感器信号的影响。可以看出，随着莠去津浓度的增加，传感器的信号增强。然而当其浓度高于 6%后，其溶解性下降，因此浓度不宜过高。

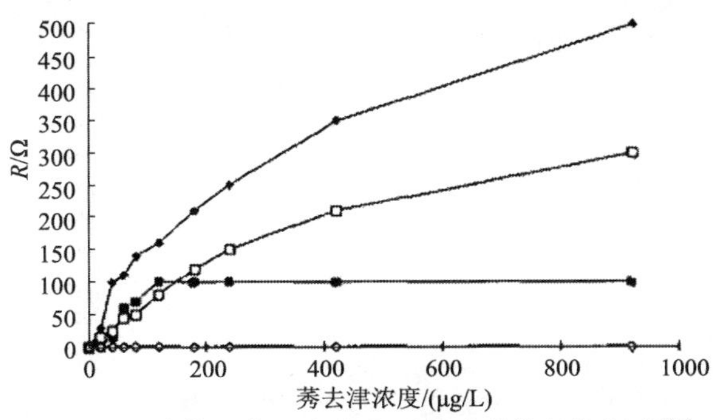

图 6-20　单体中莠去津浓度对传感器信号的影响[25]

单体中莠去津的质量分数：(■) 2 %；(□) 4%；(◆)6%；(◇) 0%

为了考察莠去津印迹膜的选择性，他们选用与其分子结构类似的物质(三嗪、西玛津)作对照(图 6-21)。可以看出，两种类似物所引起的电导变化都小于 50 Ω，这表明该 MIP 传感器有较好的选择性。

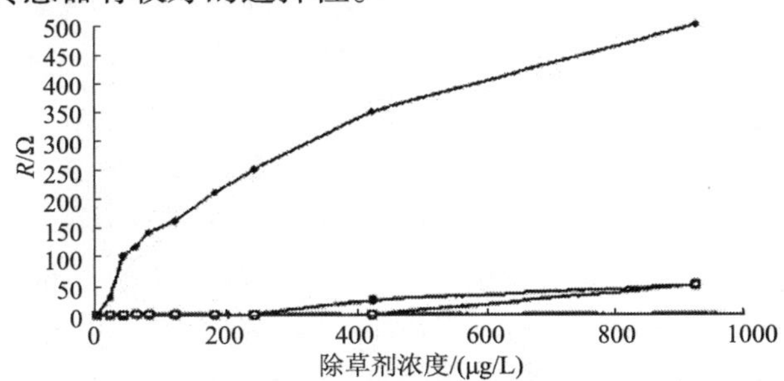

图 6-21　溶液中除草剂浓度对传感器信号的影响[25]

(■) 莠去津；(□) 西玛津；(◆) 三嗪

Latif 与 Dickert[26]用多壁碳纳米管负载在聚氨酯上作为导电填料用于制备敏感层，然后将其与 MIP 结合设计出电导型传感器。该纳米管-聚氨酯复合物比 TiO_2 复合材料的电导率更好。癸酸印迹 APTES 前体的氨基可以与其中的酸性基团结合，其电导率约为 2.7 μS。该电导型传感器对癸酸具有很高的灵敏度(图 6-22)。这些电导装置可以用于环境检测，这很容易实现。

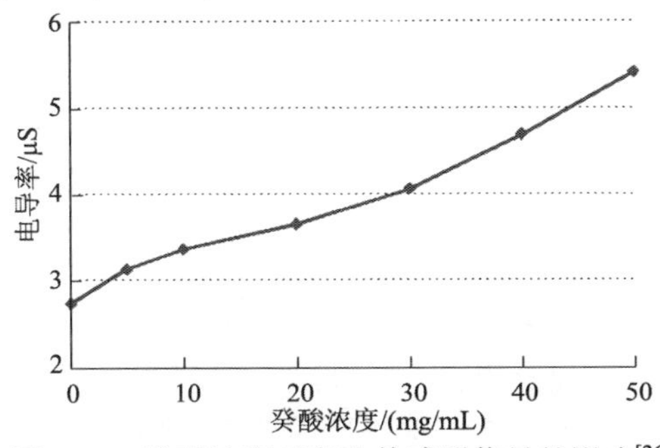

图 6-22　癸酸浓度对印迹传感器信号的影响[26]

对于 MIP 基电导型传感器来说，它们的应用并不广泛，主要原因是必须加入添加剂，而添加剂会产生干扰，而且被分析物与干扰物之间的差异并不十分明显。

二、光学传感器

(一)荧光传感器

荧光检测由于高灵敏度和方便而受到人们的重视，它可以对不同的样品如化学、环境及生物样品进行检测。基于 MIP 的荧光传感器可以将 MIP 识别的高选择性和荧光检测的高灵敏度有机结合。根据目标物的原生特性，MIP 基荧光传感器可以分为两种：直接检测型和间接检测型。

对于直接检测型来说，被分析物本身是荧光活性物，它们分子中至少有一个荧光基团，从而根据 MIP 荧光强度的变化来对分析物进行定性和定量检测。Ton 等[27]采用氟喹诺酮类(fluoroquinolone，FQ)抗生素作为荧光模型分析物。用恩诺沙星(enrofloxacin，ENRO)作为模板制备了具有水相容性的 MIP 纳米粒子。用荧光偏振测量法可以直接检测 ENRO 和其他哌嗪基氟喹诺酮类抗生素的含量。该方法不需要分离步骤，因为该技术可以将结合在 MIP 上的原位分析物和在溶液中的自由分析物区分开来。他们采用该法检测实际样品(如自来水和牛奶)中的 FQ 类抗生素，该法只需要加入定量的 MIP 而不需要任何样品前处理步骤。结果是没有观察到样品组分之间的相互干扰。对于自来水，使用 5 μg/mL MIP 可以得到 ENRO 的检测限为 0.1 nmol/L。对于牛奶样品，可以选择性检测出 ENRO 和单诺沙星。但是，很多分析物并不具有直接荧光检测的条件，因此其应用受到限制。

对于非直接检测型来说，被分析物本身不是荧光活性物，但是可以采用一些策略来实现荧光检测。第一种策略：在构建 MIP 基荧光传感器时使用标记模板或类似衍生物来代替或者竞争性分析；第二种策略：使用含荧光基团的物质作为功能性单体，通过检测结合模板后体系荧光光谱的变化来实现对分析物的检测；第三种策略：将荧光信号物质包埋在 MIP 中，然后用荧光分析来检测分析物。用于作为传感器光学源的材料主要是有机荧光化合物和量子点(quantum dot，QD)。这些策略或措施都有大量文献可参考[19, 28-30]。

例如，Xu 和 Lu[30]采用一锅法制备了一种介孔介孔比率 MIP 荧光传感器。为了制备用一个单波长激发的比率荧光传感器，必须选择合适的荧光染料。一种荧光染对目标分子作出响应，另外一种则作为参比。由于三聚氰胺可以通过电荷转移机理猝灭 CdTe QD 的荧光强度，因此选择 CdTe QD 作为目标敏感性荧光染料。而要作为参比染料则必须满足 3 个条件：①参比荧光染料必须不对目标产生响应；

②参比染料与目标染料的发射光谱必须很清楚地区分；③参比染料必须很容易引入聚合物中。基于以上条件，选择血卟啉(hematoporphyrin，HP)作为参比(其最大发射波长在 620 nm)。

其制备介孔结构的比率 MIP 荧光传感器的过程如图 6-23 所示。首先，HP 用 APTES 通过共价键改性得到 HP-APTES，同时模板三聚氰胺和 APTES 功能性单体通过氢键预排列形成配合物。接着，在 CdTe QD(发射峰位于 540 nm)存在的条件下，TEOS、HP-APTS 与模板配合物通过一锅缩合聚合完成。为了形成介孔结构印迹二氧化硅，聚合体系中必须同时加入十六烷基三甲基溴化铵(cetyltrimethylam monium bromide，CTAB)。当将 CTAB 和三聚氰胺除去后，即可得到介孔三聚氰胺印迹比率荧光传感器。对于该传感器，在 365 nm 的 UV 灯下可以观察到黄色-绿色荧光(其发射波长分别在 540 nm 和 620 nm)。当用其检测三聚氰胺时，包埋在介孔二氧化硅中的 CdTe QD 的绿色荧光可以选择性猝灭，相反 HP 的强度保持不变。可以观察到明显的荧光颜色变化，便于可视化检测三聚氰胺。

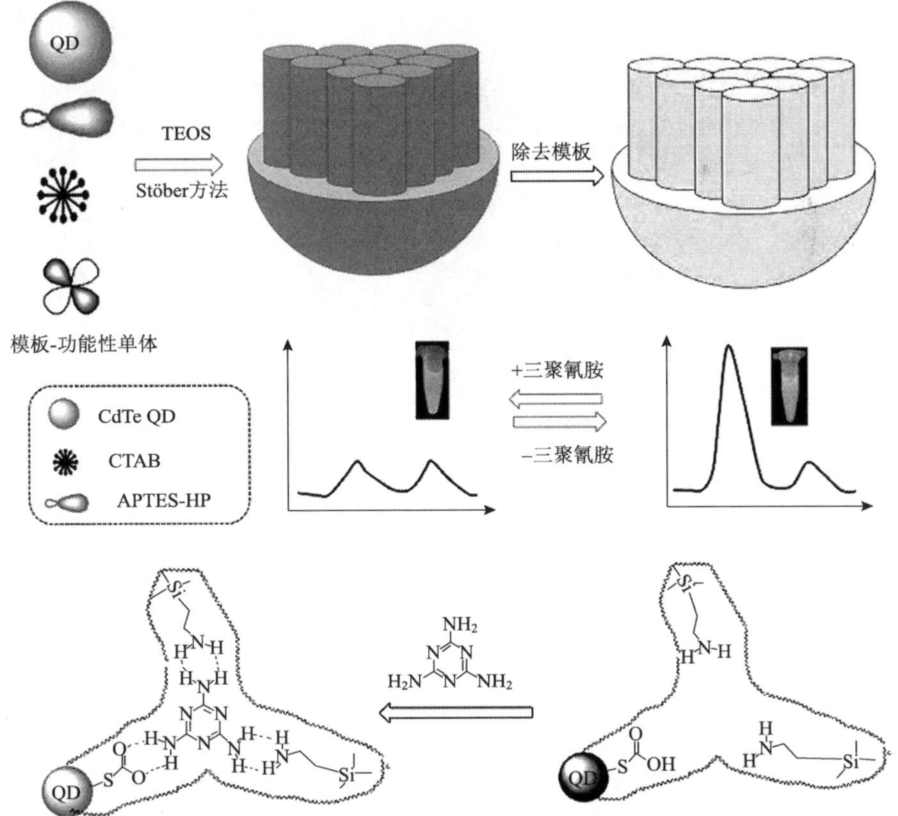

图 6-23　一锅法制备介孔比率 MIP 荧光传感器示意图[30]

(二)化学发光传感器

Lin 和 Yamada[31]最早报道了在化学发光(chemiluminescence, CL)传感器中使用 MIP 作为识别单元。他们首先制备了丹酰-L-苯丙氨酸(dansyl-L-phenylalanine, dans-L-Phe)分子印迹聚合物。当 HSO_5^-/Co^{2+}溶液流过聚合物时，吸附在 MIP 上的 dans-L-Phe 与之反应，从而产生 CL 发射。当 CL 完成后，在聚合物中的 dans-L-Phe 空腔被保留。所得的 CL 传感器对 dans-L-Phe 的检测限是 4×10^{-7} mol/L。

Xie 等[32]制备了一种核-壳结构毒死蜱(chlorpyrifos, CPF)印迹聚合物。他们用二氧化硅表面的甲基丙烯酰基与交联剂 EGDMA 共聚得到核-壳型印迹聚合物，然后用 HF 水溶液蚀刻二氧化硅核从而形成 CPF 印迹多孔粒子。所得的 CPF 印迹多孔粒子可以选择性从样品溶液中吸附 CPF，而其脱附 CPF 过程则可以显著影响鲁米诺(luminol)-H_2O_2之间的弱 CL 效应。基于此，他们开发了用于检测 CPF 的 CL 印迹传感器。结果表明，由于采用了 MIP，该传感器的选择性和灵敏度都很高，而且有很好的可重复使用性(其制备过程及 CL 效应见图 6-24)。

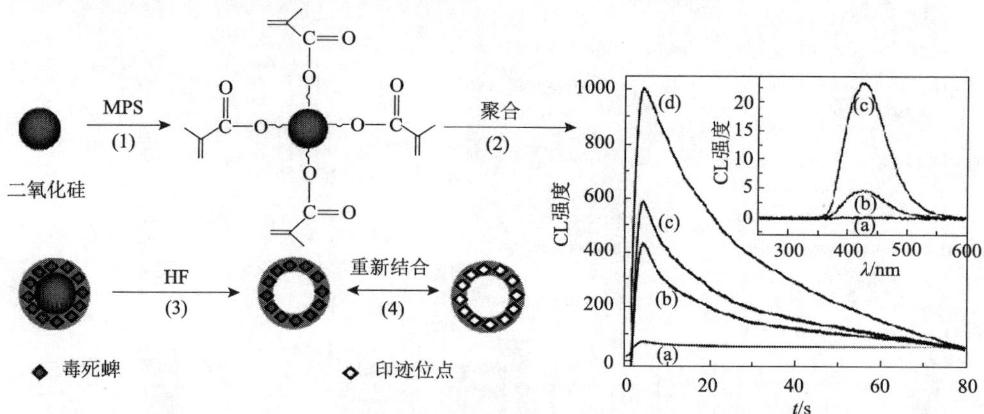

图 6-24 核/壳结构 CPF 印迹聚合物的制备及其 CL 效应[32]

左图：制备过程；右图：CL 效应，CPF 的物质的量浓度(mol/L)：(a) 0，(b) 1.5×10^{-9}，(c) 2.5×10^{-8}，(d) 2.5×10^{-7}。右上插图为不同体系的 CL 谱图：(a) CPF-H_2O_2，(b) 鲁米诺-H_2O_2，(c) 鲁米诺-H_2O_2-CPF

对鲁米诺-H_2O_2体系的 CL 机理已经得到系统研究。一般认为，激发态的氨基邻苯二甲酸阴离子(AP^{2-*})是鲁米诺 CL 体系的发射源，它在波长 425nm 处出现最大发射。鲁米诺-H_2O_2反应产生 CL 的机理可以表示为图 6-25。

$$L + H_2O_2 + 2OH^- \longrightarrow LO_2^{2-} + 2H_2O$$

$$LO_2^{2-} \longrightarrow AP^{2-*} + N_2$$

$$AP^{2-*} \longrightarrow AP^{2-} + h\nu$$

图 6-25 鲁米诺-H_2O_2的 CL 机理[32]

L：鲁米诺(luminol)；LO_2^{2-}：鲁米诺的过氧化物(luminol endoperoxide)；AP^{2-*}：3-氨基邻苯二甲酸阴离子的激发态(the excited state of 3-aminophatalate anion)；AP^{2-}：3-氨基邻苯二甲酸阴离子(3-aminophatalate anion)

从图 6-24 可以看出，CPF 能够强烈提高鲁米诺-H_2O_2体系的 CL 的强度。为了进一步考察 CPF 对鲁米诺-H_2O_2的 CL 反应的增强机理，他们研究了鲁米诺-H_2O_2的 CL 谱图和鲁米诺-H_2O_2-CPF 体系的 CL 谱图(图 6-24 右上插图)。可以看出，二者的最大发射波长都相同，都为 425nm，这说明鲁米诺-H_2O_2-CPF 体系与鲁米诺-H_2O_2体系具有相同的发射源。那么，CPF 对 CL 的增强效应可能途径就可以表示如下：

(1)在碱性介质中，CPF 分子能够被 H_2O_2 氧化形成一个不稳定的过氧化膦酸盐(PO_2^-)以及 3,4,5-三氯-2-吡啶基阴离子(3,4,5-trichloro-2-pyridinyl anion，X^-)，见式(6-1)：

$$CPF+H_2O_2+2OH^- \longrightarrow PO_2^-+2H_2O+X^- \tag{6-1}$$

(2)PO_2^-的强氧化性加速了鲁米诺的氧化反应，结果产生更多的LO_2^{2-}，进而更有利于图 6-25 第一个反应的发生，这样就增强了鲁米诺-H_2O_2的 CL 效应，见式(6-2)：

$$L+PO_2^-+2OH^- \longrightarrow LO_2^{2-}+2H_2O+P \tag{6-2}$$

正是由于以上原因，这种基于 MIP 的 CL 方法就可以用于目标分子的在线富集和检测。

(三)比色/紫外-可见光传感器

当将 MIP 与胶体-晶体结合后，可以制备分子印迹光子聚合物(molecularly imprinted photonic polymer，MIPP)传感器或分子印迹光子水凝胶(molecularly imprinted photonic hydrogel，MIPH)传感器。它们可以通过可视化颜色变化来检测分析物或者对化学和环境的刺激做出反应。

Meng 等[33]制备了一种新型无标记的基于 MIPH 的比色化学传感器，它可以方便且快速地筛查氯胺酮。为了提高对水环境中的样品如生物样品的识别能力，他们在水体系中制备了与水相容的 MIPH。该产物能够产生可视化的光学信号，并且可以用肉眼观察。该氯胺酮-MIPH 可以用来检测人尿液和唾液中的痕量氯胺酮。

图 6-26 为不同条件下氯胺酮-MIPH 的光学响应。可以看出单体与交联剂的物质的量之比影响 MIPH 传感器的灵敏度。当二者之比为 5：1 时，MIPH 为刚性结构，其柔性较小，当重新结合目标分子时，其体积变化较小。当加入不同浓度氯胺酮后，其 Bragg 衍射峰的位移约 10 nm[图 6-26(a)]，这也意味着其灵敏度较低而且无法在颜色上产生明显的变化。相反，当单体与交联剂物质的量比为 10：1 时，MIPH 则为柔性结构，其 Bragg 衍射峰消失。经过优化实验发现二者的物质的量最佳比为 8：1，此时 Bragg 衍射峰迁移约 80 nm[图 6-26(b)]，而且可以看到加入不同浓度氯胺酮后颜色明显变化[图 6-26(c)]。

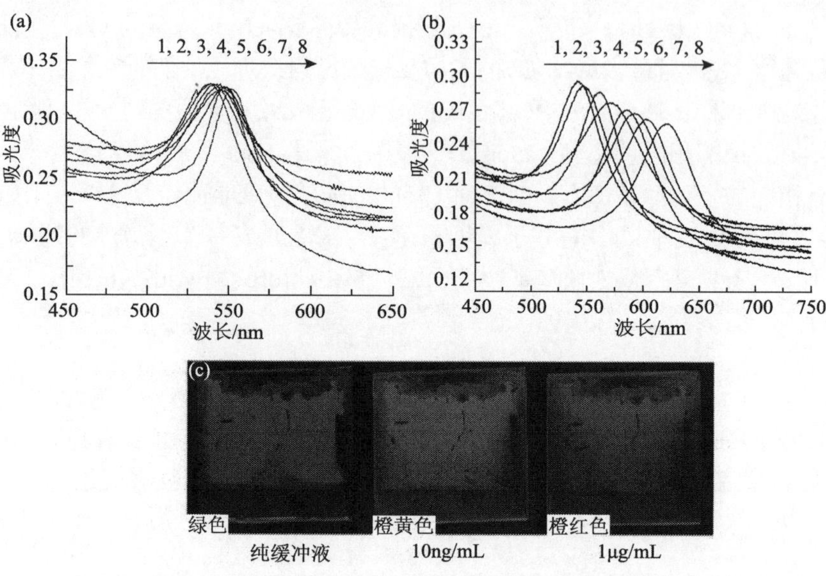

图 6-26 不同条件下氯胺酮-MIPH 的光学响应[33]

(a) MAA：EGDMA=5：1；(b) MAA：EGDAM=8：1；(c) MIPH 重新结合不同浓度氯胺酮所导致的颜色变化

(四)红外光谱传感器

MIP 基传感器也可以用于红外光谱，在该技术将目标分析吸附到 MIP 层中(MIP 层涂敷在稳定基质上)，然后测定其特征 IR 吸附峰。Sreenivasan[34]对聚苯乙烯表面涂上一层聚苯胺作为肌酐(creatine)印迹聚合物(图 6-27)，然后使用傅里叶变换衰减全反射红外光谱(Fourier transform attenuated tatal internal reflection infrared spectroscopy，FT-ATR-IR)检测所吸附的肌酐。

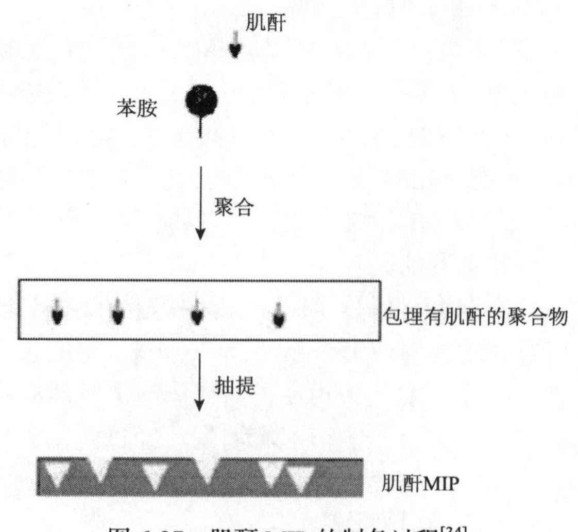

图 6-27 肌酐 MIP 的制备过程[34]

通过比较 MIP 和 NIP 对肌酐的吸附量，结果发现其吸附量与时间有关。MIP 对肌酐的吸附量要高于 NIP。该研究提供了将 MIT 与 FT-ATR-IR 结合用于检测分析物的可能性，因为不同官能团的 IR 吸附峰是不同的，而且该法有可能用于多组分或复杂样品的检测(当然需要对测试条件予以优化)。

(五)表面增强拉曼散射传感器

表面增强拉曼散射(surface-enhanced Raman scattering，SERS)效应是对于一些通过特殊处理的金属良导体或溶胶，由于样品表面或近表面的电磁场的增强，吸附分子的拉曼散射信号比普通信号大大增强。2003 年，Kostrewa 等[35]将 MIP 与 SERS 结合，在水溶液中实现了 *N*-苄氧羰基-(L)-天冬氨酸的释放和吸收，但是该 MIP 并不稳定(需要加入额外的润滑剂)。该技术的关键在于将 MIP 粒子或层与 SERS 活性金属表面结合。幸运的是，将具有分子识别位点的单分子层结合在 Si、Au 或 Ag 表面用于 SERS 的工作已经很容易实现。

为了能够直接检测分析物，目标分子必须与金属距离很近，为此，Bompart 等[36]制备了一种微米级核-壳结构的 SERS 传感器，其中，外层是很薄的 MIP 壳，聚合物作核，而胶体金则位于核与壳之间，该传感器可以用作普萘洛尔的检测。胶体金簇则对目标分子的检测起到光学天线近场增强的作用。MIP 外壳则起到分析物选择吸附作用，防止其他分子进入与胶体金接触产生干扰，因此，目标分子的信号得到增强。图 6-28 为其 MIP 粒子经过(*S*)-萘洛尔溶液培养后所测试的 SERS 图谱。

从图中可以看出，拉曼显微镜的焦距可以对准单个核-壳复合物粒子[图 6-28(a)]。即使它们的直径只有 400 nm，也可以很清楚地辨认而且被 1 μm 的大光斑对焦。图 6-28(b)表示 MIP 颗粒经过 10^{-5} mol/L 的(*S*)-萘洛尔培养后所得的拉曼光谱(金胶体为对照)。可以看出，在印迹壳中能够发现萘洛尔的特征光谱(1380 cm^{-1})，响应的在对照组也能看出。如果 MIP 核-壳粒子在纯乙腈中培养，则检测不出特征峰。为了证实 MIP 的识别性能，用不同浓度的萘洛尔(10^{-8}～10^{-5} mol/L)培养 MIP 粒子，然后检测其拉曼光谱。当萘洛尔的浓度为 10^{-7} mol/L 时，MIP 粒

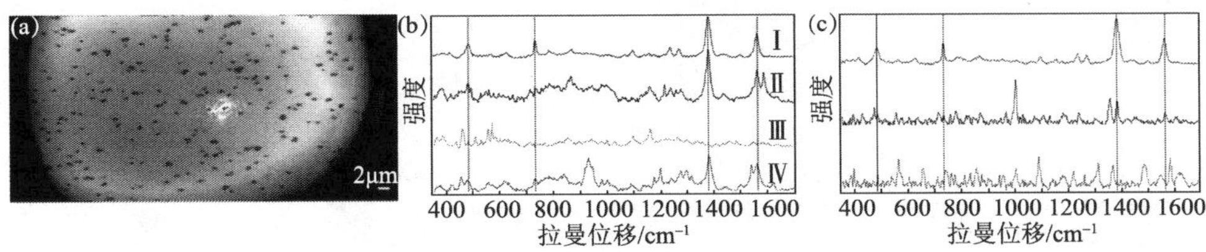

图 6-28　萘洛尔的 SERS 图谱[36]

(a) MIP 粒子的拉曼光学显微镜照片。(b) 萘洛尔的 SERS 图谱：Ⅰ. 聚集胶体金；Ⅱ. 经过 10^{-5} mol/L 萘洛尔培养的单个 MIP 颗粒；Ⅲ. 经过甲醇/乙酸洗涤除去萘洛尔后的单个 MIP 颗粒；Ⅳ. 经过 10^{-5} mol/L 萘洛尔培养的单个 NIP 颗粒。(c) 在聚集胶体金上萘洛尔的 SERS 图谱(上)；经过 10^{-7} mol/L 萘洛尔培养的单个 NIP 颗粒(中)；经过 10^{-6} mol/L 萘洛尔培养的单个 NIP 颗粒(下)

子可以检测出其特征峰，而 NIP 粒子则无法检测出[图 6-28(c)]。可以看出，基于对单个粒子的拉曼测试，由于 SERS 效应，当(*S*)-萘洛尔溶液的浓度低至 10^{-7} mol/L(检测限)，仍然可以被检测出。该结果要比传统拉曼光谱高几个数量级。

虽然这些 MIP 基 SERS 传感器已经成功地应用到实际样品中分析物的测定，但是其灵敏度和稳定性尚待继续改善。

(六)表面等离子体共振传感器

表面等离子体共振(surface plasmon resonance，SPR)是一种导体界面的光学现象，它主要基于传感器表面介电常数的变化，可用于检测少量分析物的检测。这种传感器近年来受到人们的日益重视，因为它的仪器小巧而且便于携带，因此很适合对分析物现场检测。将 SPR 传感器与 MIP 结合的技术已经广泛地用于检测蛋白质、环境污染物、药物和食品等[19]。

Frasconi 等[37]将 Au 纳米粒子用可电聚合的巯基苯胺基团和巯苯基硼酸功能化。然后将含有邻二醇官能团的抗生素底物如新霉素(neomycin，NE)、卡那霉素(kanamycin，KA)和链霉素(streptomycin，ST)与硼酸配体结合。在 NE、KA 或 ST 存在的条件下，将功能化的 Au 纳米粒子电聚合，从而在 Au 表面形成二苯胺交联 Au 纳米粒子的复合物。再将抗生素除去，从而形成一种 SPR 传感器。其制备过程见图 6-29。

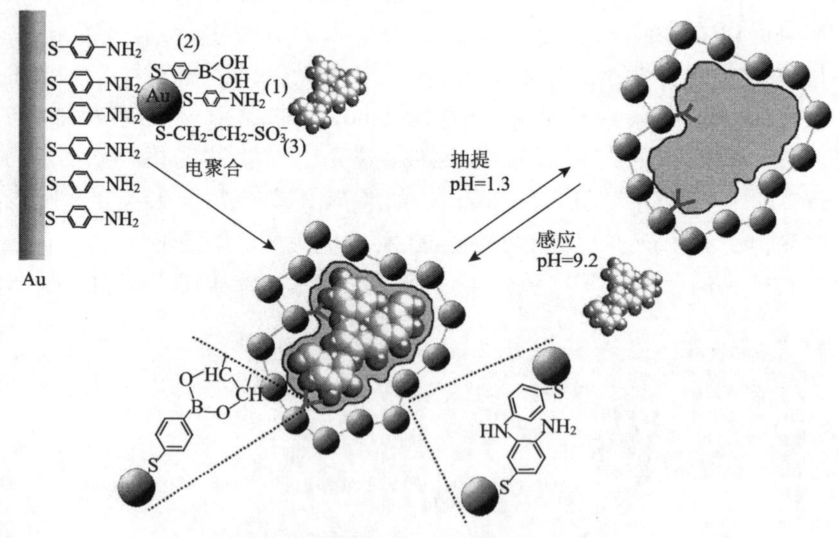

图 6-29　电聚合制备抗生素印迹 Au 纳米复合物[37]

该印迹 Au 纳米复合物可以作为 SPR 传感器用于抗生素的检测。图 6-30 为该传感器对 NE 的检测分析结果。

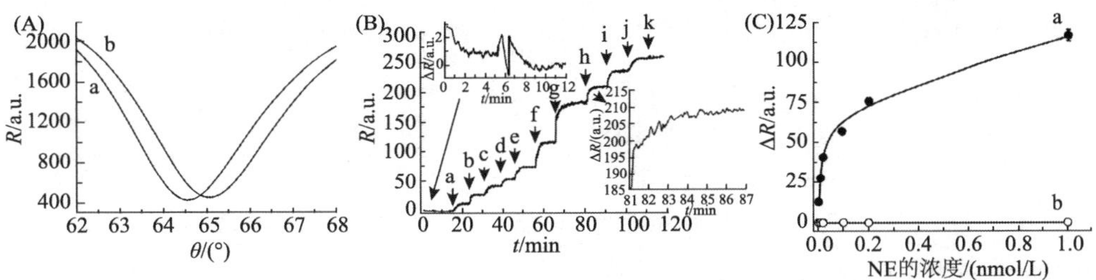

图 6-30　印迹 Au 纳米复合物 SPR 传感器对 NE 的检测分析结果[37]

(A) NE-印迹 Au 纳米复合物的 SPR 曲线：a. 用 NE 处理之前和 b. 加入 200 nmol/L 的 NE。(B) 印迹 Au 复合加入不同浓度 NE 所得反射率强度变化值的信号图：a. 2 pmol/L，b. 10 pmol/L，c. 20 pmol/L，d. 100 pmol/L，e. 200 pmol/L，f. 1 nmol/L，g. 4 nmol/L，h. 20 nmol/L，i. 100 nmol/L，j. 1 μmol/L，箭头表示加入分析物时间。左插图：对于缓冲液的依赖与时间的反射率值。右插图：加入 20 nmol/L NE 后依赖于时间的反射率变化值的放大图。(C) 加入不浓度 NE 后反射率变化的校准图：a. NE-印迹复合物，b. 非印迹复合物。所有检测都在 pH=9.2 的缓冲液中进行

图 6-30 描述了 NE-印迹 Au 纳米复合物用 200nmol/L NE 处理之前[图 6-30(A)-a]和处理之后[图 6-30(A)-b]的 SPR 曲线。可以明显地观察到 NE 与 Au 纳米基质结合后 SPR 产生位移。图 6-30(B)为导出信号图，表示随着 NE 浓度增加，NE-印迹 Au 纳米复合物反射率的变化情况。图 6-30(B)(右边插图)表示基于 NE 与基质相互作用的依赖于时间的反射率强度变化值的放大图。可以看到，约 5min,反射率变化值变缓至一个常数，这意味着传感器的响应时间大约是 5min。图 6-30(C)为 NE-印迹 Au 纳米复合物感应 NE 后所得的校准曲线[图 6-30(C)-a]。作为对照，非印迹 Au 纳米复合物与 NE 作用后的反射率变化图见图 6-30(C)-b。印迹基质的反射率变化值明显要高，这意味着 NE 与印迹基质结合度更高。这说明在电聚合中，NE 在印迹复合物中形成了具有 NE 轮廓的结合位点(图 6-29)。该传感器的检测限为(2.00±0.21) pmol/L。

第四节　催　化　剂

MIP 具有高选择性和强度，它们能够在相对较高的温度和压力下使用，而且可以在有机溶剂使用，甚至可以在酸性或者碱性条件下使用。因此，MIP 能够用于代替生物分子如酶和催化性抗体，因为它们一般都易被外部条件破坏。

将 MIP 作为催化剂是很有意义的应用工作，因为它们能够在一些化学反应中模拟抗体和酶的选择性和立体特异性。可以通过使用与底物的类似物作为模板得到具有催化活性的印迹材料。所得聚合物基质上必须有类似于底物形状的空腔，而且，印迹技术必须确保官能团在结合位点上的合适位置，因为这些官能团有助于催化过程。

选择底物类似物作为模板的策略包括使用一些化合物来模拟底物与基质

形成的配合物。当催化基团引入聚合物空腔的合适位置后，它们就会在有真正底物时起到催化作用。Leonhardt 和 Mosbach[38]将 MIT 与聚合物催化剂结合得到了具有酯酶活性的 MIP。它们用 Co(Ⅱ)与乙烯基咪唑形成配合物，然后与模板(如蛋氨酸或亮氨酸的对硝基苯酯)一起聚合而得。聚合完成后，将模板分子除去，所得聚合物对类似氨基酸的对硝基酯水解起到加速或特异性催化作用，这是由于酯的水解发生在含有咪唑基团的空腔中。该聚合物的重复性好(可重复使用 50 次)。

Beach 和 Shea[39]采用相同策略制备了催化 β-氟酮脱氟化氢的 MIP 催化剂。他们选择的目标反应是 4-氟-(对硝基苯基)-2-丁酮的脱 HF 反应[式(6-3)]。该反应一般是用催化性抗体法催化。

F　O　H　O_2N　**1**　$\xrightarrow{-HF}$　O　O_2N　(6-3)

他们的目标是设计一个能够结合化合物 **1** 的结合位点，而在接近底物的 α-H 附近有与聚合物结合的碱。他们使用苄基丙二酸(benzylmalonic acid)作为模板、*N*-(2-氨基乙基)-甲基丙烯酰胺[*N*-(2-aminoethyl)-methacrylamide]作为功能性单体、EGDMA 作为交联剂、AIBN 作为引发剂，采用自由基聚合制备。其催化剂系统的设计见图 6-31。

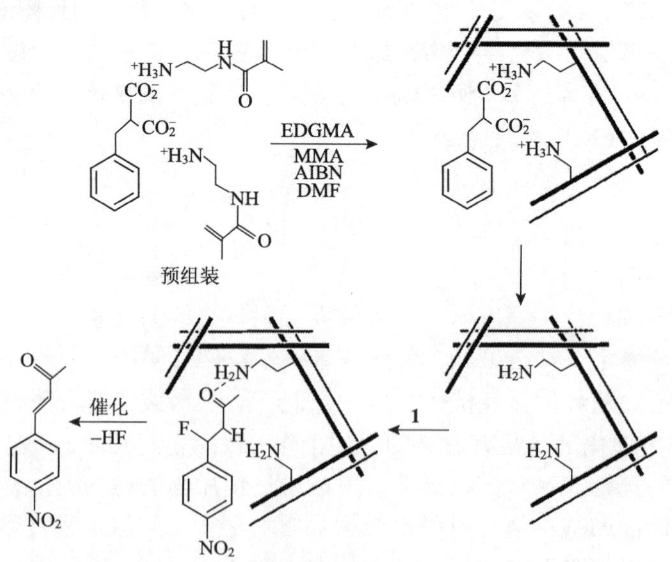

图 6-31　用于 β-氟酮脱 HF 的 MIP 催化体系[39]

为了理解催化剂的本质，他们用不同单元羧酸、二元羧酸和三元羧酸作为模板制备了一系列聚合物，并比较了它们的催化活性。结果发现，聚合物的催化活性取决于模板分子中羧酸基团的位置，而且苄基丙二酸是最佳模板分子。另外一种方法就是在聚合过程中使用一个酸性过渡态类似物(transition state analogue, TSA)作为碱性模板，MAA 作为功能单体制备催化性 MIP。可以发现，相比于不使用催化剂，使用 MIP 催化剂可以提高脱 HF 的速率。

对于催化性 MIP 的设计来说，模板分子一般采用过渡态和其类似物，以此来生成底物的活性位点。结合位点的排列诱导形成分子记忆，因而所制备的聚合物能够识别印迹物质，而且能够催化特异性底物。最近，Li 等[40]制备了一种具有催化活性和温敏性印迹聚合物(图 6-32)。他们用乙酸对硝基苯酯(4-nitrophenyl acetate，NPA)的水解反应作为模型反应。NPP 印迹在由聚(1-乙烯基咪唑)[poly(1-vinylimidazole)，PVI]和聚(三氟甲基丙烯酸)[poly(2-tirfluoromethyacrylic acid)，PTFMA]组成的聚合物基体中，该聚合物在咪唑基团上具有水解活性位点。随着温度的变化，PVI 和 PTFMA 之间相互复合和解离，这样就可以控制底物对活性位点的靠近(图 6-32)。在相对低的温度下，PVI 和 PTFMA 阻断了底物对 PVI 活性位点的靠近，从而导致聚合物收缩，这样就抑制其催化活性。相反，在高温条件下，聚合物之间产生离解，有利于底物接近活性位点，从而提高了聚合物的催化活性。从这个意义上说，使用这种独特的智能印迹聚合物就可以得到具有温敏性的催化体系。

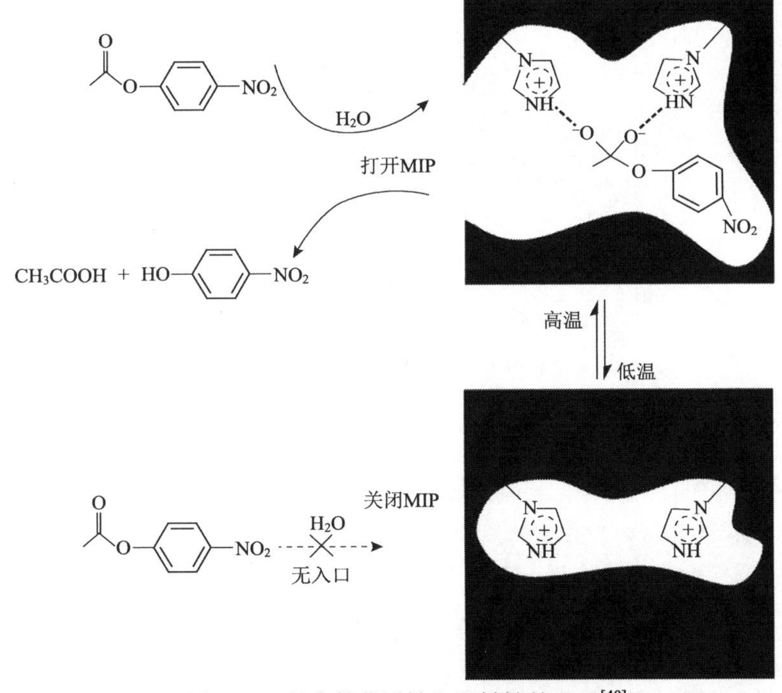

图 6-32　具有催化活性和温敏性的 MIP[40]

第五节　药物释放

最近，很多 MIP 已经被广泛地应用于药物输送体系[41]。当然，一个高效的药物输送体系必须保证药物以合适的剂量、在合适的时间段被释放在合适的位置。MIP 用作药物释放体系必须具有一定特征：在没有模板时，印迹空腔的构象必须保持稳定，但是，也必须具有一定的柔性，以保证模板在空腔的释放和重新吸收能够快速达到平衡。为此，非共价印迹技术比共价印迹技术更容易达到平衡。另外，MIP 必须能够抗酶、抗化学物质和抗抗机械应力。

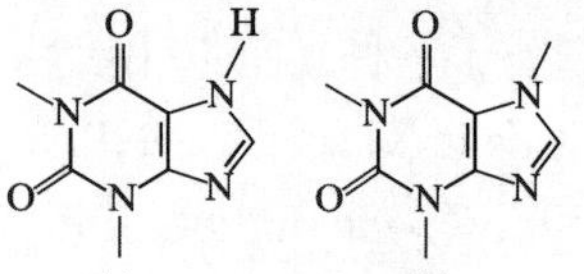

(a)　(b)

图 6-33　甲基黄嘌呤的结构

(a)茶碱；(b)咖啡因

Norell 等[42]报道了 MIP 持续释放机理。他们考察了茶碱印迹聚合物在水性缓冲体系中的释放行为。茶碱是甲基黄嘌呤，主要用于治疗哮喘(图 6-33)。

茶碱的治疗窗(therapeutic window)很窄(30～100 μmol/L)，而浓度高于 110 μmol/L 则会对人体产生毒性。他们以 MAA 作为功能性单体、EGDMA 作为交联剂，用非共价印迹技术制备了茶碱印迹 MIP。当把这些聚合物装填在 HPLC 柱中，可以将茶碱和咖啡因区分开来。他们考察了负载不同浓度茶碱的 MIP 在 pH=7 的缓冲溶液中的释放特性。负载超级最低的 MIP 的释放特性最低(图 6-34)。其释放曲线与识别位点的不均匀性有关。

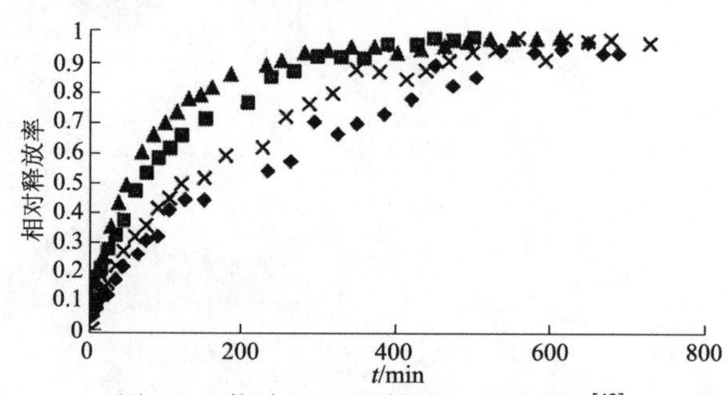

图 6-34 茶碱 MIP 对茶碱的释放特性[42]

每克聚合物茶碱的负载量：(▲)50 mg；(■)10 mg；(◆) 2.0 mg；(×)0.1 mg

Cai 和 Gupta[43]制备了用于识别四环素(tetracycline)的 MIP，并考察了其释放性能。图 6-35 为四环素 MIP 的制备过程示意图。

图 6-36 表示四环素 MIP 的释放特性。先将用四环素饱和的 MIP 和 NIP 放置在水中，然后考察其释放特性。可以看出，无论是 MIP 还是 NIP 都会有四环素漏出。但是，从 MIP 中释放的要比从 NIP 中释放的慢。最初阶段，从 NIP 中释放量几乎是从 NIP 中释放量的两倍，这与 MIP 对四环素的结合有关。这种较慢的释放特性意味着该 MIP 有望用于四环素的控制释放。

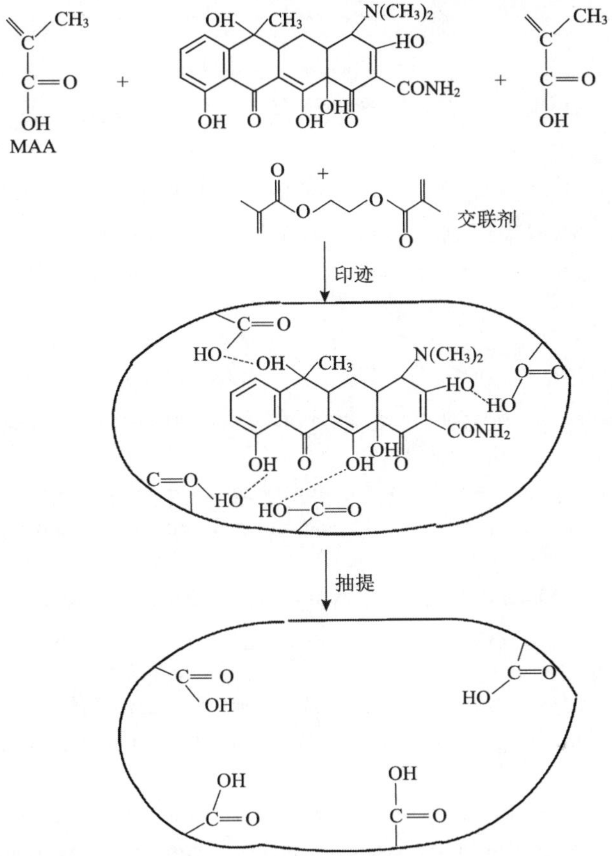

图 6-35　四环素 MIP 的制备[43]

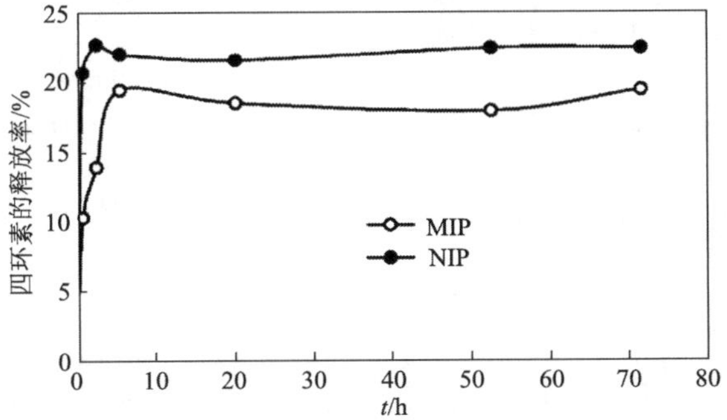

图 6-36　MIP 和 NIP 对四环素的释放特性[43]

印迹药物释放体系还没有达到临床应用水平，因为采用 MIT 作为药物释放必须满足安全性和毒理学要求，聚合物体系要直接与生物组织接触。正常情况下，为了提高氢键和静电作用，MIP 一般都是在有机溶剂中制备。但是，由于在制备中使用了有机溶剂，往往会对细胞产生伤害。基于此，对于药物释放体系，制备亲水性聚合物更合适，因为它们对生物体系更相容。另外，在聚合方法上一般选择使用沉淀聚合，因为用该法所得到的聚合物通常与溶剂物相混，所以产物更容易从溶剂中分离出来。但是，对水相容性的 MIT 还在发展中，由于在水中氢键和静电作用变弱，从而导致 MIP 对目标分子的选择性降低。不过，我们可以通过金属配位作用和疏水作用来提高模板与功能单体的相互作用。

参 考 文 献

[1] Turiel E, Martín-Esteban A. Molecularly imprinted polymers for sample preparation: A review. Analytica Chimica Acta, 2010, 668: 87-99.

[2] Andersson L I, Paprica A, Arvidsson T. A highly selective solid phase extraction sorbent for pre-concentration of sameridine made by molecular imprinting. Chromatographia, 1997, 46: 57-62.

[3] Urraca J L, Hall A J, Moreno-Bondi M C, et al. A Stoichiometric molecularly imprinted polymer for the class-selective recognition of antibiotics in aqueous media. Angewandte Chemie International Edition, 2006, 45: 5158-5161.

[4] Urraca J L, Moreno-Bondi M C, Hall A J, et al. Direct extraction of penicillin g and derivatives from aqueous samples using a stoichiometrically imprinted polymer. Analytical Chemistry, 2007, 79: 695-701.

[5] Masqué N, Marcé R M, Borrull F, et al. Synthesis and evaluation of a molecularly imprinted polymer for selective on-line solid-phase extraction of 4-nitrophenol from environmental water. Analytical Chemistry, 2000, 72: 4122-4126.

[6] Sellergren B.Direct drug determination by selective sample enrichment on an imprinted polymer. Analytical Chemistry, 1994, 66: 1678-1582.

[7] Turiel E, Tadeo J L, Cormack P A G, et al. HPLC imprinted-stationary phase prepared by precipitation polymerisation for the determination of thiabendazole in fruit. Analyst, 2005, 130: 1601-1607.

[8] Remcho V T, Tan Z J. MIPs as chromatographic stationary. Analytical Chemistry News & Futures, 1991, 71(7): 248A-255A.

[9] Vidyasankar S, Ru M, Arnold F H. Molecularly imprinted ligand-exchange adsorbents for the chiral separation of underivatized amino acids. Journal of Chromatography A, 1997, 775: 51-63.

[10] Hosoya K, Yoshizako K, Shirasu Y, et al. Molecularly imprinted uniform-size polymer-based stationary phase for high-performance liquid chromatography structural contribution of cross-linked polymer network on specific molecular recognition. Journal of Chromatography A, 1996, 728: 139-147.

[11] Mayes A, Mosbach K. Molecularly imprinted polymer beads: Suspension polymerization using a liquid perfluorocarbon as the dispersing phase. Analytical Chemistry, 1996, 66: 3769-3774.

[12] Matsui J, Kato T, Takeuchi T, et al. Molecular recognition in continuous polymer rods prepared

by a molecular imprinting technique. Analytical Chemistry, 1993, 65: 2223-2224.

[13] Sellergren B. Imprinted dispersion polymers: A new class of easily accessible affinity stationary phases. Journal of Chromatography A, 1994, 673: 133-141.

[14] Matsui J, Nicholls I A, Takeuchi T. Molecular recognition in cinchona alkaloid molecular imprinted polymer rods. Analytica Chimica Acta, 1998, 365: 89-93.

[15] Liu H Y, Row K H, Yang G L. Monolithic molecularly imprinted columns for chromatographic separation. Chromatographia, 2005, 61: 429-432.

[16] Nilsson K, Lindell J, Norrlöw O, et al. Imprinted polymers as antibody mimetics and new affinity gels for selective separations in capillary electrophoresis. Journal of Chromatography A, 1994, 680: 57-61.

[17] Schweitz L, Andersson L I, Nilsson S. Capillary electrochromatography with predetermined selectivity obtained through molecular imprinting. Analytical Chemistry, 1997, 69: 1179-1183.

[18] Tan Z J, Remcho V T. Molecular imprint polymers as highly selective stationary phases for open tubular liquid chromatography and capillary electrochromatography. Electrophoresis, 1998, 19: 2055-2060.

[19] Chen L X, Wang X Y, Lu W H, et al. Molecular imprinting: Perspectives and applications. Chemical Society Reviews, 2016, 45: 2137-2211.

[20] Kriz D, Mosbach K. Competitive amperometric morphine sensor based on an agarose immobilised molecularly imprinted polymer. Analytica Chimica Acta, 1995, 300: 71-75.

[21] Luo J, Cong J J, Liu Y H, et al. A facile approach for synthesizing molecularly imprinted graphene for ultrasensitive and selective electrochemical detecting 4-nitrophenol. Analytica Chimica Acta, 2015, 864: 74-84.

[22] Andersson L I, Miyabayashi1 A, O'Shannessy D J, et al. Enantiomeric resolution of amino acid derivatives on molecularly imprinted polymers as monitored by potentiometric measurements. Journal of Chromatography A, 1990, 516: 323-331.

[23] Wang Y, Zhang Z, Jain V, et al. Potentiometric sensors based on surface molecular imprinting: Detection of cancer biomarkers and viruses. Sensors and Actuators B, 2010, 146: 381-387.

[24] Najafi M, Baghbanan A A. Capacitive chemical sensor for thiopental assay based on electropolymerized molecularly imprinted polymer. Electroanalysis, 2012, 24: 1236-1242.

[25] Piletsky S A, Piletskaya E V, Elgersma A V. Atrazine sensing by molecularly imprinted membranes. Biosensors and Bioelectronics, 1995, 10: 959-964.

[26] Latif U, Dickert F L. Conductometric sensors for monitoring degradation of automotive engine oil. Sensors, 2011, 11: 8611-8625.

[27] Ton X A, Acha V, Haupt K, et al. Direct fluorimetric sensing of UV-excited analytes in biological and environmental samples using molecularly imprinted polymer nanoparticles and fluorescence polarization. Biosensors and Bioelectronics, 2012, 36: 22-28.

[28] Benito-Peña E, Moreno-Bondi M C, Aparicio S, et al. Molecular engineering of fluorescent penicillins for molecularly imprinted polymer assays. Analytical Chemistry, 2006, 78: 2019 -2027.

[29] Chen Z, Álvarez-Pérez M, Navarro-Villoslada F, et al. Fluorescent sensing of “quat” herbicides with a multifunctional pyrene-labeled monomer and molecular imprinting. Sensors and

Actuators B, 2014, 191: 137-142.

[30] Xu S F, Lu H Z. One-pot synthesis of mesoporous structured ratiometric fluorescence molecularly imprinted sensor for highly sensitive detection of melamine from milk samples. Biosensors and Bioelectronics, 2015, 73: 160-166.

[31] Lin J M, Yamada M. Chemiluminescent reaction of fluorescent organic compounds with $KHSO_5$ using cobalt(ii) as catalyst and its first application to molecular imprinting. Analytical Chemistry, 2000, 72: 1148-1155.

[32] Xie C G, Li H F, Li S Q, et al. Surface molecular imprinting for chemiluminescence detection of the organophosphate pesticide chlorpyrifos. Microchim Acta, 2011, 174: 311-320.

[33] Meng L, Meng P J, Zhang Q Q, et al. Fast screening of ketamine in biological samples based on molecularly imprinted photonic hydrogels. Analytica Chimica Acta, 2013, 771: 86-94.

[34] Sreenivasan K. Detection of creatinine enriched on a surface imprinted polystyrene film using FT-ATR-IR. Journal of Molecular Recognition, 2006, 19: 408-412.

[35] Kostrewa S, Emgenbroich M, Klockow D, et al. Surface-enhanced raman scattering on molecularly imprinted polymers in water. Macromolecular Chemistry and Physics, 2003, 204: 481-487.

[36] Bompart M, Wilde Y D, Haupt K. Chemical nanosensors based on composite molecularly imprinted polymer particles and surface-enhanced raman scattering. Advanced Materials, 2010, 22: 2343-2348.

[37] Frasconi M, Tel-Vered R, Riskin M, et al. Plasmon resonance analysis of antibiotics using imprinted boronic acid-functionalized Au nanoparticle composites. Analytical Chemistry, 2010, 82: 2512-2519.

[38] Leonhardt A, Mosbach K. Enzyme-mimicking polymers exhibiting specific substrate binding and catalytic functions. Reactive Polymer, 1987, 6: 285-641.

[39] Beach V, Shea K J. Designed catalysts. A synthetic network polymer that catalyzes the dehydrofluorination of 4-fluoro-4-(pnitrophenyl) butan-2-one. Journal of the American Chemical Society, 1994, 116: 379-380.

[40] Li S, Ge Y, Turner A P F. A catalytic and positively thermosensitive molecularly imprinted polymer. Advanced Functional Materials, 2011, 21: 1194-1200.

[41] Cunliffe D, Kirby A, Alexander C. Molecularly imprinted drug delivery systems. Advanced Drug Delivery Reviews, 2005, 57: 1836-1853.

[42] Norell M C, Andersson H S, Nicholls I A. Theophylline molecularly imprinted polymer dissociation kinetics: a novel sustained release drug dosage mechanism. Journal of Molecular Recognition, 1998, 11: 98-102.

[43] Cai W, Gupta R B. Molecularly-imprinted polymers selective for tetracycline binding. Separation and Purification Technology, 2004, 35: 215-221.

附录　缩写词的中英文对照表

英文缩写	英文全称	中文名称
AA	acrylic acid	丙烯酸
AAA	allylacetoacetate	乙酰乙酸烯丙酯
ABVN	azobisdimethyvaleronitrile	偶氮二异庚腈
ACE	angiotensin Ⅰ converting enzyme	血管紧张素Ⅰ转化酶
ACVA	4,4′-zaobis (4-cyanovaleric acid)	4,4′-偶氮二(4-氰戊酸)
AcTSn	acetaldehyde thiosemicarbazone	乙醛缩氨基脲
ADP	adenosine-5′-diphosphate	腺苷-5′-二磷酸
AFM	atomic force microscope	原子力显微镜
AIBN	2,2′-azobis (2-isobutyronitrile)	偶氮二异丁腈
Ala	alanine	丙氨酸
AM	acrylamide	丙烯酰胺
AMPS	2-acrylamido-2-methyl-1-propane sulfonic acid	2-丙烯酰胺基-2-甲基-1-丙烷磺酸
Ang Ⅰ	angiotensin Ⅰ	血管紧张素Ⅰ
Ang Ⅱ	angiotensin Ⅱ	血管紧张素Ⅱ
AP	4-aminophenol	4-氨基苯酚
APDC	ammonium pyrrolidine dithiocarbamate	吡咯烷二硫代氨基甲酸铵
APM	*N*-(3-aminopropyl) methacrylamide hydrochloride	*N*-(3-氨基丙基)甲基丙烯酰胺盐酸盐
APMA	*N*-(3-aminopropyl) methacrylamide	*N*-(3-氨基丙基)甲基丙烯酰胺
APS	ammonium persulphate	过硫酸铵
APTES	3-aminopropyl triethoxysilane	3-氨基丙基三乙氧基硅烷
AQ	8-aminoquinoline	8-氨基喹啉
As	arsenic	砷
ASV	anodic stripping voltammetry	阳极溶出伏安法
A_T	—	Ang Ⅰ 和 Ⅱ 的 N-末端三肽
AT_1	angiotensin Ⅱ type 1	血管紧张素Ⅱ1 型受体
ATP	adenosine-5′-triphosphate	腺苷-5′-三磷酸

续表

英文缩写	英文全称	中文名称
ATRP	atom transfer radical polymerization	原子转移自由基聚合
BAM	benzamidine	苯甲脒
B15C5Am	benzo-15-crown-5-acrylamide	苯并-15-冠-5-丙烯酰胺
BDB	benzyl dithiobenzoate	二硫代苯甲酸苄酯
BDK	dimethylacetal of benzil	二苯基乙二酮的二甲基缩醛
BLV	bovine leukemia virus	牛白血病病毒
$[Bmim]BF_4$	1-buatyl-3-methylimidazolium tetrafluoroborane	1-丁基-3-甲基咪唑四氟硼酸盐
BnTSn	benzaldehyde thiosemicarbazone	苯甲醛缩氨基脲
BPA	bisphenol	双酚 A
BPHA	*N*-benzoyl-*N*-phenyl hydroxyl amine	*N*-苯甲酰基-*N*-苯基羟胺
BPO	benzoylperoxide	过氧化苯甲酰
BR	basic red	碱性红色染料
BSA	bovine serum albumin	牛血清白蛋白
BSOH	4-[(*E*)-2-(4′-methyl -2,2′-bipydin-4-yl) vinyl] phenol	4-[(*E*)-2-(4′-甲基-2,2′-联吡啶-4-其)乙烯基]苯酚
BSOMe	4-[(*E*)-2-(4′-methyl-2,2′-bipydin-4-yl) vinyl] phenyl methacrylate	4-[(*E*)-2-(4′-甲基-2,2′-联吡啶-4-基)乙烯基]苯基甲基丙烯酸酯
B_T	—	Ang Ⅰ 的 C-末端三肽
1,2,4-BTA	butane-1,2,3-tricarboxylic acid	丁烷-1,2,4-三羧酸
CAA	chloroacrylic aicd	氯丙烯酸
cAMP	3′, 5′-cyclic monophosphate	3′, 5′-环磷酸腺苷
CDC	Centers for Disease Control and Prevention	美国疾病控制与预防中心
CE	capillary electrophoresis	毛细管电泳法
CEC	capillary electro chromatography	毛细管电色谱
CIP	ciprofloxacin	环丙沙星
CL	chemiluminescence	化学发光法
CLC	capillary LC	毛细管液相色谱
CPA	3-(2-carboxyethylsulfanylthiocarbonyl-sulfanyl-) propionic acid	3 -(2-羧基乙基硫烷基硫代羰基硫基)丙酸
CPF	chlorpyrifos	毒死蜱
Cr	chromium	铬

续表

英文缩写	英文全称	中文名称
CSP	chiral stationary phase	手性固定相
C_T	—	AngⅡ的C-末端三肽
CTA	chain transfer angent	链转移剂
CTAB	cetyltrimethylammonium bromide	十六烷基三甲基溴化铵
CTP	cyclic tetrapeptide	环状四肽环
CV	cyclic voltammetry	循环伏安法
Cu(VBIDA)	Cu(Ⅱ)-*N*-(4-vinylbenzyl) iminodiacetic acid	铜(Ⅱ)-*N*-(4-乙烯基苄基)亚氨基二乙酸酸
CYS	cysteine	半胱氨酸
2,4-D	2,4-dichlorophenoxyacetic acid	2,4-二氯苯氧乙酸
DA	domoic acid	软骨藻酸
DAAB	diazoaminobenzene	重氮氨基苯
DAN	danofloxacin	达氟沙星
DAU	diacryloyl urea	双丙烯酰脲
DCC	*N,N'*-dicyclohexylcarbodiimide	*N,N'*-二环己基碳二亚胺
DC18C6	dicyclohexyl 18C6	双环己基18-冠-6
DCM	dichloromethane	二氯甲烷
DCQ	5,7-dichloroquinoline-8-ol	5,7-二氯喹啉-8-醇
DEM	2-(diethylamino) ethylmethacrylate	2-(二乙氨基)甲基丙烯酸乙酯
DIF	difloxacin	二氟沙星
DMAP	4-dimethylaminopyridine	4-二甲氨基吡啶
DMF	dimthylformamdie	二甲基甲酰胺
DMPAP	2,2-dimethoxy-2-phenylacetopheone	2,2-二甲氧基-2-苯基苯乙酮
DMSO	dimethyl sulfoxide	二甲亚砜
DPV	differential pulse voltammetry	差示脉冲伏安法
DS	degree of substitution	取代度
DTPA	diethylene triamine pentaacetic acid	二亚乙基三胺五乙酸
DVB	divinylbenzene	二乙烯基苯
Dy	dysprosium	镝
Dz	dithizone	双硫腙
E1	estrone	雌酮

续表

英文缩写	英文全称	中文名称
E2	*β*-estradiol	*β*-雌二醇
E3	estriol	雌三醇
EC	European Commission	欧盟委员会
EDC	endocrine-disrupting compound	内分泌干扰化合物
EDTA	ethylenediaminetetraacetic acid	乙二胺四乙酸
EGDMA	ethylene glycol dimethacrylate	二甲基丙烯酸乙二醇酯
EMIT	enzyme-multiplied immunoassay technique	酶倍增免疫测定技术
ENRO	enrofloxacin	恩诺沙星
ESt	4-ethystyrene	4-乙基苯乙烯
ETAAS	electrothermal atomic absorption spectrometry	电热原子吸收光谱法
EWFD	European Water Framework Directive	欧盟水框架指令
FAAS	flame atomic absorption spectrometry	火焰原子吸收光谱法
fac[Ir(ppy)$_3$]	*fac*-tris(2-phenylpyridine) indium(Ⅲ)	面式[三(2-苯基吡啶)合铱(Ⅲ)]
FLU	flumequine	氟甲喹
FPIA	fluorescence polarization immunoassay	荧光偏振免疫法
FQ	fluoroquinolone	氟喹诺酮类
FT-ATR-IR	Fourier transform attenuated tatal internal reflection infrared spectroscopy	傅里叶变换衰减全反射红外光谱
FTIR	Fourier transform infrared spectroscopy	傅里叶变换红外光谱法
gp30	—	跨膜糖蛋白
gp51	—	外部糖蛋白
GSH	glutathione	谷胱甘肽
HATU	*O*-(7-azabenzotriazol-1-yl)-1,1,3,3-tetramethyl-uronium hexafluorophosphate	2-(7-偶氮苯并三氮唑)-*N,N,N',N'*-四甲基脲六氟磷酸酯
HEMA	2-hydroxyethyl methacrylate	甲基丙烯酸-2-羟基乙酯
HOAt	1-hydroxy-7-azabenzotriazole	1-羟基-7-偶氮苯并三氮唑
HP	hematoporphyrin	血卟啉
HPLC	high performance liquid chromatography	高效液相色谱
HQ	8-hydroxyquinoline	8-羟基喹啉
IA	itaconic acid	衣康酸

续表

英文缩写	英文全称	中文名称
IC	ion chromatography	离子色谱法
ICP-AES	inductively coupled atomic emission spectrometry	电感耦合等离子体原子发射光谱法
ICP-MS	inductively coupled plasma mass spectrometry	电感耦合等离子体质谱
ICP-OES	inductively coupled plasma optical emission spectrometry	电感耦合等离子体发射光谱法
IF	imprinting factor	印迹因子
IIP	ion-imprinted polymer	离子-印迹聚合物
in vitro	—	体外
IPN	interpenetrating polymer network	互穿聚合物网络
JMMR	the Joint Meeting of Pesticide Residues	农药残留联合专家会议
KA	kanamycin	卡那霉素
KDA	benzophenone-4,4′-dicarboxylic acid	二苯甲酮-4,4′-二羧酸
KGM	konjac glucomannan	魔芋葡甘聚糖
LC-MS	liquid chromatography-mass spectrometry	液相色谱-质谱联用法
LCRP	living/controlled radical polymerization	活性/可控自由基聚合
LCST	lower critical solution temperature	低临界溶解温度
LOD	limit of detection	检测限
LOQ	limit of quantification	定量限
LSV	linear sweep voltammetry	线性扫描伏安法
MAA	methacrylic acid	甲基丙烯酸
MAGA	*N*-methacryloyl-L-glutamic acid	*N*-甲基丙烯酰基-L-谷氨酸
MAH	methacryloylamidohistidine	甲基丙烯酰氨基组氨酸
MALC	malachite green isothiocyanate	孔雀石绿异硫氰酸酯
1-MA-3MI-Br	1-(*α*-methyl acrylate)-3-methylimidazolium bromide	溴化 1-(*α*-甲基丙烯酸酯)-3-甲基咪唑
MAO	methacryloyl	甲基丙烯酰基
MAR	marbofloxacin	麻保沙星
MBAM	*N,N′*-methylene bisacrylamide	*N,N′*-亚甲基双丙烯酰胺
MCP	mesoporous chloromethylated polystyrene	介孔氯甲基化聚苯乙烯
Me_4Cyclam	1,4,8,11-tetraazacyclotetradecane	1,4,8,11-四氮杂环十四烷
Me_6TREN	tris-[2-(dimethylamino) ethyl]-amine	三[2-(二甲基氨基)乙基]胺

续表

英文缩写	英文全称	中文名称
MIECS	molecularly imprinted electrochemical sensor	分子印迹电化学传感器
MIP	Molecular imprinted polymer	分子印迹聚合物
MIPH	molecularly imprinted photonic hydrogel	分子印迹光子水凝胶
MIPP	molecularly imprinted photonic polymer	分子印迹光子聚合物
MISPE	molecularly imprinted solid-phase extraction	分子印迹固相萃取
MIT	molecular imprinting technology	分子印迹技术
MMA	methyl methacrylate	甲基丙烯酸甲酯
MNP	magnetic nanoparticle	磁性纳米粒子
MPS	3-methacryloxypropyltrimethoxysilane	3-甲基丙烯酰氧丙基三甲氧基硅烷
MQ	8-mercaptoquinoline	8-巯基喹啉
MRL	maximum residue level	最高残留限量
MSPD	matrix-solid phase dispersion	基质固相分散技术
MWCNT-CE	mutiwalled carbon nanotubes-ceramic electrode	多壁碳纳米管-陶瓷电极
NBD	nitrobenzoxadiazole	硝基苯噁二唑
Nd	neodymium	钕
2,3-NDA	2,3-naphthealene dicarboxylic acid	2,3-萘二羧酸
NE	neomycin	新霉素
NHS	*N*-hydroxysuccinimide	*N*-羟基琥珀酰亚胺
NIP	non-imprinted polymer	非印迹聚合物
NIPAM	*N*-isopropylacrylamide	*N*-异丙基丙烯酰胺
NMP	nitroxide-mediated polymerization	氮氧稳定自由基聚合
NMR	nuclear magnetic resonance	核磁共振谱
NOBE	*N,O*-bismethacryloyl ethanolamine	*N, O*-双异丁烯酰乙醇胺
4-NP	4-nitropheol	对硝基苯酚
NVP	*N*-vinylpyrrolidone	*N*-乙烯基乙烯基吡咯烷酮
NVC	*N*-vinyl carbazole	*N*-乙烯基咔唑
OFL	ofloxacin	氧氟沙星
OPA	*o*-phthalic acid	邻苯二甲酸
O/W	oil in water	水包油
OXO	oxolinic acid	噁喹酸

续表

英文缩写	英文全称	中文名称
PAA	*trans*-3-(3-pyridyl)-acrylic acid,	反式-3-(3-吡啶基)-丙烯酸
PAA.HCl	poly(allylamine hydrochloride)	聚烯丙基胺盐酸盐
PAH	polycylic aromatic hydrocarbon	多环芳香烃
PAM	pentamidine	喷他脒
PenG	penicillin G	青霉素 G
PET	polyethylene terephthalate	聚对苯二甲酸乙二醇酯
PETA	pentaertyritol tetraacrylate	季戊四醇四丙烯酸酯
1,3,5-PeTA	pentane-1,3,5-tricarboxylic acid	戊烷-1,3,5-三羧酸
PKA	protein kinase A	蛋白激酶 A
PMDETA	*N*,*N*,*N*',*N*'',*N*''-pentamethyldiethylenetriamine	*N*,*N*,*N*',*N*'',*N*''-五甲基二乙基三胺
PNIPAM	poly(*N*-isopropylacrylamide)	聚(*N*-异丙基丙烯酰胺)
PPy	polypyrrole	聚吡咯
1,2,3-PrTA	propane-1,2,3-tricarboxylic acid	丙烷-1,2,3-三羧酸
PTFMA	poly(2-tirfluoromethyacrylic acid)	聚(三氟甲基丙烯酸)
PVDF	polyvinyliden fluoride	聚偏氟乙烯膜
PVI	poly(1-vinylimidazole)	聚(1 -乙烯基咪唑)
QD	quantum dot	量子点
Qns	quinolones	喹诺酮类化合物
RAFT	reversible addition-fragmentation chain transfer	可逆加成-断裂转移聚合
RIA	radioimmunoassay	放射免疫分析法
RR	reactive red	反应性红色染料
RSD	relative standard deviation	相对标准偏差
RTIL	room temperature ionic liquid	室温离子液体
SAR	sarafloxacin	沙拉沙星
Sb	antimony	锑
SBSE	stir bar sorptive extraction	搅拌棒吸附萃取技术
SERS	surface-enhanced Raman scattering	表面增强拉曼散射
SMIP	surface molecularly imprinted polymer	表面分子印迹聚合物
SMO	suflamethoxazole	磺胺间二甲氧嘧啶
SMZ	sulfamethazine	磺胺甲噁唑

续表

英文缩写	英文全称	中文名称
SPE	solid-phase extracton	固相萃取
SPME	solid phase micro extraction	固相微萃取
SPR	surface plasmon resonance	表面等离子体共振
St	styrene	苯乙烯
ST	streptomycin	链霉素
STX	saxitoxin	贝类麻痹性毒素石房蛤毒素
SWV	square wave voltammetry	方波伏安法
T	thymine	胸腺嘧啶
TACN	triazacyclononane	三氮杂环壬烷
TBAM	*N-tert*-butylacrylamide	*N*-叔-丁基丙烯酰胺
TBTA	4-(tributylammonium-methyl)-benzyltributylammonium chloride	4-(三丁基铵-甲基)-苄基三丁基氯化铵
TBZ	thiabendazole	噻菌灵
TC	tetracycline	四环素
TEGMPA	tetraethylene glycol-3-morpholine propionate acrylate	四乙烯丙三醇基-3-吗啡啉-丙酸酯丙烯酸酯
TEM	transmission electron microscope	透射电子显微镜
TEOS	tetraethoxysilane	正硅酸乙酯
Th	thorium	钍
TLC	thin layer chromatography	薄层色谱
TMV	tobacco mosaic virus	烟草花叶病毒
TNT	2,4,6-trinitrotoluene	2,4,6-三硝基甲苯
TREN	tris-(2-aminoethyl) amine	三(2-氨基乙基)胺
TRIM	trimethylopropane trimethacrylate	三羟甲基丙烷三甲基丙烯酸
tRNA	transfer ribonucleic acid	转运核糖核酸
TRP	tryptophan	色氨酸
TSA	transition state analogue	过渡态类似物
TYR	tyrosine	酪氨酸
U	uranium	铀
UCST	upper critical solution temperature	高临界溶解温度
US EPA	United States Environmental Protection Agency	美国国家环境保护局

续表

英文缩写	英文全称	中文名称
UV	ultraviolet	紫外
V	vanadium	钒
VBA	*p*-vinylbenzoic acid	对-乙烯基苯甲酸
vb-DMASP	*trans*-4-[*p*-(*N*,*N*-dimethylamino) styryl]-*N*-vinylbenzylpyridinium chloride	反-4-[对-(*N*, *N*-二甲氨基)苯乙烯基]-*N*-乙烯苄基氯化吡啶
1-VI	1-vinylimidazole	1-乙烯基咪唑
VPAN	4-vinylphenylazo-2-naphthol	4-乙烯基苯基偶氮-2-萘酚
WADA	World Anti-Doping Agency	世界反兴奋剂组织
WHO	World Health Organization	世界卫生组织
Z-L-GLU	*Z*-L-glutamic acid	Z-L-谷氨酸
Z-L-Phe	*Z*-L-phenylalanine	Z-L-苯丙氨酸

索　引